普通高等教育"十一五"国家级规划教材
新世纪全国高等中医药院校规划教材　配套教学用书

生物化学习题集

主　编　唐炳华（北京中医药大学）
　　　　　王继峰（北京中医药大学）
副主编　李德淳（天津中医药大学）
　　　　　李　震（山东中医药大学）
　　　　　金国琴（上海中医药大学）
主　审　周梦圣（辽宁中医药大学）

中国中医药出版社
·北　京·

图书在版编目（CIP）数据

生物化学习题集/唐炳华，王继峰主编．—北京：中国中医药出版社，2003.9（2018.7 重印）
普通高等教育"十一五"国家级规划教材配套教学用书
ISBN 978-7-80156-479-5

Ⅰ．生…　Ⅱ．①唐…②王…　Ⅲ．生物化学-中医学院-习题　Ⅳ．Q5-44

中国版本图书馆 CIP 数据核字（2003）第 061529 号

中 国 中 医 药 出 版 社 出 版
北京市朝阳区北三环东路 28 号易亨大厦 16 层
邮政编码　100013
传真　64405750
山东百润本色印刷有限公司印刷
各地新华书店经销
＊
开本 850×1168　1/16　印张 14.25　字数 321 千字
2007 年 11 月第 2 版　　2018 年 7 月第 13 次印刷
书 号　ISBN　978-7-80156-479-5
＊
定价　42.00 元
网址　www.cptcm.com

如有质量问题请与本社出版部调换（010-64405510）
版权专有　侵权必究
社长热线　010 64405720
读者服务部电话　010 64065415　010 84042153
书店网址　csln.net/qksd/

普通高等教育"十一五"国家级规划教材
新世纪全国高等中医药院校规划教材　配套教学用书

《生物化学习题集》编委会

主　编　唐炳华（北京中医药大学）
　　　　王继峰（北京中医药大学）
副主编　李德淳（天津中医药大学）
　　　　李　震（山东中医药大学）
　　　　金国琴（上海中医药大学）
主　审　周梦圣（辽宁中医药大学）
编　委　（以姓氏笔画为序）
　　　　于英君（黑龙江中医药大学）
　　　　王和生（贵阳中医学院）
　　　　毛水龙（浙江中医药大学）
　　　　文朝阳（首都医科大学）
　　　　冯雪梅（成都中医药大学）
　　　　任　颖（长春中医药大学）
　　　　刘群良（湖南中医药大学）
　　　　李丽帆（广西中医学院）
　　　　杨　云（云南中医学院）
　　　　汪远金（安徽中医学院）
　　　　陈　彻（甘肃中医学院）
　　　　周寿然（江西中医学院）
　　　　郑晓珂（河南中医学院）
　　　　赵　健（南京中医药大学）
　　　　侯建明（河北医科大学）
　　　　施　红（福建中医学院）
　　　　彭　嘉（新疆医科大学）
　　　　蔡丽芬（湖北中医学院）
　　　　谭宇蕙（广州中医药大学）
　　　　薛慧清（山西中医学院）
　　　　魏敏惠（陕西中医学院）

前　言

　　为了全面贯彻国家的教育方针和科教兴国战略，深化教育教学改革，全面推进素质教育，培养符合新世纪中医药事业发展要求的创新人才，在全国中医药高等教育学会、全国高等中医药教材建设研究会组织编写的"普通高等教育'十一五'国家级规划教材（中医药类）、新世纪全国高等中医药院校规划教材（新二版）"（习称"八版教材"）出版后，我们组织原教材编委会编写了与上述规划教材配套的教学用书——习题集，目的是使学生对已学过的知识，以习题形式进行复习、巩固、强化，也为学生自我测试学习效果、参加考试提供便利。

　　习题集所命习题范围与现行全国高等中医药院校本科教学大纲一致，与上述规划教材一致。习题覆盖教材的全部知识点，对必须熟悉、掌握的"三基"知识和重点内容以变换题型的方法予以强化。内容编排与相应教材的章、节一致，方便学生同步练习，也便于与教材配套复习。题型与各院校各学科现行考试题型一致，同时注意涵盖国家执业中医师、中西医结合医师资格考试题型。命题要求科学、严谨、规范，注意提高学生分析问题、解决问题的能力，临床课程更重视临床能力的培养。为方便学生全面测试学习效果，每章节后均附有参考答案和答案分析。"答案分析"可使学生不仅"知其然"，而且"知其所以然"，使学生对教材内容加深理解，强化已学知识，进一步提高认知能力。

　　本套习题集供高等中医药院校本科生、成人教育学生、执业医师资格考试人员及其他学习中医药人员与教材配套学习和应考复习使用。学习者通过对上述教材的学习和本套习题集的习题练习，可全面掌握各学科的知识和技能，顺利通过课程考试和执业医师考试，为从事中医药工作打下坚实的基础。

　　由于考试命题是一项科学性、规范化要求很高的工作，随着教材和教学内容的不断更新与发展，恳请各高等中医药院校师生在使用本套习题集时，不断总结经验，提出宝贵的修改意见，以使本套习题集不断修订提高，更好地适应本科教学和各种考试的需要。

出版者

2007 年 8 月

修 订 说 明

本习题集是普通高等教育"十一五"国家级规划教材、新世纪（第二版）全国高等中医药院校规划教材《生物化学》（王继峰主编）的配套教学用书，是在《生物化学习题集》（第一版）的基础上修订而成。读者对象为高等医药院校的本科生、研究生、相关领域教师和科技工作者。本习题集具有以下特色：

1. 以王继峰主编的《生物化学》为蓝本，内容范围及重点与教学大纲一致。为便于同步练习、复习，习题与教材的章节顺序保持一致，且不涉及教材中的小字号内容。

2. 每道题目都注明所考查知识点在教材中的出处，便于检索。若涉及教材中的多处内容，则依次注明每一处的起始页。

3. 汇集了重要代谢物的分子结构，归纳了反映重要代谢途径、关键酶和关键反应的化学方程式。

4. 拾遗补缺，明确定义了受内容限制在教材中不能体现的部分基本概念。

5. 覆盖了近年来部分著名高校及院所研究生入学考试的基本考点，有助于相关考生事半功倍。

6. 对部分综合性或有一定难度的题目以"＊"标注，供广大师生参考。

本习题集由普通高等教育"十一五"国家级规划教材、新世纪（第二版）全国高等中医药院校规划教材《生物化学》编委会编写。欢迎使用者多提宝贵意见和建议，随时通过 prc. no. 1@ tom. com 与编委会联系。编委会将及时回复并深表感谢，更将在修订时充分考虑您的意见和建议。

《生物化学习题集》编委会
2007 年 10 月

目 录

第一章 绪 论

习题

一、填空题

1. （ ）年，（ ）首先提出了 bio-chemistry 这一名词。P. 1

2. 生物化学的发展过程大致分为三个阶段，即叙述生物化学、（ ）生物化学和（ ）生物化学。P. 1

二、名词解释

生物化学 P. 1

参考答案

一、填空题

1. 1903；Neuberg
2. 动态；机能

二、名词解释

生物化学：是一门在分子水平上研究生物体的化学组成、生命活动过程中的化学变化规律和生命本质的科学。简而言之，生物化学是研究生命化学的科学。

第二章　糖类化学

习题

一、选择题

（一）A型题

1. 自然界分布最广的生命物质是（　）P.5

    A. 蛋白质   B. 核酸

    C. 水   D. 糖类

    E. 脂类

2. 与生命活动关系最密切的己糖是（　）P.5

    A. 半乳糖   B. 果糖

    C. 核糖   D. 葡萄糖

    E. 血糖

3. 与生命活动关系最密切的戊糖是（　）P.5

    A. 半乳糖   B. 果糖

    C. 核糖   D. 葡萄糖

    E. 血糖

4. 选出碳水化合物（　）P.5

    A. 二羟丙酮   B. 甘油

    C. 类固醇   D. 乳酸

    E. 腺嘌呤

5. 哪种单糖分子量最小？（　）P.6

    A. 半乳糖   B. 甘油醛

    C. 果糖   D. 核糖

    E. 脱氧核糖

6. 手性碳原子以共价键连接了几个不相同的原子或基团？（　）P.6

    A. 2   B. 3

    C. 4   D. 5

    E. 6

＊7. 哪个不是D-甘油醛？（　）P.7

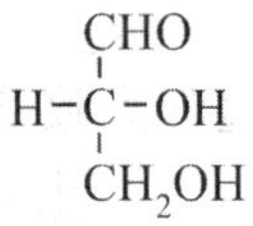

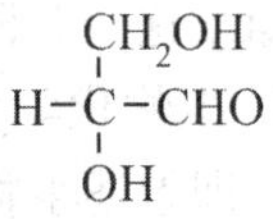

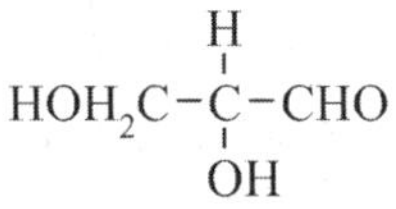

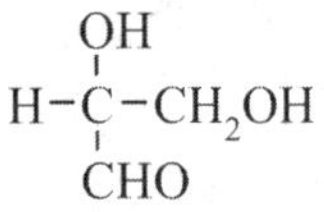

8. 最小单糖的分子结构中含几个羟基？（　）P.7

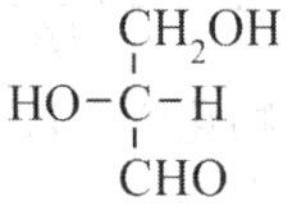

    A. 1   B. 2

    C. 3   D. 4

    E. 5

9. 单糖分子结构中最少含几个氧原子？（　）P.7

    A. 1   B. 2

    C. 3   D. 4

    E. 5

*10. 溶液没有旋光性的是（　　）P. 7
　　A. 半乳糖　　　　　B. 二羟丙酮
　　C. 甘油醛　　　　　D. 果糖
　　E. 脱氧核糖

11. 葡萄糖的 D-构型是根据其几号碳原子来确定的？（　　）P. 7
　　A. C-2　　　　　　B. C-3
　　C. C-4　　　　　　D. C-5
　　E. C-6

12. α-D-（＋）吡喃葡萄糖和 β-D-（＋）-吡喃葡萄糖构型的不同是由其几号碳原子决定的？（　　）P. 7
　　A. C-1　　　　　　B. C-2
　　C. C-3　　　　　　D. C-4
　　E. C-6

13. 葡萄糖在中性溶液中有几种异构体？（　　）P. 7
　　A. 2　　　　　　　B. 3
　　C. 4　　　　　　　D. 5
　　E. 6

*14. 以下哪种糖在溶液中没有半缩醛结构？（　　）P. 7
　　A. 半乳糖　　　　　B. 二羟丙酮
　　C. 麦芽糖　　　　　D. 乳糖
　　E. 脱氧核糖

15. 以下哪种糖是酮糖？（　　）P. 8
　　A. 半乳糖　　　　　B. 甘露糖
　　C. 果糖　　　　　　D. 核糖
　　E. 脱氧核糖

16. 葡萄糖的差向异构体是（　　）P. 8
　　A. 半乳糖　　　　　B. 甘油醛
　　C. 果糖　　　　　　D. 核糖
　　E. 脱氧核糖

17. 以下哪种分子结构中有呋喃环结构？（　　）P. 9
　　A. 胆固醇　　　　　B. 核酸
　　C. 前列腺素　　　　D. 乳糖
　　E. 组氨酸

*18. DNA 中的一个脱氧核糖有几个手性碳原子？（　　）P. 9
　　A. 1　　　　　　　B. 2
　　C. 3　　　　　　　D. 4
　　E. 5

*19. 没有糖苷键的是（　　）P. 9, 85
　　A. CoA　　　　　　B. FMN
　　C. NADH　　　　　D. 肝素
　　E. 纤维素

*20. 葡萄糖与 Benedict 试剂反应的主要产物是（　　）P. 9
　　A. 6-磷酸葡萄糖
　　B. β-甲基葡萄糖苷
　　C. UDP-葡糖醛酸
　　D. 葡萄糖二酸
　　E. 葡萄糖酸

*21. 还原糖的特征反应是（　　）P. 10
　　A. 彻底氧化分解生成 CO_2 和 H_2O
　　B. 发生酶促氧化反应
　　C. 与非碱性弱氧化剂反应
　　D. 与碱性弱氧化剂反应
　　E. 与稀 HNO_3 反应

22. 麦芽糖分子结构中含有（　　）P. 11
　　A. α-1, 2-β-糖苷键
　　B. α-1, 4-糖苷键
　　C. α-1, 6-糖苷键
　　D. β-1, 4-糖苷键
　　E. β-1, 6-糖苷键

23. 含有 α-1, 2-β-糖苷键的是（　　）P. 12
　　A. 硫酸软骨素　　　B. 麦芽糖
　　C. 乳糖　　　　　　D. 纤维素
　　E. 蔗糖

24. 含有果糖的是（　　）P. 12
　　A. 淀粉　　　　　　B. 肝素
　　C. 麦芽糖　　　　　D. 乳糖
　　E. 蔗糖

25. 蔗糖分子内果糖的几号碳原子有半

缩醛羟基？（　　）P. 12

    A. C-1   B. C-2

    C. C-3   D. C-4

    E. C-5

26. 由不同糖基构成的是（　　）P. 12

    A. 麦芽糖   B. 乳糖

    C. 糖原   D. 纤维素

    E. 支链淀粉

27. 非还原糖是（　　）P. 12

    A. 半乳糖   B. 麦芽糖

    C. 葡萄糖   D. 乳糖

    E. 蔗糖

28. ABO 血型是由血型物质的哪部分决定的？（　　）P. 12

    A. 寡核苷酸   B. 寡肽

    C. 寡糖   D. 维生素

    E. 脂基

29. 请选出动物体内合成的同多糖（　　）P. 14

    A. 淀粉   B. 肝素

    C. 硫酸软骨素   D. 糖原

    E. 纤维素

30. 糖原中的一个葡萄糖有几个手性碳原子？（　　）P. 14

    A. 2   B. 3

    C. 4   D. 5

    E. 6

31. 糖原与纤维素中的葡萄糖只有一个碳原子不同，它是几号碳原子？（　　）P. 14

    A. C-1   B. C-2

    C. C-3   D. C-4

    E. C-5

（二）X 型题

1. 所有醛糖都含有（　　）P. 5

    A. 氨基   B. 甲基

    C. 羟基   D. 醛基

    E. 羧基

2. 单糖可以根据分子内所含碳原子的数目分为（　　）P. 5

    A. 甲糖   B. 乙糖

    C. 丙糖   D. 丁糖

    E. 戊糖

3. 自然界最丰富的两类单糖是（　　）P. 5

    A. 丙糖   B. 丁糖

    C. 戊糖   D. 己糖

    E. 庚糖

*4. 以下哪些分子结构中含有呋喃环？（　　）P. 9, 12, 87

    A. CoA   B. DNA

    C. 乳糖   D. 糖原

    E. 蔗糖

5. 以下哪些是还原糖？（　　）P. 10

    A. 半乳糖   B. 甘油醛

    C. 果糖   D. 核糖

    E. 葡萄糖

6. 葡萄糖的代谢产物有（　　）P. 10

    A. 6-磷酸葡萄糖

    B. CO_2 和 H_2O

    C. 葡糖醛酸

    D. 葡萄糖二酸

    E. 葡萄糖酸

*7. 葡萄糖的以下哪些代谢产物中含有吡喃环？（　　）P. 9, 126

    A. 6-磷酸葡萄糖

    B. β-甲基葡萄糖苷

    C. UDP-葡糖醛酸

    D. 葡萄糖二酸

    E. 葡萄糖酸

8. 支链淀粉含有（　　）P. 13

    A. α-1, 2-β-糖苷键

    B. α-1, 4-糖苷键

    C. α-1, 6-糖苷键

    D. β-1, 4-糖苷键

    E. β-1, 6-糖苷键

9. 关于糖胺聚糖（　　）P. 15

A. 包括肝素
B. 属于杂多糖
C. 又称为氨基多糖
D. 又称为黏多糖
E. 与蛋白质结合形成蛋白聚糖

*10. 含有硫酸基的是（　）P.15
A. 肝素
B. 硫酸软骨素
C. 葡聚糖
D. 透明质酸
E. 血型物质

二、填空题

1. 糖类通常根据能否水解以及水解产物情况分为单糖、（　）和（　）。P.5

2. 根据分子内所含羰基的特点，单糖可以分为（　）和（　）。P.5

3. （　）和（　）是自然界最丰富的单糖。P.5

4. 当普通光透过尼可尔棱镜时，只有振动方向与尼可尔棱镜晶轴（　）的光才能透过，这种透射光称为（　）。P.5

5. 旋光性物质的分子结构是（　）的，这种分子称为（　）分子。P.6

6. 构型可以用 Fischer 投影式在平面上表示：水平线代表的共价键（　）我们，竖直线代表的共价键（　）我们。P.6

7. 甘油醛是最简单的单糖，只有 C-2 是手性碳原子，因而有两种构型的甘油醛分子，分别称为（　）和（　）。P.6

8. 天然葡萄糖能使平面偏振光的偏振面向（　）旋转，其构型为（　）-构型。P.7

9. 葡萄糖在溶液中可以发生分子内缩醛反应，形成两种立体异构体，称为（　）葡萄糖和（　）葡萄糖。P.7

*10. α-D-(+)-葡萄糖和 β-D-(+)-葡萄糖在溶液中形成一个平衡体系。在该体系中，α-D-(+)-葡萄糖约占（　）%，β-D-(+)-葡萄糖约占（　）%，开链结构葡萄糖仅占 0.024%。P.7

*11. （　）投影式和（　）透视式都可以用来表示葡萄糖的环式结构。P.7

12. 最为重要的戊糖是核糖和（　），它们在核酸分子内都以五元环形式存在，其环状骨架与杂环化合物（　）类似。P.9

13. 在单糖的环式结构中，由醛基氧或羰基氧形成的羟基称为（　）羟基，该羟基可以与其他分子的羟基脱水缩合，生成（　）。P.9

14. 单糖的重要反应有成苷反应、（　）、（　）、还原反应和异构反应。P.9

*15. 果糖是酮糖，但在碱性条件下可通过（　）转化成醛糖，从而能被碱性弱氧化剂氧化，所以也是（　）。P.10

*16. 在肝脏内，葡萄糖分子的羟甲基经酶催化氧化成羧基，生成葡糖醛酸，后者参与（　），具有（　）作用。P.10

17. 麦芽糖由两个（　）以（　）键结合而成，是还原糖。P.11

18. 蔗糖由葡萄糖和（　）以（　）键结合而成，不是还原糖。P.12

19. 乳糖由半乳糖和（　）以（　）键结合而成，是还原糖。P.12

20. 多糖由十个以上糖基以糖苷键结合而成，包括（　）糖和（　）糖。P.13

*21. 多糖都与（　）构成复合糖，例如糖脂、糖蛋白和（　）。P.13

22. 在支链淀粉分子内葡萄糖之间含有（　）键和（　）键。P.13

23. 糖原的组成单位是（　），其结构与（　）淀粉相似。P.14

*24. 糖胺聚糖一般由 N-乙酰己糖胺和糖醛酸构成，因其溶液具有较大黏性，又称为（　）。有的糖胺聚糖含有（　），因而呈酸性。P.15

25. 糖胺聚糖广泛分布于动物体内，包括透明质酸、（　　）和（　　）。P. 15

三、分子结构

1. D-甘油醛　P. 7

2. α-D-（＋）-吡喃葡萄糖　P. 8

3. β-D-（＋）-吡喃葡萄糖　P. 8

4. α-D-呋喃果糖　P. 8

5. β-D-吡喃半乳糖　P. 8

6. β-D-核糖　P. 9

7. β-D-脱氧核糖　P. 9

四、名词解释

1. 糖类　P. 5

2. 单糖　P. 5

3. 旋光性　P. 6

4. 手性分子　P. 6

5. 手性碳原子　P. 6

6. 吡喃糖　P. 8

7. 差向异构体　P. 8

8. 半缩醛羟基　P. 9

9. 糖苷键　P. 9

10. 还原糖　P. 10

11. 寡糖　P. 11

12. 多糖　P. 13

13. 同多糖　P. 13

14. 糊精　P. 14

15. 杂多糖　P. 15

五、问答题

1. 简述糖类化合物及其分类。P. 5

2. 简述单糖及其分类。P. 5

3. 以葡萄糖为例说明 D、L、＋、－、α、β 在糖类化学中的含义。P. 6

4. 简述单糖的氧化反应及反应产物。P. 9

5. 简述多糖及其分类。P. 13

6. 支链淀粉和糖原在组成、结构及性质上有什么异同？P. 13

📖 **参考答案**

一、选择题

（一）A 型题

1. D　2. D　3. C　4. A　5. B　6. C

7. C　8. B　9. C　10. B　11. D　12. A

13. B　14. B　15. C　16. A　17. B　18. C

19. B　20. E　21. D　22. B　23. E　24. E

25. B　26. B　27. E　28. C　29. D　30. D

31. A

（二）X 型题

1. CD　2. CDE　3. CD　4. ABE

5. ABCDE　6. BCDE　7. ABC　8. BC

9. ABCDE　10. AB

二、填空题

1. 寡糖；多糖

2. 醛糖；酮糖

3. 戊糖；己糖

4. 平行；平面偏振光

5. 不对称；手性

6. 偏向；偏离

7. L-甘油醛；D-甘油醛

8. 右；D

9. α-D-（＋）-；β-D-（＋）-

10. 36；64

11. Fischer；Haworth

12. 脱氧核糖；呋喃

13. 半缩醛；糖苷

14. 成酯反应；氧化反应

15. 醛－酮异构；还原糖

16. 生物转化；保肝解毒

17. 葡萄糖；α-1, 4-糖苷

18. 果糖；α-1, 2-β-糖苷
19. 葡萄糖；β-1, 4-糖苷
20. 同多；杂多
21. 非糖物质；蛋白聚糖
22. α-1, 4-糖苷；α-1, 6-糖苷
23. 葡萄糖；支链
24. 黏多糖；硫酸基
25. 硫酸软骨素；肝素

三、分子结构

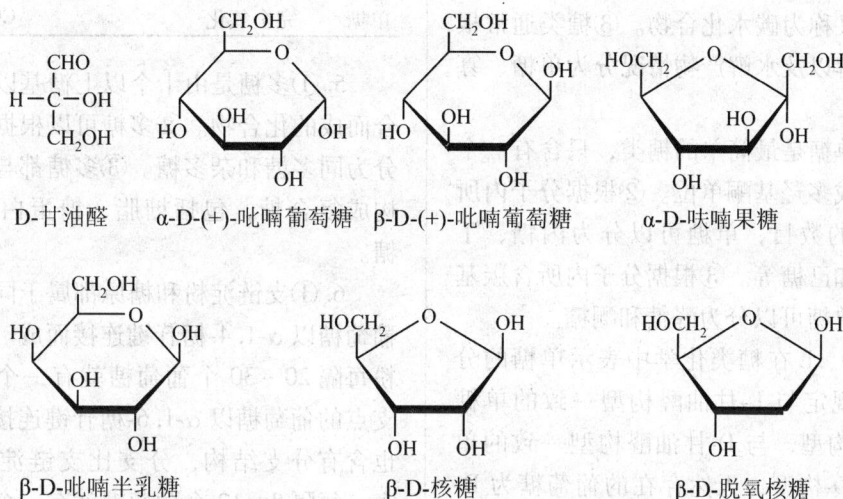

D-甘油醛 α-D-(+)-吡喃葡萄糖 β-D-(+)-吡喃葡萄糖 α-D-呋喃果糖

β-D-吡喃半乳糖   β-D-核糖   β-D-脱氧核糖

四、名词解释

1. 糖类：一类多羟基醛和多羟基酮及其缩聚物和衍生物。

2. 单糖：最简单的糖类，只含有一个多羟基醛或多羟基酮单位。

3. 旋光性：一种物质能使偏振光的偏振面发生旋转的能力。

4. 手性分子：不能与它的镜像重叠的分子。

5. 手性碳原子：以共价键连接了四个不相同的原子或基团的碳原子，又称为不对称碳原子。

6. 吡喃糖：环式结构的葡萄糖等一些单糖的环式骨架类似于吡喃，称为吡喃糖。

7. 差向异构体：满足以下条件的一对手性分子：分子组成和共价键结构完全相同，含有多个手性碳原子，只有一个手性碳

原子的结构不同。

8. 半缩醛羟基：由糖的醛基氧或羰基氧形成的羟基。

9. 糖苷键：由糖的半缩醛羟基形成的化学键。

10. 还原糖：能被碱性弱氧化剂氧化的糖。

11. 寡糖：由 2 ～ 10 个糖基以糖苷键结合而成的化合物，又称为低聚糖。

12. 多糖：由十个以上糖基以糖苷键结合而成的化合物。

13. 同多糖：由一种单糖构成的多糖，又称为均多糖。

14. 糊精：淀粉的不完全水解产物。

15. 杂多糖：由多种单糖或单糖衍生物构成的多糖，又称为异多糖。

五、问答题

1. ①糖类是一类多羟基醛和多羟基酮及其缩聚物和衍生物。②所有的糖都含有 C、H、O 三种元素，而且多数糖分子内 H、O 元素的原子个数之比为 2：1，与水一致，所以糖类又称为碳水化合物。③糖类通常根据能否水解以及水解产物情况分为单糖、寡糖和多糖。

2. ①单糖是最简单的糖类，只含有一个多羟基醛或多羟基酮单位。②根据分子内所含碳原子的数目，单糖可以分为丙糖、丁糖、戊糖和己糖等。③根据分子内所含羰基的特点，单糖可以分为醛糖和酮糖。

3. ①D、L 在糖类化学中表示单糖的分子构型，规定与 L-甘油醛构型一致的单糖分子为 L-构型，与 D-甘油醛构型一致的单糖分子为 D-构型，天然存在的葡萄糖为 D-构型。② +、- 在糖类化学中表示旋光方向，+ 表示右旋，- 表示左旋。③α、β 在糖类化学中表示单糖形成环式结构时所形成的两种异构体半缩醛羟基的取向。

4.

反应物	反应条件	产物
醛糖和酮糖	碱性弱氧化剂，如 Benedict 试剂	糖酸等
醛糖	非碱性弱氧化剂，如 Br_2	糖酸
葡萄糖	酶	葡糖醛酸
单糖	较强氧化剂，如稀 HNO_3	糖二酸
单糖	完全氧化	CO_2 和 H_2O

5. ①多糖是由十个以上糖基以糖苷键结合而成的化合物。②多糖可以根据组成成分分为同多糖和杂多糖。③多糖都与非糖物质构成复合糖，包括糖脂、糖蛋白和蛋白聚糖。

6. ①支链淀粉和糖原都属于同多糖，由葡萄糖以 α-1,4-糖苷键连接而成。②支链淀粉每隔 20～30 个葡萄糖就有一个分支，分支点的葡萄糖以 α-1,6-糖苷键连接。③糖原也含有分支结构，分支比支链淀粉更短更密，每隔 8～12 个葡萄糖就有一个分支。④在性质上，它们都是非还原糖，能水解成葡萄糖。

第三章　脂类化学

习题

一、选择题

（一）A 型题

1. 关于脂类的错误叙述是 （　） P.18
   A. 它们多数可以在人体内合成
   B. 它们仅由 C、H、O 三种元素组成
   C. 它们难溶于水
   D. 它们是生命的能源物质
   E. 它们是细胞膜的结构成分

2. 选出多不饱和脂肪酸 （　） P.18
   A. 软脂酸、亚油酸
   B. 亚油酸、亚麻酸
   C. 硬脂酸、花生四烯酸
   D. 油酸、软脂酸
   E. 油酸、亚油酸

3. 不饱和脂肪酸不包括 （　） P.18
   A. ω-3 类　　　　　B. ω-6 类
   C. ω-7 类　　　　　D. ω-8 类
   E. ω-9 类

4. 人体内不能合成 （　） P.18
   A. 软脂酸　　　　　B. 亚油酸
   C. 硬脂酸　　　　　D. 油酸
   E. 月桂酸

＊5. 花生四烯酸有几个双键？ （　）
P.19

A. 1　　　　　　　　B. 2
C. 3　　　　　　　　D. 4
E. 5

＊6. 花生四烯酸有几个顺式双键？
（　） P.19
A. 1　　　　　　　　B. 2
C. 3　　　　　　　　D. 4
E. 5

＊7. 在动物体内亚油酸不能生成 （　）
P.19
A. α 亚麻酸　　　　B. 白三烯
C. 花生四烯酸　　　D. 前列腺素
E. 血栓素

＊8. 彻底水解一分子混合甘油酯最多可以得到几种分子？（　） P.20
A. 2　　　　　　　　B. 3
C. 4　　　　　　　　D. 5
E. 6

9. 在皂化反应中，水解 1mol 脂肪要消耗多少 KOH？（　） P.21
A. 1mol　　　　　　B. 2mol
C. 3mol　　　　　　D. 4mol
E. 5mol

＊10. 碘值为零的脂类肯定不含有
（　） P.21
A. 甘油　　　　　　B. 磷酸
C. 软脂酸　　　　　D. 硬脂酸
E. 油酸

11. 酸败作用属于化学反应，以下叙述错误的是 （　） P.21

A. 包括还原反应

B. 包括水解反应

C. 生成产物有醛

D. 生成产物有醛酸

E. 生成产物有羧酸

12. 不属于类脂的是（　　）P. 21

A. 胆固醇　　　　B. 胆固醇酯

C. 甘油三酯　　　D. 磷脂

E. 糖脂

13. 并非所有的磷脂都含有（　　）P. 21

A. C　　　　　　B. H

C. N　　　　　　D. O

E. P

*14. 甘油磷脂的水解产物包括（　　）P. 22

A. 谷氨酸　　　　B. 精氨酸

C. 赖氨酸　　　　D. 牛磺酸

E. 丝氨酸

15. 甘油磷脂既有极性头又有非极性尾，其中非极性尾是指（　　）P. 22

A. 胆碱　　　　　B. 甘油

C. 肌醇　　　　　D. 磷酸

E. 脂肪酸

16. 俗称卵磷脂的是（　　）P. 22

A. 磷脂酰胆碱

B. 磷脂酰甘油

C. 磷脂酰肌醇

D. 磷脂酰丝氨酸

E. 磷脂酰乙醇胺

17. 协助脂类运输的是（　　）P. 22

A. 磷脂酸

B. 磷脂酰胆碱

C. 磷脂酰肌醇

D. 磷脂酰丝氨酸

E. 磷脂酰乙醇胺

18. 可以用来防治脂肪肝的是（　　）P. 22

A. 磷脂酰胆碱

B. 磷脂酰甘油

C. 磷脂酰肌醇

D. 磷脂酰丝氨酸

E. 磷脂酰乙醇胺

*19. 分子量最大的是（　　）P. 22

A. 磷脂酸

B. 磷脂酰胆碱

C. 磷脂酰肌醇

D. 磷脂酰丝氨酸

E. 磷脂酰乙醇胺

20. 俗称脑磷脂的是（　　）P. 23

A. 磷脂酰胆碱

B. 磷脂酰甘油

C. 磷脂酰肌醇

D. 磷脂酰丝氨酸

E. 磷脂酰乙醇胺

21. 类固醇不包括（　　）P. 24

A. 胆固醇　　　　B. 胆固醇酯

C. 胆色素　　　　D. 胆汁酸

E. 维生素

*22. 不含杂环结构的是（　　）P. 24

A. 氨基酸　　　　B. 单糖

C. 核苷酸　　　　D. 类固醇

E. 维生素

23. 胆固醇和胆固醇酯在不同组织中的含量比例不同，其中胆固醇酯占总胆固醇的比例最高的是（　　）P. 25

A. 胆汁　　　　　B. 肝脏

C. 红细胞　　　　D. 血浆

E. 中枢神经系统

*24. 水解产生脂肪酸的脂类不包括（　　）P. 25

A. 胆固醇酯　　　B. 甘油磷脂

C. 结合胆汁酸　　D. 鞘磷脂

E. 脂肪

*25. 一个游离胆汁酸分子结构中最多有几个氧原子？（　　）P. 25

A. 2　　　　　　B. 3

C. 4   D. 5
E. 6

26. 以下哪种不是类固醇激素？（   ）
P. 25
    A. 雌激素   B. 醛固酮
    C. 肾素   D. 雄激素
    E. 孕激素

27. 糖皮质激素是指（   ）P. 26
    A. 皮质醇   B. 皮质酮
    C. 醛固酮   D. 肾素
    E. 胰岛素

28. 盐皮质激素是指（   ）P. 26
    A. 抗利尿激素   B. 皮质醇
    C. 皮质酮   D. 醛固酮
    E. 肾素

（二）X 型题

1. 生物体内脂肪酸的结构特点是（   ）
P. 18
    A. 不饱和脂肪酸的碳－碳双键大都
       是顺式构型
    B. 不饱和脂肪酸含有碳－碳双键
    C. 都不含有分支
    D. 都含有偶数碳原子
    E. 以 C_{16} 和 C_{18} 为最多

2. 必需脂肪酸是（   ）P. 18
    A. α 亚麻酸   B. 胆汁酸
    C. 花生四烯酸   D. 前列腺烷酸
    E. 亚油酸

*3. 亚油酸、α 亚麻酸和花生四烯酸
是必需脂肪酸，它们分别属于哪类不饱和脂
肪酸？（   ）P. 18
    A. ω-3 类   B. ω-6 类
    C. ω-7 类   D. ω-8 类
    E. ω-9 类

4. 以下哪些是类花生酸？（   ）P. 19
    A. 白三烯   B. 肝素
    C. 类固醇激素   D. 前列腺素
    E. 血栓素

5. 关于脂肪（   ）P. 20
    A. 包括混合甘油酯
    B. 包括脂类
    C. 生物体内主要是单纯甘油酯
    D. 又称为甘油三酯
    E. 又称为三酰甘油

6. 脂肪的水解产物没有（   ）P. 20
    A. 胆固醇   B. 甘油
    C. 磷酸   D. 葡萄糖
    E. 脂肪酸

7. 在碘化反应中，一分子脂肪可能加
几个碘原子？（   ）P. 21
    A. 1   B. 2
    C. 3   D. 4
    E. 5

8. 以下哪些是类脂化合物？（   ）P. 21
    A. 类固醇   B. 磷脂
    C. 鞘脂   D. 糖脂
    E. 脂溶性维生素

*9. 以下哪些是类脂的水解产物？
（   ）P. 21
    A. 胆固醇   B. 甘油
    C. 磷酸   D. 葡萄糖
    E. 脂肪酸

10. 所有的甘油磷脂都含有（   ）P. 21
    A. 胆碱   B. 甘油
    C. 肌醇   D. 磷酸
    E. 脂肪酸

*11. 生理条件下不带正电荷的甘油磷
脂是（   ）P. 22
    A. 磷脂酸
    B. 磷脂酰胆碱
    C. 磷脂酰肌醇
    D. 磷脂酰丝氨酸
    E. 磷脂酰乙醇胺

*12. 以下哪些分子含有手性碳原子？
（   ）P. 23，143
    A. 3-磷酸甘油

B. 单纯甘油酯

C. 胆固醇

D. 磷脂酰胆碱

E. 脂肪酸

*13. 不能水解的类固醇是 （ ） P.24

　A. 胆固醇　　　　B. 胆固醇酯

　C. 胆汁酸　　　　D. 类固醇激素

　E. 维生素 D

14. 哪些是类固醇激素？（ ） P.25

　A. 雌二醇　　　　B. 睾酮

　C. 皮质醇　　　　D. 醛固酮

　E. 孕酮

15. 成年人由肾上腺皮质分泌的类固醇激素不包括 （ ） P.25，289

　A. 抗利尿激素

　B. 皮质醇

　C. 皮质酮

　D. 醛固酮

　E. 肾素

16. 对动物第二性征的发生和成熟有重要调节作用的是 （ ） P.26

　A. 雌二醇　　　　B. 睾酮

　C. 皮质醇　　　　D. 醛固酮

　E. 孕酮

二、填空题

*1. 脂肪酸种类繁多，它们的区别主要是在所含碳原子的数目、（ ）和（ ）等方面。P.18

2. 脂肪酸可以根据其是否含有碳－碳双键分为（ ）脂肪酸和（ ）脂肪酸。P.18

*3. 不饱和脂肪酸可以根据其烃链远端所含碳－碳双键的位置分为四类，其中ω-9 类是（ ）及其衍生的脂肪酸，ω-6 类是（ ）及其衍生的脂肪酸。P.18

4. 通常将熔点较低、在室温下呈液态的脂肪称为（ ），将熔点较高、在室温下呈固态的脂肪称为 （ ）。P.20

5. 脂肪所含的不饱和脂肪酸越多，不饱和程度越高，则其碘值越大。植物油比动物脂所含的不饱和脂肪酸（ ），所以碘值较（ ）。P.21

6. 如果把脂肪长期放置于潮湿、闷热的空气中，其分子内的（ ）键和（ ）键等会发生氧化、水解等反应，生成低级的醛、醛酸和羧酸等有臭味的物质。P.21

7. 磷脂是分子内含有磷酸基的类脂，由醇［甘油或（ ）］、脂肪酸、磷酸和（ ）有机化合物构成，是生物膜的重要组成成分。P.21

8. 磷脂根据所含醇的不同分为（ ）磷脂和（ ）磷脂。P.21

9. 甘油磷脂中与甘油的 C-2 羟基结合的多为（ ）脂肪酸，因此甘油的 C-2 羟基是（ ）脂肪酸的结合位点。P.22

10. 磷脂酰乙醇胺又称为（ ），广泛存在于动物的各组织器官中，在（ ）组织中的含量较多。P.23

11. 胆固醇酯是胆固醇的（ ）产物，是胆固醇的（ ）形式。P.24

12. 胆汁酸是人和动物胆汁的主要成分，有（ ）胆汁酸和（ ）胆汁酸两种形式。P.25

13. 胆汁酸有游离胆汁酸和结合胆汁酸两种形式，游离胆汁酸与（ ）或（ ）构成结合胆汁酸。P.25，268

*14. 胆汁酸分子有一个（ ）和一个（ ），是很好的乳化剂，在肠道中促进脂类的消化吸收。P.25

15. 类固醇激素包括（ ）激素和（ ）激素。P.25

16. 肾上腺皮质激素具有（ ）和（ ）的作用。P.26

17. 皮质醇对（ ）的调节作用较强，所以称为糖皮质激素；醛固酮对（ ）的

调节作用较强，所以称为盐皮质激素。P. 26

三、分子结构

1. 软脂酸 P. 19
2. 硬脂酸 P. 19
3. 亚油酸 P. 19
4. α亚麻酸 P. 19
*5. 花生四烯酸 P. 19
6. 甘油三酯 P. 20
*7. 胆固醇 P. 24

四、名词解释

1. 脂类 P. 18
2. 脂肪 P. 18，20
3. 类脂 P. 18
4. 不饱和脂肪酸 P. 18
5. 多不饱和脂肪酸 P. 18
6. 必需脂肪酸 P. 18
7. 类花生酸 P. 19
8. 单纯甘油酯 P. 20
9. 磷脂 P. 21
10. 甘油磷脂 P. 21
11. 糖脂 P. 23
12. 类固醇 P. 24
13. 胆汁酸 P. 25
14. 肾上腺皮质激素 P. 25
15. 性激素 P. 26

五、问答题

1. 简述脂类。P. 18
2. 简述天然脂肪酸的结构特点。P. 18
3. 简述脂肪酸的分类。P. 18
*4. 简述磷脂的组成与分类。P. 21
5. 简述类固醇激素的分类。P. 25

参考答案

一、选择题

（一）A型题

1. B　2. B　3. D　4. B　5. E　6. D
7. A　8. C　9. C　10. E　11. A　12. C
13. C　14. E　15. E　16. A　17. B　18. A
19. C　20. E　21. C　22. D　23. D　24. C
25. D　26. C　27. A　28. D

（二）X型题

1. ABE　2. ACE　3. AB　4. ADE
5. ADE　6. ACD　7. BD　8. ABCDE
9. ABCDE　10. BDE　11. AC　12. ACD
13. ADE　14. ABCDE　15. AE　16. ABE

二、填空题

1. 双键的数目；双键的位置
2. 饱和；不饱和
3. 油酸；亚油酸
4. 油；脂
5. 多；大
6. 碳－碳双；酯
7. 鞘氨醇；含氮
8. 甘油；鞘
9. 不饱和；必需
10. 脑磷脂；脑和神经
11. 酯化；储存和运输
12. 游离；结合
13. 牛磺酸；甘氨酸
14. 亲水面；疏水面
15. 肾上腺皮质；性
16. 升高血糖浓度；促进肾脏保钠排钾
17. 血糖；水盐平衡

三、分子结构

$CH_3(CH_2)_{14}COOH$
软脂酸

$CH_3(CH_2)_{16}COOH$
硬脂酸

$CH_3(CH_2)_3(CH_2CH=CH)_2(CH_2)_7COOH$
亚油酸

$CH_3(CH_2CH=CH)_3(CH_2)_7COOH$
α亚麻酸

$CH_3(CH_2)_3(CH_2CH=CH)_4(CH_2)_3COOH$
花生四烯酸

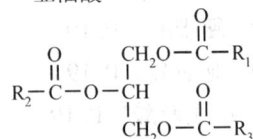
甘油三酯

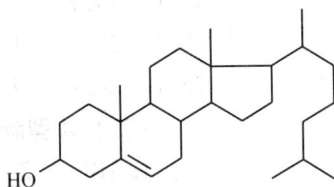
胆固醇

四、名词解释

1. 脂类：一类不溶于水的生物分子，包括脂肪和类脂。

2. 脂肪：即甘油三酯，由甘油和脂肪酸构成。

3. 类脂：在结构和理化性质上类似于脂肪的物质，主要有磷脂、糖脂和类固醇。

4. 不饱和脂肪酸：含有碳－碳双键的脂肪酸。

5. 多不饱和脂肪酸：含有两个以上碳－碳双键的脂肪酸。

6. 必需脂肪酸：即亚油酸、α亚麻酸和花生四烯酸，它们是维持人和动物正常生命活动所必需的脂肪酸，因哺乳动物体内不能合成或合成量不足，必须从食物中摄取。

7. 类花生酸：花生四烯酸的衍生物，包括前列腺素、血栓素和白三烯。

8. 单纯甘油酯：由一种脂肪酸和甘油构成的甘油三酯。

9. 磷脂：分子内含有磷酸基的类脂，包括甘油磷脂和鞘磷脂。

10. 甘油磷脂：分子内含有甘油的磷脂，包括磷脂酸及其衍生物。

11. 糖脂：分子内含有糖基的类脂，包括甘油糖脂和鞘糖脂。

12. 类固醇：胆固醇及其衍生物，包括胆固醇、胆固醇酯、维生素D、胆汁酸和类固醇激素等，其结构特点是含有环戊烷多氢菲骨架。

13. 胆汁酸：胆固醇的转化产物，是人和动物胆汁的主要成分，参与食物脂类的消化吸收。

14. 肾上腺皮质激素：由肾上腺皮质分泌的一类激素，如醛固酮、皮质酮和皮质醇。

15. 性激素：包括雄激素、雌激素和孕激素，它们分别由睾丸和卵巢分泌，在青春期之前主要由肾上腺皮质网状带分泌。

五、问答题

1. 脂类是脂肪和类脂的总称。脂肪即甘油三酯，由甘油和脂肪酸构成。类脂是指在结构和理化性质上类似于脂肪的物质，主要有磷脂、糖脂和类固醇。脂肪和类脂广泛存在于生物体内，是维持生命活动所必需的物质。

2. 脂肪酸是脂类的基本构件分子。脂肪酸的结构特点：①生物体内的脂肪酸大多是含有偶数碳原子的直链一元酸，碳原子数目为 4～26，尤以 C_{16} 和 C_{18} 为最多。②不饱和脂肪酸含有碳－碳双键，碳－碳双键有顺式和反式两种构型，天然不饱和脂肪酸的碳－碳双键大都是顺式构型。③如果不饱和脂肪酸存在多个碳－碳双键，则相邻碳－碳双键被一个甲烯基隔开。

3. ①脂肪酸可以根据其所含碳原子的数目分为短链脂肪酸、中链脂肪酸和长链脂肪酸。②脂肪酸可以根据其是否含有碳－碳双键分为饱和脂肪酸和不饱和脂肪酸。③不饱和脂肪酸可以根据其所含碳－碳双键的数目分为单不饱和脂肪酸和多不饱和脂肪酸。④

不饱和脂肪酸可以根据其烃链远端所含碳－碳双键的位置分为 ω-7 类、ω-9 类、ω-6 类、ω-3 类。

4. ①磷脂是分子内含有磷酸基的类脂，由醇（甘油或鞘氨醇）、脂肪酸、磷酸和含氮有机化合物构成，是生物膜的重要组成成分。②磷脂根据所含醇的不同分为甘油磷脂和鞘磷脂。甘油磷脂包括磷脂酸及其衍生物。

5. ①类固醇激素根据其来源不同分为肾上腺皮质激素和性激素两大类。②肾上腺皮质激素由肾上腺皮质分泌，重要的有醛固酮、皮质酮和皮质醇等。③性激素包括雄激素、雌激素和孕激素，它们分别由睾丸和卵巢分泌，在青春期之前主要由肾上腺皮质网状带分泌，重要的有睾酮、雌二醇和孕酮等。

第四章　蛋白质化学

习题

一、选择题

（一）A 型题

1. 氨基酸是蛋白质的结构单位，自然界中有多少种氨基酸?（　）P. 29
    A. 20 种   B. 32 种
    C. 64 种   D. 200 多种
    E. 300 多种

2. 单纯蛋白质不含（　）P. 29
    A. C   B. H
    C. N   D. O
    E. P

3. 蛋白质的特征性元素是（　）P. 29
    A. C   B. H
    C. N   D. O
    E. S

4. 各种蛋白质含氮量很接近，平均为（ · ）P. 29
    A. 6. 25%   B. 9%
    C. 16%   D. 25%
    E. 36%

5. 选出亚氨基酸（　）P. 29
    A. 精氨酸   B. 脯氨酸
    C. 色氨酸   D. 丝氨酸
    E. 组氨酸

6. 没有旋光性的是（　）P. 29
    A. 甘氨酸   B. 脯氨酸
    C. 色氨酸   D. 丝氨酸
    E. 组氨酸

7. 根据基团结构，从下列氨基酸中排除一种氨基酸（　）P. 29
    A. 苯丙氨酸   B. 谷氨酸
    C. 赖氨酸   D. 脯氨酸
    E. 色氨酸

8. 不参与蛋白质合成的是（　）P. 30
    A. 半胱氨酸   B. 苯丙氨酸
    C. 谷氨酰胺   D. 脯氨酸
    E. 羟赖氨酸

9. 标准氨基酸的分子结构中没有（　）P. 30
    A. 氨基   B. 甲基
    C. 羟基   D. 羟甲基
    E. 醛基

10. 下列氨基酸除哪种以外属于同一类氨基酸?（　）P. 30
    A. 丙氨酸   B. 谷氨酸
    C. 甲硫氨酸   D. 牛磺酸
    E. 天冬氨酸

11. 侧链含环状结构的是（　）P. 31
    A. 赖氨酸   B. 酪氨酸
    C. 天冬氨酸   D. 缬氨酸
    E. 异亮氨酸

＊12. 请选出含有疏水侧链的氨基酸（　）P. 31
    A. 苯丙氨酸、异亮氨酸
    B. 甲硫氨酸、组氨酸

C. 精氨酸、亮氨酸

D. 色氨酸、酪氨酸

E. 天冬氨酸、谷氨酸

13. 蛋白质分子结构中不存在的含硫氨基酸是（ ）P. 31，177

　　A. 半胱氨酸　　　　B. 胱氨酸

　　C. 甲硫氨酸　　　　D. 苏氨酸

　　E. 同型半胱氨酸

14. 选出不含硫的氨基酸（ ）P. 31

　　A. 苯甲酸　　　　　B. 胱氨酸

　　C. 甲硫氨酸　　　　D. 牛磺酸

　　E. 组氨酸

15. 根据元素组成的区别，从下列氨基酸中排除一种（ ）P. 31，40

　　A. 胱氨酸　　　　　B. 精氨酸

　　C. 脯氨酸　　　　　D. 色氨酸

　　E. 组氨酸

16. 含有两个羧基的是（ ）P. 32

　　A. 甘氨酸　　　　　B. 谷氨酸

　　C. 赖氨酸　　　　　D. 色氨酸

　　E. 缬氨酸

17. 关于氨基酸的错误叙述是（ ）P. 32

　　A. 谷氨酸和天冬氨酸含两个氨基

　　B. 赖氨酸和精氨酸是碱性氨基酸

　　C. 酪氨酸和苯丙氨酸含苯环

　　D. 酪氨酸和丝氨酸含羟基

　　E. 亮氨酸和缬氨酸是支链氨基酸

*18. 在 pH = 7 时侧链带电荷的是（ ）P. 32

　　A. 半胱氨酸　　　　B. 甘氨酸

　　C. 赖氨酸　　　　　D. 酪氨酸

　　E. 缬氨酸

*19. 含氮原子最多的是（ ）P. 32

　　A. 胱氨酸　　　　　B. 精氨酸

　　C. 脯氨酸　　　　　D. 色氨酸

　　E. 丝氨酸

*20. 一个标准氨基酸分子内不可能有

几个氮原子？（ ）P. 32

　　A. 1　　　　　　　B. 2

　　C. 3　　　　　　　D. 4

　　E. 5

21. 仅碱性氨基酸含有（ ）P. 32

　　A. 氨基　　　　　　B. 胍基

　　C. 巯基　　　　　　D. 羧基

　　E. 酰胺基

22. 一个十肽含有三个羧基，该十肽可能含有（ ）P. 32，34

　　A. 谷氨酸　　　　　B. 精氨酸

　　C. 赖氨酸　　　　　D. 牛磺酸

　　E. 丝氨酸

23. 一个氨基酸分子最多含有几个可解离基团？（ ）P. 32

　　A. 1　　　　　　　B. 2

　　C. 3　　　　　　　D. 4

　　E. 5

24. 等电点最高的是（ ）P. 32

　　A. 谷氨酸　　　　　B. 精氨酸

　　C. 亮氨酸　　　　　D. 色氨酸

　　E. 组氨酸

25. 等电点最低的是（ ）P. 32

　　A. 谷氨酸　　　　　B. 精氨酸

　　C. 亮氨酸　　　　　D. 色氨酸

　　E. 组氨酸

26. 在生理条件下，氨基酸的哪种基团带负电荷？（ ）P. 32

　　A. 氨基　　　　　　B. 胍基

　　C. 咪唑基　　　　　D. 巯基

　　E. 羧基

27. 在生理条件下，带负电荷最多的是（ ）P. 32

　　A. 甘氨酸　　　　　B. 谷氨酸

　　C. 赖氨酸　　　　　D. 亮氨酸

　　E. 色氨酸

*28. 两种蛋白质 A 和 B，现经分析确知 A 的等电点比 B 高，所以下面一种氨基

酸在 A 的含量可能比在 B 多，它是（　　）P. 32

    A. 苯丙氨酸　　　　B. 谷氨酸

    C. 甲硫氨酸　　　　D. 赖氨酸

    E. 天冬氨酸

29. 哪种氨基酸水溶液的 pH 值最低？（　　）P. 32

    A. 谷氨酸　　　　　B. 精氨酸

    C. 赖氨酸　　　　　D. 色氨酸

    E. 天冬酰胺

30. 氨基酸在生理条件下的主要形式是（　　）P. 32

    A. 非极性分子　　　B. 兼性离子

    C. 疏水分子　　　　D. 阳离子

    E. 阴离子

31. 含有辅基的一定是（　　）P. 33

    A. 单纯蛋白质

    B. 核蛋白

    C. 糖蛋白

    D. 脂蛋白

    E. 缀合蛋白质

32. 在蛋白质分子内的一个氨基酸最多形成几个肽键？（　　）P. 34

    A. 1　　　　　　　　B. 2

    C. 3　　　　　　　　D. 4

    E. 5

33. 在多肽链中，一个氨基酸参与形成主链的原子的正确排列是（　　）P. 35

    A. $-C-N-C_\alpha-$

    B. $-C_\alpha-C-N-$

    C. $-C_\alpha-N-C-$

    D. $-N-C-C_\alpha-$

    E. $-N-C_\alpha-C-$

34. 20 种标准氨基酸的平均分子量是（　　）P. 35

    A. 110Da　　　　　B. 128Da

    C. 138Da　　　　　D. 220Da

    E. 280Da

35. 一条多肽链由 100 个氨基酸构成，其分子量的可能范围是（　　）P. 35

    A. 6 000 ~ 8 000Da

    B. 8 000 ~ 10 000Da

    C. 10 000 ~ 12 000Da

    D. 12 000 ~ 14 000Da

    E. 14 000 ~ 16 000Da

36. 人体内的一种重要的肽类抗氧化剂是（　　）P. 35

    A. 催产素　　　　　B. 谷胱甘肽

    C. 脑啡肽　　　　　D. 内啡肽

    E. 血管紧张素 Ⅱ

*37. 第一种人工合成的蛋白质是一种（　　）P. 36

    A. 激素　　　　　　B. 抗生素

    C. 抗体　　　　　　D. 酶

    E. 载体

38. 维持蛋白质一级结构的是（　　）P. 36

    A. 3′, 5′-磷酸二酯键

    B. 离子键

    C. 氢键

    D. 疏水作用

    E. 肽键

39. 蛋白质的一级结构及空间结构决定于（　　）P. 36

    A. 氨基酸组成和顺序

    B. 分子内离子键

    C. 分子内氢键

    D. 分子内疏水作用

    E. 亚基

40. 维持蛋白质二级结构的主要是（　　）P. 36

    A. 二硫键　　　　　B. 离子键

    C. 氢键　　　　　　D. 疏水作用

    E. 肽键

41. β 转角属于蛋白质的（　　）P. 36

    A. 一级结构　　　　B. 二级结构

C. 结构域　　　　　D. 三级结构

E. 四级结构

42. 在下面的肽单元结构中，哪个共价键不能自由旋转？（　）P. 36

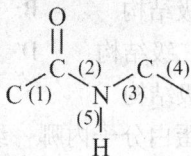

$$\underset{\underset{C(1)}{\overset{O}{\parallel}}}{C(2)} \quad N(3) \quad C(4)$$
（5）|
H

A.（1）　　　　　B.（2）

C.（3）　　　　　D.（4）

E.（5）

43. 蛋白质的二级结构不包括（　）P. 36

A. α螺旋　　　　　B. β折叠

C. β转角　　　　　D. 结构域

E. 无规卷曲

44. 关于蛋白质 α 螺旋的正确叙述是（　）P. 36

A. α螺旋的螺距是 3.6nm

B. α螺旋的形成及其稳定性受侧链 R 结构的影响

C. α螺旋是左手螺旋

D. 蛋白质的二级结构是 α 螺旋

E. 每一个螺旋含 5.4 个氨基酸

45. α螺旋每上升一圈相当于氨基酸的个数是（　）P. 36

A. 2.5　　　　　B. 2.7

C. 3.0　　　　　D. 3.6

E. 4.5

46. 在蛋白质的α螺旋结构中，第 m 个氨基酸的羰基 O 与第 m＋n 个氨基酸的氨基 H 形成氢键，其中 n 等于（　）P. 37

A. 1　　　　　B. 2

C. 3　　　　　D. 4

E. 5

47. β折叠的一个结构单位包含几个氨基酸？（　）P. 37

A. 1　　　　　B. 1.5

C. 2　　　　　D. 3.6

E. 5.4

48. 在同向排列的 β 折叠中，一个 β 折叠单位包含两个氨基酸，该折叠单位的长度为（　）P. 38

A. 0.34nm　　　　B. 0.35nm

C. 0.54nm　　　　D. 0.65nm

E. 0.70nm

49. 一个 β 转角包含几个氨基酸？（　）P. 38

A. 2　　　　　B. 3

C. 4　　　　　D. 5

E. 6

50. 哪种标准氨基酸在 β 转角中最常见？（　）P. 38

A. 谷氨酸　　　　B. 赖氨酸

C. 脯氨酸　　　　D. 色氨酸

E. 丝氨酸

*51. 哪种氨基酸很少位于蛋白质分子表面？（　）P. 39

A. 谷氨酸　　　　B. 精氨酸

C. 赖氨酸　　　　D. 亮氨酸

E. 丝氨酸

*52. 哪种氨基酸主要位于蛋白质分子内部？（　）P. 39

A. 谷氨酸　　　　B. 酪氨酸

C. 丝氨酸　　　　D. 天冬酰胺

E. 缬氨酸

*53. 维持蛋白质三级结构的主要是（　）P. 39

A. 二硫键　　　　B. 范德华力

C. 离子键　　　　D. 氢键

E. 疏水作用

54. 关于蛋白质结构的不正确叙述是（　）P. 40

A. α螺旋属于二级结构

B. 各种蛋白质均具有一、二、三、四级结构

C. 三级结构属于空间结构

D. 无规卷曲是在一级结构基础上形成的

E. 一级结构决定空间结构

55. 关于蛋白质的不正确叙述是 （　　） P. 40

A. β折叠的形成需要二硫键

B. 蛋白质的糖基化或磷酸化可影响蛋白质的构象

C. 加入硫酸铵可以使溶液中的蛋白质沉淀

D. 肽键的部分双键特性对蛋白质二级结构的形成极为重要

E. 有些蛋白质可以存在两种构象

56. 蛋白质的天然构象是由以下化学键共同维持的，其中哪种不是非共价键？ （　　） P. 40

A. 二硫键　　　　　B. 范德华力

C. 离子键　　　　　D. 氢键

E. 疏水作用

57. 一个蛋白质分子含有二硫键，所以该蛋白质含有 （　　） P. 40

A. 半胱氨酸　　　　B. 甲硫氨酸

C. 赖氨酸　　　　　D. 色氨酸

E. 天冬氨酸

*58. 能在肽链之间形成共价键的是 （　　） P. 40

A. 半胱氨酸　　　　B. 丙氨酸

C. 甘氨酸　　　　　D. 亮氨酸

E. 缬氨酸

59. 一种不含半胱氨酸的蛋白质不可能含有 （　　） P. 40

A. 二硫键　　　　　B. 范德华力

C. 离子键　　　　　D. 氢键

E. 疏水作用

60. 在蛋白质分子内不参与形成氢键的是 （　　） P. 41

A. 氨基　　　　　　B. 胍基

C. 巯基　　　　　　D. 羧基

E. 酰胺基

61. 破坏氢键不会改变蛋白质的 （　　） P. 41

A. 一级结构　　　　B. 二级结构

C. 超二级结构　　　D. 三级结构

E. 四级结构

*62. 球蛋白分子内哪一组氨基酸之间存在疏水作用？ （　　） P. 41

A. Asp、Glu　　　　B. Glu、Arg

C. Phe、Trp　　　　D. Ser、Thr

E. Tyr、Asp

63. 在蛋白质分子内，天冬氨酸可与哪种氨基酸的侧链形成离子键？ （　　） P. 41

A. 甘氨酸　　　　　B. 谷氨酸

C. 赖氨酸　　　　　D. 亮氨酸

E. 丝氨酸

64. 以下哪种试剂常用于还原二硫键？ （　　） P. 41

A. 酚试剂　　　　　B. 尿素

C. 巯基乙醇　　　　D. 双缩脲

E. 茚三酮

65. 如果核糖核酸酶的 8 个半胱氨酸通过随机配对形成二硫键，从理论上计算有多少种配对方式？ （　　） P. 41

A. 15　　　　　　　B. 21

C. 35　　　　　　　D. 64

E. 105

66. 人的一个血红蛋白分子内含有 Fe^{2+} 的数目为 （　　） P. 42，101

A. 1 个　　　　　　B. 2 个

C. 3 个　　　　　　D. 4 个

E. 5 个

*67. 镰状细胞病是由血红蛋白分子结构异常而导致的分子病，患者血红蛋白 HbS 的 β 亚基 N 端 6 号氨基酸被以下哪种氨基酸取代？ （　　） P. 42

A. 谷氨酸　　　　　B. 精氨酸

C. 赖氨酸　　　　　D. 亮氨酸

E. 缬氨酸

*68. 镰状细胞病血红蛋白 HbS 的分子结构中比正常血红蛋白 HbA 少两个何种基团？（　）P.42

A. 氨基　　　　　B. 甲基

C. 羟基　　　　　D. 巯基

E. 羧基

69. 指甲和毛发中的角蛋白是纤维状蛋白质，其二级结构主要是（　）P.42

A. α 螺旋　　　　B. β 折叠

C. β 转角　　　　D. 模体

E. 无规卷曲

*70. 有一混合蛋白质溶液，所含各种蛋白质的 pI 为 4.6、5.0、5.3、6.7、7.3。电泳时欲使其中四种泳向正极，缓冲液的 pH 值应该是（　）P.44

A. 4.0　　　　　B. 5.0

C. 6.0　　　　　D. 7.0

E. 8.0

71. 沉降系数的单位是时间，其与秒的换算关系是（　）P.45

A. $1S = 10^{-10}$ 秒

B. $1S = 10^{-11}$ 秒

C. $1S = 10^{-12}$ 秒

D. $1S = 10^{-13}$ 秒

E. $1S = 10^{-14}$ 秒

72. 蛋白质溶液的主要稳定因素是（　）P.45

A. 蛋白质分子表面带有水化膜和同性电荷

B. 蛋白质分子的疏水作用

C. 蛋白质溶液的黏度大

D. 蛋白质溶液有分子扩散现象

E. 蛋白质在溶液中有布朗运动

73. 盐析法沉淀蛋白质的原理是（　）P.45

A. 改变蛋白质溶液的等电点

B. 降低蛋白质溶液的介电常数

C. 使蛋白质溶液的 pH = pI

D. 与蛋白质结合成不溶性蛋白盐

E. 中和蛋白质所带电荷，破坏蛋白质分子表面的水化膜

74. 下列叙述不正确的是（　）P.45

A. 变性不改变蛋白质的一级结构

B. 蛋白质溶液的 pH 值越偏离其等电点越容易沉淀

C. 破坏蛋白质的水化膜并中和其所带电荷可以导致蛋白质沉淀

D. 盐析是用高浓度的盐沉淀水溶液中的蛋白质

E. 有四级结构的蛋白质都有两条以上的多肽链

75. 为了获得不变性的蛋白制剂，可采用下述哪种分离方法？（　）P.46

A. 低温盐析

B. 加热

C. 生物碱试剂沉淀

D. 乙醇沉淀

E. 重金属盐沉淀

76. 蛋白质变性是由于（　）P.46

A. 氨基酸排列顺序改变

B. 蛋白质构象破坏

C. 蛋白质水解

D. 蛋白质组成改变

E. 肽键断开

77. 研究蛋白质变性不包括破坏（　）P.46

A. 二硫键　　　　B. 离子键

C. 氢键　　　　　D. 疏水作用

E. 肽键

78. 导致蛋白质变性的因素不包括（　）P.46

A. 冷冻　　　　　B. 强酸

C. 去污剂　　　　D. 重金属盐

E. 紫外线

79. 紫外线能使蛋白质变性，是因为蛋白质分子含有（　）P.46

A. 胱氨酸　　　　B. 精氨酸

C. 脯氨酸　　　　D. 色氨酸

E. 丝氨酸

80. 下列叙述不正确的是（　）P.46

A. 变性导致蛋白质沉淀

B. 蛋白质的结构单位是氨基酸

C. 蛋白质能在碱性条件下与 $CuSO_4$ 作用显色

D. 局部改变蛋白质的构象导致其功能改变

E. 所有氨基酸的溶液都是无色的

（二）X 型题

1. 以下哪些生命活动有蛋白质参与？（　）P.29

A. 代谢调节　　　　B. 肌肉收缩

C. 免疫保护　　　　D. 新陈代谢

E. 信号转导

2. 根据侧链 R 的结构可将氨基酸分为（　）P.30

A. 芳香族氨基酸

B. 碱性氨基酸

C. 酸性氨基酸

D. 杂环族氨基酸

E. 脂肪族氨基酸

*3. 分子量相同的是（　）P.31

A. 半胱氨酸　　　　B. 苯丙氨酸

C. 甲硫氨酸　　　　D. 亮氨酸

E. 异亮氨酸

*4. 侧链含有羟基的是（　）P.31

A. 半胱氨酸　　　　B. 酪氨酸

C. 丝氨酸　　　　D. 苏氨酸

E. 天冬酰胺

5. 碱性氨基酸包括（　）P.32

A. 谷氨酸　　　　B. 精氨酸

C. 赖氨酸　　　　D. 色氨酸

E. 组氨酸

6. 请选出带负电荷 R 基氨基酸（　）P.32

A. 谷氨酸　　　　B. 精氨酸

C. 赖氨酸　　　　D. 丝氨酸

E. 天冬氨酸

7. 以下哪些氨基酸使蛋白质吸收 280nm 紫外线？（　）P.32

A. 精氨酸　　　　B. 赖氨酸

C. 酪氨酸　　　　D. 色氨酸

E. 丝氨酸

8. 在生理条件下可解离的是（　）P.32

A. 氨基　　　　B. 胍基

C. 咪唑基　　　　D. 巯基

E. 羧基

*9. 以下哪些是两性电解质？（　）P.23，32

A. 氨基酸　　　　B. 蛋白质

C. 磷脂酰胆碱　　　　D. 黏多糖

E. 葡糖醛酸

10. 在生理条件下带正电荷的有（　）P.32

A. 氨基　　　　B. 胍基

C. 咪唑基　　　　D. 巯基

E. 羧基

11. 在生理条件下净电荷为负的有（　）P.32

A. 甘氨酸　　　　B. 谷氨酸

C. 赖氨酸　　　　D. 亮氨酸

E. 天冬氨酸

12. 在生理条件下净电荷为正的有（　）P.32

A. 谷氨酸　　　　B. 精氨酸

C. 赖氨酸　　　　D. 酪氨酸

E. 天冬氨酸

13. 以下哪些属于蛋白质的空间结构？（　）P.34

A. 一级结构　　　　B. 二级结构

C. 超二级结构　　　　D. 三级结构

E. 四级结构

14. 蛋白质与多肽的区别包括（　　）P. 35

　　A. 氨基酸组成

　　B. 分子量大小

　　C. 构象的重要性

　　D. 是否含辅基

　　E. 所含肽链数

*15. 牛胰岛素（　　）P. 36

　　A. A 链有 21 个氨基酸

　　B. B 链有 30 个氨基酸

　　C. 含有 A 链和 B 链两条肽链

　　D. 含有六个半胱氨酸

　　E. 含有三个二硫键，其中一个在 A、B 链之间，两个在 A 链内

16. 关于 α 螺旋的正确叙述是（　　）P. 36

　　A. α 螺旋都是右手螺旋

　　B. 氨基酸的 R 基分布在 α 螺旋的外侧

　　C. 螺距为 0.54nm

　　D. 螺旋的直径为 0.5nm

　　E. 每个螺旋大约含 3.6 个氨基酸

17. 蛋白质分子的亚基之间可能有（　　）P. 40

　　A. 二硫键　　　　B. 范德华力

　　C. 离子键　　　　D. 氢键

　　E. 疏水作用

*18. 下面是构成蛋白质分子的两种氨基酸：（A）Cys 和（B）Met, 以下哪些叙述是正确的？（　　）P. 40, 72, 177

　　A. 氨基酸 B 是代谢中重要的甲基供体

　　B. 活性中心含有氨基酸 A 的酶，其活性将被重金属抑制

　　C. 羽毛、头发、指甲中的角蛋白富含氨基酸 B

　　D. 在蛋白质分子内氨基酸 A 可以形成交联

　　E. 在蛋白质分子内氨基酸 B 可以形成交联

19. 下列哪些氨基酸的侧链通过形成氢键参与维持蛋白质的空间结构？（　　）P. 41

　　A. 半胱氨酸　　　　B. 谷氨酰胺

　　C. 赖氨酸　　　　　D. 苏氨酸

　　E. 天冬氨酸

20. 以下哪些是蛋白质的呈色反应？（　　）P. 44

　　A. 双缩脲反应

　　B. 与 Benedict 试剂反应

　　C. 与碘液反应

　　D. 与酚试剂反应

　　E. 与茚三酮反应

21. 在 pH 值大于等电点的条件下，哪些试剂可以沉淀蛋白质？（　　）P. 46

　　A. Cu^{2+}

　　B. Hg^{2+}

　　C. $(NH_4)_2SO_4$

　　D. Pb^{2+}

　　E. 三氯醋酸

22. 蛋白质变性的结果是（　　）P. 46

　　A. 分子的不对称性增加

　　B. 黏度增加

　　C. 溶解度降低

　　D. 生物活性丧失

　　E. 易被蛋白酶降解

二、填空题

1. 蛋白质的元素组成特点是平均含（　　）量为（　　）%。P. 29

2. 在标准氨基酸中，只有（　　）为亚氨基酸，只有（　　）没有旋光性。P. 29

3. 标准氨基酸根据人体内能否自己合成分为（　　）氨基酸、（　　）氨基酸。P. 30

4. 在标准氨基酸中，属于同分异构体

的两种氨基酸是（　）和（　）。P. 30

5. 在标准氨基酸中，侧链含羟基的氨基酸是丝氨酸、（　）和（　）。P. 30

6. 在标准氨基酸中，（　）、（　）和色氨酸是芳香族氨基酸。P. 30，178

7. 在标准氨基酸中，（　）和（　）是含硫氨基酸。P. 30，176

*8. 标准氨基酸根据侧链的可解离性分为三类，其中有（　）种中性氨基酸、（　）种碱性氨基酸、两种酸性氨基酸。P. 30

9. 在标准氨基酸中，精氨酸、（　）和（　）是碱性氨基酸。P. 30

10. 在标准氨基酸中，（　）和（　）的侧链含羧基。P. 30

*11. 在标准氨基酸中，只有（　）和（　）有两个手性碳原子。P. 31

12. 等电点是氨基酸的特征常数。如果溶液的 pH 值大于氨基酸的等电点，则氨基酸的净电荷为（　），在电场中会向（　）极移动。P. 32

*13. 氨基酸与水合茚三酮发生氧化反应和（　）反应，最终生成蓝紫色化合物，该化合物在（　）nm 波长处有最大吸收。P. 32

14. 蛋白质可以根据组成分为单纯蛋白质和（　），后者所含的非氨基酸成分称为（　）。P. 33

15. 通常把由 2～10 个氨基酸构成的肽称为（　），由更多氨基酸构成的肽称为（　）。P. 35

16. 谷胱甘肽是由谷氨酸、半胱氨酸和甘氨酸通过肽键连接构成的（　），是机体内重要的（　）。P. 35

17. 1955 年，（　）报告了胰岛素的一级结构，并因此获得 1958 年（　）。P. 36

18. 牛胰岛素是第一种被阐明一级结构的蛋白质，它含有（　）条肽链，（　）个二硫键。P. 36

19. 通过旋转肽键平面，多肽链可以形成 α 螺旋、（　）和（　）等有规则的二级结构。P. 36

20. 肽链主链由（　）种共价键构成，其中（　）键不能自由旋转。P. 36

21. α 螺旋是由肽平面围绕（　）旋转盘绕形成的（　）结构。P. 36

22. α 螺旋上升一圈大约需要（　）个氨基酸，螺距为 0.54nm，螺旋的直径为（　）nm。P. 36

23. 数段 β 折叠平行排列可以形成裙褶样结构，所含 β 折叠肽段有同向平行和反向平行两种排列形式，同向排列的 β 折叠单位为（　）nm，反向排列的 β 折叠单位为（　）nm。P. 37

24. β 转角位于肽链进行回折时的转折部位，由（　）个氨基酸构成，其中第二个氨基酸常为（　）。P. 38

25. 蛋白质二级结构和三级结构之间还存在（　）和（　）两种空间结构。P. 38

26. 在蛋白质的三级结构中，（　）基团主要位于分子内部，（　）基团则位于分子表面。P. 39

27. 在蛋白质多肽链中，（　）氨酸和（　）氨酸的侧链可以与精氨酸的侧链形成离子键。P. 41

*28. 牛胰核糖核酸酶是第一个被阐明一级结构的酶分子，它由一条含（　）个氨基酸的多肽链组成，分子内含（　）个二硫键。P. 41

29. 在同源蛋白质的氨基酸序列中，有许多位置的氨基酸是相同的，这些氨基酸称为（　）。其他位置的氨基酸差异较大，这些氨基酸称为（　）。P. 42

30. 镰状细胞病患者血红蛋白的 β 亚基与正常成人血红蛋白相差一个氨基酸，即 N 端 6 号（　）氨酸被（　）氨酸取代，

P. 42

31. 蛋白质可以根据构象分为（　）蛋白质和（　）蛋白质。P. 42

32. 当血红蛋白分子的第一个亚基与 O_2 结合后，该亚基的构象发生微小改变，导致血红蛋白的四级结构发生改变，从较紧密的（　）构象转变成较松弛的（　）构象，从而使血红蛋白其余三个亚基更容易与 O_2 结合。P. 42

33. 蛋白质因含（　）氨酸和（　）氨酸而吸收 280nm 波长的紫外线。P. 44

34. 蛋白质多肽链含精氨酸越多，其 pI 值越（　）；含亮氨酸越多，其溶解度越（　）。P. 44

35. 不同蛋白质盐析时所需的盐浓度可能不同，例如在血清中加（NH_4）$_2SO_4$ 使之达到 50% 饱和度，则血清中的（　）蛋白会析出；如果继续加（NH_4）$_2SO_4$ 使之达到 100% 饱和度，则血清中的（　）蛋白也会析出。P. 46

36. 蛋白质可以与生物碱试剂以及某些酸结合并沉淀，沉淀的条件是 pH 值小于（　），这样蛋白质带（　）电荷，易与酸根阴离子结合成盐。P. 46

*37. 蛋白质的变性主要是破坏了维持空间构象的各种（　）键，使天然蛋白质原有的（　）与理化性质改变。P. 46

三、分子结构　P. 31

1. Ala　2. Arg　3. Asp　4. Cys　5. Gln
6. Glu　7. Gly　8. Met　9. Ser

四、名词解释

1. 蛋白质　P. 29
2. 标准氨基酸　P. 29
3. 两性电解质　P. 32
4. 氨基酸的等电点　P. 32

5. 单纯蛋白质　P. 33
6. 缀合蛋白质　P. 33
7. 蛋白质的辅基　P. 33
8. 肽键　P. 34
9. 肽　P. 34
10. 谷胱甘肽　P. 35
11. 蛋白质的一级结构　P. 36
12. 蛋白质的二级结构　P. 36
13. 肽平面　P. 36
*14. 蛋白质的超二级结构　P. 38
15. 蛋白质的三级结构　P. 39
16. 蛋白质的亚基　P. 40
17. 蛋白质的四级结构　P. 40
18. 非共价键　P. 40
19. 二硫键　P. 40
20. 疏水作用　P. 41
21. 同源蛋白质　P. 41
22. 序列同源现象　P. 42
23. 分子病　P. 42
24. 镰状细胞病　P. 42
25. 蛋白质的等电点　P. 44
26. 透析　P. 45
27. 沉降系数　P. 45
28. 蛋白质沉淀　P. 45
29. 盐析　P. 46
30. 蛋白质变性　P. 46
31. 蛋白质凝固　P. 46
32. 蛋白质复性　P. 46

五、问答题

1. 简述标准氨基酸的结构特点。P. 29
2. 简述蛋白质的分类。P. 33，42
*3. 简述氨基酸的分类。P. 30
4. 简述肽链的基本结构。P. 35
5. 试述蛋白质和多肽的区别。P. 35
*6. 简述蛋白质一级结构的含义及其意义。P. 36
7. 简述蛋白质二级结构的含义、种类

· 25 ·

及其稳定因素。P. 36

*8. 简述肽平面的含义及其意义。P. 36

9. 简述蛋白质的 α 螺旋结构。P. 36

*10. 简述蛋白质的三级结构及其稳定因素。P. 39

*11. 简述镰状细胞病的化学基础。P. 42

12. 蛋白质的紫外吸收有何特点？P. 44

13. 简述蛋白质的两性解离。P. 44

14. 简述蛋白质的呈色反应。P. 44

15. 简述蛋白质沉淀及常用沉淀方法。P. 45

16. 简述蛋白质的变性及导致蛋白质变性的因素。P. 46

17. 试比较蛋白质的变性、沉淀和凝固。P. 46

参考答案

一、选择题

（一）A 型题

1. E 2. E 3. C 4. C 5. B 6. A
7. D 8. E 9. E 10. D 11. B 12. A
13. E 14. E 15. A 16. B 17. A 18. C
19. B 20. E 21. B 22. A 23. C 24. B
25. A 26. E 27. B 28. D 29. A 30. B
31. E 32. B 33. E 34. C 35. C 36. B
37. A 38. E 39. A 40. C 41. B 42. B
43. D 44. B 45. D 46. D 47. C 48. D
49. C 50. C 51. D 52. E 53. E 54. B
55. A 56. A 57. A 58. A 59. A 60. C
61. A 62. C 63. C 64. C 65. C 66. D
67. E 68. E 69. A 70. D 71. D 72. A
73. E 74. B 75. A 76. B 77. E 78. A
79. D 80. A

（二）X 型题

1. ABCDE 2. ADE 3. DE 4. BCD
5. BCE 6. AE 7. CD 8. ABCE 9. ABC
10. ABC 11. BE 12. BC 13. BCDE
14. BCDE 15. ABCD 16. ABCDE
17. BCDE 18. ABD 19. BCDE 20. ADE
21. ABD 22. ABCDE

二、填空题

1. 氮；16
2. 脯氨酸；甘氨酸
3. 必需；非必需
4. 亮氨酸；异亮氨酸
5. 苏氨酸；酪氨酸
6. 苯丙氨酸；酪氨酸
7. 半胱氨酸；甲硫氨酸
8. 15；3
9. 赖氨酸；组氨酸
10. 天冬氨酸；谷氨酸
11. 苏氨酸；异亮氨酸
12. 负；正
13. 缩合；570
14. 缀合蛋白质；辅基
15. 寡肽；多肽
16. 三肽；抗氧化剂
17. Sanger；诺贝尔化学奖
18. 两；三
19. β 折叠；β 转角
20. 3；C－N
21. C_α；右手螺旋
22. 3.6；0.5
23. 0.65；0.7
24. 四；脯氨酸
25. 超二级结构；结构域
26. 疏水；亲水
27. 谷；天冬
28. 124；4
29. 不变残基；可变残基

30. 谷；缬
31. 纤维状；球状
32. T 型；R 型
33. 色；酪

34. 大；低
35. 球；清
36. 等电点；正
37. 非共价；构象

三、分子结构

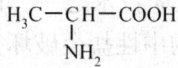

Ala

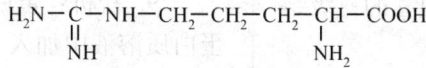

Arg

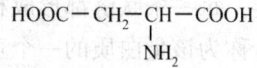

Asp

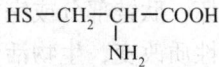

Cys

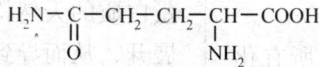

Gln

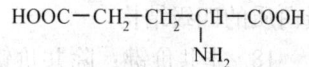

Glu

H₂N—CH₂—COOH

Gly

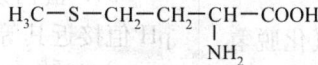

Met

HO—CH₂—CH—COOH，下标NH₂

Ser

四、名词解释

1. 蛋白质：一种生物大分子，由一条或多条肽链构成，每条肽链都由一定数量的氨基酸按一定顺序以肽键连接形成。

2. 标准氨基酸：用来合成蛋白质的 20 种氨基酸。

3. 两性电解质：含有两种基团，一种可以结合 H⁺ 而带正电荷，另一种可以给出 H⁺ 而带负电荷。

4. 氨基酸的等电点：氨基酸在溶液中的解离程度受 pH 值影响，在某一 pH 值条件下，氨基酸解离成阳离子和阴离子的趋势及程度相同，溶液中氨基酸的净电荷为零，此时溶液的 pH 值称为该氨基酸的等电点。

5. 单纯蛋白质：完全由氨基酸构成的蛋白质。

6. 缀合蛋白质：含有非氨基酸成分的蛋白质。

7. 蛋白质的辅基：缀合蛋白质所含的非氨基酸成分。

8. 肽键：在蛋白质分子内，一个氨基酸的 α-羧基与另一个氨基酸的 α-氨基缩合形成的化学键。

9. 肽：氨基酸通过肽键连接构成的分子。

10. 谷胱甘肽：谷氨酸、半胱氨酸和甘氨酸的缩合产物，是机体内重要的抗氧化剂。

11. 蛋白质的一级结构：蛋白质分子内氨基酸的排列顺序和二硫键的位置。

12. 蛋白质的二级结构：蛋白质多肽链主链的局部构象，不涉及侧链的空间排布。

13. 肽平面：肽键结构的四个原子与两个 Cₐ 构成一个肽单元，肽单元的六个原子处在同一平面上，称为肽平面。

14. 蛋白质的超二级结构：蛋白质的二级结构单元进一步聚集和组合在一起形成的规则的二级结构聚集体，如 αα、βαβ、βββ、螺旋-转角-螺旋等，又称为模体、基序。

15. 蛋白质的三级结构：在一级结构中

相隔较远的一些氨基酸依靠非共价键及少量共价键相互结合，使一条完整的多肽链在二级结构基础上进一步折叠，形成特定的空间结构。

16. 蛋白质的亚基：有些蛋白质由几条甚至几十条肽链构成，肽链之间没有共价键连接，每一条肽链都形成相对独立的三级结构，称为该蛋白质的一个亚基。

17. 蛋白质的四级结构：多亚基蛋白的亚基按特定的空间排布结合在一起，构成该蛋白质的四级结构。

18. 非共价键：除共价键以外的所有化学键，包括氢键、疏水作用、离子键和范德华力。

19. 二硫键：由两个巯基通过氧化脱氢形成的共价键，蛋白质分子内的半胱氨酸可以通过氧化脱氢形成二硫键。

20. 疏水作用：疏水性分子或基团为减少与水的接触而彼此聚集的一种相对作用力。

21. 同源蛋白质：不同种属来源的一些蛋白质，其氨基酸序列非常相似，构象也相似，功能也一致。

22. 序列同源现象：同源蛋白质氨基酸序列的相似性。

23. 分子病：由基因突变造成蛋白质结构或合成量异常而导致的疾病。

24. 镰状细胞病：一种由血红蛋白分子结构异常而导致的分子病。

25. 蛋白质的等电点：蛋白质是两性电解质，其解离状态受溶液的 pH 值影响。在某一 pH 值下，蛋白质的净电荷为零，该 pH 值称为蛋白质的等电点。

26. 透析：将含有小分子杂质的大分子溶液封入用半透膜制成的透析袋内，浸入流动水或缓冲溶液中，小分子杂质会从透析袋内透出，这一过程称为透析。

27. 沉降系数：应用超速离心技术制造重力场，蛋白质等大分子颗粒会沿着重力场方向沉降。对于特定蛋白质颗粒，其沉降速度与离心加速度之比为一常数，该常数称为沉降系数。

28. 蛋白质沉淀：蛋白质分子从溶液中析出的现象。

29. 盐析：蛋白质沉淀技术之一，即在蛋白质溶液中加入大量的中性盐会破坏其胶体溶液稳定性而使其沉淀。

30. 蛋白质变性：在一些因素作用下，蛋白质的天然构象被破坏，肽链部分或完全展开，从而导致其理化性质改变，生物活性丧失，这种现象称为蛋白质变性。

31. 蛋白质凝固：如果蛋白质溶液的 pH 值接近其等电点，则加热可以使其形成较坚固的凝块，该凝块不溶于强酸和强碱，这种现象称为蛋白质凝固。

32. 蛋白质复性：有些蛋白质的变性是可逆的。当变性程度较轻时，如果除去变性因素，蛋白质可以恢复其原来的构象及功能，这种现象称为蛋白质复性。

五、问答题

1. 在 20 种标准氨基酸中只有脯氨酸为亚氨基酸，其他氨基酸都是 α-氨基酸。除了甘氨酸之外，其他氨基酸的 α-碳原子都结合了四个不同的原子或基团：羧基、氨基、R 基和一个氢原子，所以 α-碳原子是一个手性碳原子。氨基酸是手性分子，有 L-氨基酸与 D-氨基酸之分。标准氨基酸均为 L-氨基酸。

2. ①蛋白质可以根据组成分为单纯蛋白质和缀合蛋白质：有些蛋白质完全由氨基酸构成，称为单纯蛋白质；而其他蛋白质含有非氨基酸成分，称为缀合蛋白质。缀合蛋白质所含的非氨基酸成分称为辅基。缀合蛋白质可以根据其辅基的化学本质进一步分为脂蛋白、糖蛋白、核蛋白和金属蛋白等。②蛋白质还可以根据构象分为纤维状蛋白质和球状蛋白质。纤维状蛋白质是动物体的支架和外保护成分，其二级结构比较单一。球状蛋白质主要是酶和调控蛋白，其构象中包含各种二级结构。

3.

分类依据	分类
R 基结构	脂肪族氨基酸、芳香族氨基酸、杂环族氨基酸
R 基酸碱性	酸性氨基酸、碱性氨基酸、中性氨基酸
人体内能否自己合成	必需氨基酸、非必需氨基酸
分解产物进一步转化	生糖氨基酸、生酮氨基酸、生糖兼生酮氨基酸
是否用于合成蛋白质	标准氨基酸、非标准氨基酸
有无遗传密码	编码氨基酸、非编码氨基酸
R 基结构与性质	非极性疏水 R 基氨基酸、极性不带电荷 R 基氨基酸、带正电荷 R 基氨基酸、带负电荷 R 基氨基酸

4.①氨基酸通过肽键连接构成的分子称为肽。通常把由 2～10 个氨基酸构成的肽称为寡肽，由更多氨基酸构成的肽称为多肽，也称为多肽链。②多肽链上由—N—C_α—C—重复构成的长链称为主链，也称为骨架；而氨基酸的 R 基相对很小，称为侧链。③主链的一端含有游离的 α-氨基，称为 N 端；另一端含有游离的 α-羧基，称为 C 端。④肽链有方向性，通常把 N 端视为肽链的头。

5. 多肽链是蛋白质的基本结构，实际上蛋白质就是具有特定构象的多肽。多肽并不都是蛋白质，可以从以下几方面区分：①分子量小于 10kDa 的是多肽（不包括寡肽），分子量大于 10kDa 的是蛋白质。胰岛素例外，它是蛋白质。②一个多肽分子只有一条肽链，而一个蛋白质分子通常含有不止一条肽链。③多肽的生物活性可能与其构象

无关，而蛋白质则不然，改变蛋白质的构象会改变其生物活性。④许多蛋白质含有辅基成分，而多肽一般不含辅基成分。

6. 蛋白质分子内氨基酸的排列顺序称为蛋白质的一级结构，包括二硫键的位置。

研究蛋白质一级结构的意义：①蛋白质的一级结构是其生物活性的基础。②蛋白质的一级结构是其构象的基础，包含了形成特定构象所需的全部信息。③众多遗传性疾病的分子基础是基因突变导致其所表达的蛋白质的一级结构发生变异。④研究蛋白质的一级结构可以阐明生物进化史，不同物种的同源蛋白质的一级结构越相似，其进化关系越近。

7.①蛋白质的二级结构是指多肽链主链的局部构象，不涉及侧链的空间排布。②在蛋白质多肽链上，氨基酸通过肽键连接。肽键是一个刚性平面结构，是肽链卷曲折叠的基本单位。由于肽键平面相对旋转的角度不同，多肽链可以形成 α 螺旋、β 折叠、β 转角和无规卷曲等几种二级结构，还可以在此基础上进一步形成超二级结构。③上述二级结构是通过旋转肽平面形成的，维持这些二级结构的化学键主要是氢键。

8.①肽键结构的四个原子与两个 C_α 构成一个肽单元（—C_α—CO—NH—C_α—）。②在肽单元中，羰基的 π 键电子对与 N 的孤电子对存在部分共享，C—N 键的键长（0.132nm）介于单键（0.147nm）和双键（0.124nm）之间，具有部分双键性质，不能自由旋转。因此，肽单元的六个原子处在同一平面上，称为肽平面。③在肽平面上，两个 C_α 处于反式位置，N—C_α 键和 C_α—C 键可以旋转，主链构象的形成与改变就是肽平面围绕 C_α 旋转的结果。

9.①在蛋白质多肽链上，肽平面围绕 C_α 旋转盘绕形成右手螺旋结构，称为 α 螺旋。②螺旋上升一圈大约需要 3.6 个氨基

酸，螺距为 0.54nm，螺旋的直径为 0.5nm。③氨基酸的 R 基分布在螺旋的外侧。④在 α 螺旋中，每一个肽键的羰基 O 与从该羰基所属氨基酸开始数第五个氨基酸的氨基 H 形成氢键，从而使 α 螺旋非常稳定。

10.①一条完整的蛋白质多肽链在二级结构基础上进一步折叠，形成特定的空间结构，这就是蛋白质的三级结构。三级结构涉及相隔较远的氨基酸的相互作用，这些氨基酸在一级结构中可能彼此远离，甚至属于不同的二级结构，通过多肽链的进一步折叠相互靠近、相互作用，形成稳定的空间结构。②在三级结构中，疏水基团主要位于分子内部，亲水基团则位于分子表面。③维持蛋白质三级结构的化学键是疏水作用、氢键、部分离子键和少量共价键（如二硫键）。

11.由基因突变造成蛋白质结构或合成量异常而导致的疾病称为分子病。镰状细胞病就是由血红蛋白分子结构异常而导致的分子病。

正常成人血红蛋白是 HbA，由 $\alpha_2\beta_2$ 四个亚基组成，具有运输 O_2 和 CO_2 的功能。镰状细胞病患者的血红蛋白是 HbS，HbS 的 β 亚基与 HbA 相差一个氨基酸，即 N 端 6 号谷氨酸被缬氨酸取代。谷氨酸的 R 基是极性的，带一个负电荷；而缬氨酸的 R 基是非极性的，不带电荷。因此，HbS 比 HbA 少两个负电荷，并且极性低。正是这种变化使 HbS 的溶解度降低，在脱氧状态下能形成棒状复合体，使红细胞扭曲成镰状，这一过程会损害细胞膜，使其极易被脾脏清除，发生溶血性贫血。

12.①单纯蛋白质不吸收可见光，是无色的。②蛋白质因为以下两个因素而对紫外线有吸收：一是其肽键结构对 220nm 以下的紫外线有强吸收；二是其所含的色氨酸和酪氨酸对 280nm 的紫外线有强吸收。③在一定条件下，蛋白质溶液对 280nm 紫外线的吸光度与其浓度成正比，在分析蛋白质时常以此作为检测手段。

13.①蛋白质是两性电解质，因为它们有肽链主链 C 端的羧基、谷氨酸的 γ-羧基和天冬氨酸的 β-羧基，可以给出 H^+ 而带负电荷；也有肽链主链 N 端的氨基、赖氨酸的 ε-氨基、精氨酸的胍基和组氨酸的咪唑基，可以结合 H^+ 而带正电荷。这些基团的解离状态决定着蛋白质的带电荷状态，而解离状态受溶液的 pH 值影响。②在某一 pH 值下，蛋白质的净电荷为零，则该 pH 值称为蛋白质的等电点（pI）。③如果溶液 pH < pI，则蛋白质带正电荷；如果溶液 pH > pI，则蛋白质带负电荷。人体许多蛋白质的等电点在 5.0 左右，低于体液的 pH 值，所以带负电荷。

14.蛋白质的以下呈色反应常用于其定量分析。

（1）茚三酮反应：蛋白质分子内含有游离氨基，所以与水合茚三酮反应呈色。

（2）双缩脲反应：双缩脲由两分子尿素脱氨缩合生成，在碱性溶液中与 Cu^{2+} 作用呈紫红色，称为双缩脲反应。蛋白质分子内的肽键也能发生双缩脲反应。

（3）酚试剂反应：酚试剂含有磷钼酸 - 磷钨酸，与蛋白质的呈色反应比较复杂，包括以下反应：①在碱性条件下，蛋白质与 Cu^{2+} 作用生成螯合物。②蛋白质分子内酪氨酸的酚基在碱性条件下将磷钼酸 - 磷钨酸试剂还原，呈深蓝色（磷钼蓝和磷钨蓝混合物）。酚试剂反应的灵敏度比双缩脲反应高 100 倍，常用于蛋白质的定量分析。

15.①蛋白质分子从溶液中析出的现象称为蛋白质沉淀。②凡能破坏蛋白质溶液稳定因素的方法都可以使蛋白质分子聚集成颗粒并析出。常用蛋白质沉淀方法有盐析、重金属离子沉淀蛋白质、生物碱试剂以及某些酸类沉淀蛋白质、有机溶剂沉淀蛋白质。

16. ①在一些因素作用下，蛋白质的天然构象被破坏，肽链部分或完全展开，导致其理化性质改变，生物活性丧失，这一现象称为蛋白质变性。一般认为蛋白质变性的本质是其非共价键被破坏，所以蛋白质变性只破坏其构象，不改变其一级结构。②蛋白质变性的结果是有些原来在分子内部的疏水基团暴露出来，分子的不对称性增加，黏度增加，扩散系数减小，溶解度降低，结晶性丧失，生物活性丧失，蛋白质容易被蛋白酶降解。③导致蛋白质变性的因素包括物理因素和化学因素。物理因素有高温、高压、振荡、紫外线和超声波等；化学因素有强酸、强碱、乙醇、丙酮、尿素、重金属盐和去污剂等。

17. ①在一些因素作用下，蛋白质的天然构象被破坏，肽链部分或完全展开，导致其理化性质改变，生物活性丧失，这一现象称为蛋白质变性。②蛋白质分子从溶液中析出的现象称为蛋白质沉淀。③将 pH 值接近等电点的蛋白质溶液加热，可以使蛋白质形成较坚固的凝块，该凝块不溶于强酸和强碱，这种现象称为蛋白质凝固。凝固实际上是蛋白质变性后进一步发展的不可逆结果。④蛋白质变性、沉淀和凝固之间的关系：蛋白质变性导致构象破坏，活性丧失，但不一定沉淀；蛋白质沉淀是胶体溶液稳定因素被破坏的结果，构象不一定改变，活性也不一定丧失，所以不一定变性；蛋白质凝固是变性的特殊类型，是变性蛋白质进一步形成较坚固的凝块。

第五章　核酸化学

习题

一、选择题

（一）A型题

1. 核苷酸碱基不含哪种元素？（　）P.49
   A. C　　　　　　　B. H
   C. N　　　　　　　D. O
   E. P

*2. DNA 分子含有几种杂环结构？（　）P.49
   A. 1　　　　　　　B. 2
   C. 3　　　　　　　D. 4
   E. 5

3. 在 RNA 水解液中含量最少的是（　）P.49
   A. AMP　　　　　　B. CMP
   C. GMP　　　　　　D. TMP
   E. UMP

4. 关于核苷酸生理功能的错误叙述是（　）P.51
   A. 多种核苷酸衍生物为生物合成过程中的活性中间产物
   B. 核苷酸是辅助因子的成分
   C. 核苷酸是生物膜的基本结构成分
   D. 核苷酸是直接供能物质
   E. 核苷酸调节代谢

*5. ATP 的功能不包括（　）P.51
   A. 储存化学能　　　B. 合成 cAMP
   C. 合成 RNA　　　　D. 激活酶原
   E. 调节代谢

6. 连接核酸结构单位的是（　）P.52
   A. 二硫键　　　　　B. 磷酸二酯键
   C. 氢键　　　　　　D. 肽键
   E. 糖苷键

7. DNA 的一级结构是（　）P.52
   A. DNA 分子的碱基配对关系
   B. DNA 分子的碱基序列
   C. DNA 分子的碱基种类
   D. DNA 分子的双螺旋结构
   E. DNA 分子内各碱基的比例

8. 细胞内含量最稳定的是（　）P.53
   A. DNA　　　　　　B. 蛋白质
   C. 糖原　　　　　　D. 维生素
   E. 脂肪

*9. 某 DNA 分子胸腺嘧啶的摩尔含量为 20%，胞嘧啶的摩尔含量为（　）P.53
   A. 20%　　　　　　B. 30%
   C. 40%　　　　　　D. 60%
   E. 80%

10. 关于真核生物 DNA 碱基的错误叙述是（　）P.53
   A. A—T 对有两个氢键
   B. G—C 对有三个氢键
   C. 嘌呤与嘧啶的含量相等
   D. 腺嘌呤与胸腺嘧啶含量相等
   E. 营养不良常可改变 DNA 的碱基

组成

11. 关于 DNA 碱基组成（　）P. 53
   A. A + T = G + C
   B. A 与 C 的含量相等
   C. 不同生物来源的 DNA 碱基组成不同
   D. 生物体 DNA 的碱基组成随着年龄的变化而改变
   E. 同一生物不同组织的 DNA 碱基组成不同

12. 关于 DNA 双螺旋结构（　）P. 53
   A. DNA 两股链的走向是反向平行的
   B. 互补碱基以共价键结合
   C. 碱基 A 和 G 配对
   D. 碱基对平面互相垂直
   E. 磷酸戊糖主链位于双螺旋内侧

*13. 关于 DNA 双螺旋结构的错误叙述是（　）P. 53
   A. 碱基对以非共价键结合
   B. 碱基位于双螺旋外侧
   C. 两股链相互平行、走向相反
   D. 磷酸与脱氧核糖构成了双螺旋的骨架
   E. 是 DNA 的二级结构

*14. 关于 DNA 的错误叙述是（　）P. 53
   A. DNA 只存在于细胞核内，其所带遗传信息由 RNA 携带到内质网并指导蛋白质合成
   B. 两股链反向互补结合，主链由脱氧核糖与磷酸通过二酯键交替连接构成，碱基作为侧链位于双螺旋内侧
   C. 嘌呤碱基只与嘧啶碱基配对，其结合的基础是尽可能多地形成氢键
   D. 是右手双螺旋结构，每一螺旋包含 10bp

E. 双螺旋的螺距为 3.4nm，直径为 2nm

*15. 关于核酸结构的错误叙述是（　）P. 53
   A. DNA 碱基位于双螺旋内侧，碱基对形成一种近似平面的结构
   B. DNA 双螺旋表面有一条大沟和一条小沟
   C. DNA 双螺旋结构中碱基平面之间存在碱基堆积力
   D. RNA 可形成局部双螺旋结构
   E. 与 DNA 相比，RNA 种类繁多，分子量相对较大

*16. 以下哪种成分的组成和结构更复杂?（　）P. 55
   A. 病毒 DNA　　　B. 噬菌体 DNA
   C. 细胞核 DNA　　D. 细菌 DNA
   E. 线粒体 DNA

*17. 核小体的组成成分不包括（　）P. 55
   A. DNA　　　　　B. RNA
   C. 组蛋白 H1　　　D. 组蛋白 H2A
   E. 组蛋白 H2B

*18. mRNA 的特点是种类多、寿命短、含量少，占细胞内总 RNA 的（　）P. 56
   A. 5% 以下　　　　B. 10% 以下
   C. 15% 以下　　　D. 20% 以下
   E. 25% 以下

19. 指导蛋白质合成的是（　）P. 56
   A. DNA　　　　　B. mRNA
   C. rRNA　　　　　D. snRNA
   E. tRNA

*20. 真核生物大多数 mRNA 5′端的核苷酸是（　）P. 56
   A. 3-甲基尿苷酸
   B. 3-甲基胸苷酸
   C. 7-甲基鸟苷酸
   D. N^4-甲基胞苷酸

E. N^6-甲基腺苷酸

21. 真核生物大多数 mRNA 的 5′端有（　　）P.56

    A. poly（A）　　　　B. TATA 框

    C. 帽子　　　　　　D. 起始密码子

    E. 终止密码子

*22. 真核生物大多数 mRNA 3′端的核苷酸是（　　）P.56

    A. 胞苷酸　　　　　B. 鸟苷酸

    C. 尿苷酸　　　　　D. 腺苷酸

    E. 胸苷酸

*23. tRNA 占总 RNA 的（　　）P.56

    A. 2%～5%　　　　B. 5%～10%

    C. 10%～15%　　　D. 15%～20%

    E. 20%～25%

*24. 关于 RNA 的错误叙述是（　　）P.56

    A. mRNA 寿命最短

    B. rRNA 种类最多

    C. tRNA 分子量最小

    D. 在细胞核与细胞质内都存在 RNA

    E. 只有 mRNA 携带指导蛋白质合成
      的遗传信息

*25. tRNA 3′端核苷酸是（　　）P.57

    A. 胞苷酸　　　　　B. 鸟苷酸

    C. 尿苷酸　　　　　D. 腺苷酸

    E. 胸苷酸

*26. 在合成蛋白质时，氨基酸与 tRNA 的哪种核苷酸结合？（　　）P.57

    A. 胞苷酸　　　　　B. 鸟苷酸

    C. 尿苷酸　　　　　D. 腺苷酸

    E. 胸苷酸

*27. 在合成蛋白质时，氨基酸与 tRNA 哪个部位结合？（　　）P.57

    A. 3′端　　　　　　B. 5′端

    C. DHU 环　　　　D. TψC 环

    E. 反密码子环

28. tRNA 的二级结构为（　　）P.57

    A. 超螺旋　　　　　B. 倒"L"形

    C. 发夹形　　　　　D. 三叶草形

    E. 双螺旋

29. 稀有碱基百分含量最多的是（　　）P.57

    A. DNA　　　　　　B. mRNA

    C. rRNA　　　　　　D. snRNA

    E. tRNA

30. 关于 tRNA 的错误叙述是（　　）P.57

    A. 5′端为 CCA-OH

    B. 二级结构通常呈三叶草形

    C. 三级结构呈倒"L"形

    D. 有一个 TψC 环

    E. 有一个反密码子环

*31. 关于 tRNA 的错误叙述是（　　）P.57

    A. 含有二氢尿嘧啶核苷酸

    B. 含有假尿嘧啶

    C. 含有胸苷酸

    D. 所含磷酸与核糖的摩尔比为 1

    E. 通常由几百个核苷酸组成，分子量较小

*32. rRNA 占 RNA 总量的（　　）P.57

    A. 70%～75%　　　B. 75%～80%

    C. 80%～85%　　　D. 85%～90%

    E. 90%～95%

*33. 原核生物三种 rRNA 的沉降系数是（　　）P.57

    A. 5S、16S、23S

    B. 5S、16S、28S

    C. 5S、18S、26S

    D. 5.8S、16S、23S

    E. 5.8S、18S、28S

34. 核酸具有特殊的紫外吸收光谱，吸收峰在（　　）P.58

    A. 220nm　　　　　B. 230nm

    C. 260nm　　　　　D. 280nm

E. 340nm

35. DNA 变性是指（　）P.58

　　A. DNA 分子由超螺旋转变为双螺旋

　　B. 断开分子内的磷酸二酯键

　　C. 断开互补碱基之间的氢键

　　D. 断开碱基与脱氧核糖之间的糖苷键

　　E. 多核苷酸链解聚

*36. DNA 变性时（　）P.58

　　A. 260nm 紫外吸收增加

　　B. 分子量增大

　　C. 浮力密度降低

　　D. 溶液黏度升高

　　E. 易被蛋白酶降解

*37. DNA 热变性的特征是（　）P.58

　　A. 260nm 紫外吸收减少

　　B. 对于均一的 DNA，其变性温度的范围不变

　　C. 碱基间的磷酸二酯键断开

　　D. 熔点因 G—C 含量而异

　　E. 形成三股螺旋

*38. 将双链 DNA 加热到解链温度，其紫外吸收增加（　）P.58

　　A. 10%　　　　　　B. 20%

　　E. 30%　　　　　　D. 40%

　　E. 50%

（二）X 型题

1. DNA 存在于真核细胞的哪些部位？（　）P.49

　　A. 核糖体　　　　　B. 内质网

　　C. 细胞核　　　　　D. 细胞液

　　E. 线粒体

2. DNA 的主要碱基是（　）P.49

　　A. A　　　　　　　B. C

　　C. G　　　　　　　D. T

　　E. U

3. 体内常见的环核苷酸是（　）P.51

　　A. cAMP　　　　　B. cCMP

C. cGMP　　　　　D. cTMP

E. cUMP

*4. 关于 cAMP 的正确叙述是（　）P.51，201

　　A. cAMP 是 2′，5′-环腺苷酸

　　B. cAMP 是环化的单核苷酸

　　C. cAMP 是信号转导途径的第二信使

　　D. cAMP 是一种供能物质

　　E. cAMP 由 ATP 经酶促反应生成

5. 核酸包括（　）P.52

　　A. DNA　　　　　　B. RNA

　　C. 多核苷酸　　　　D. 寡核苷酸

　　E. 核苷酸

6. DNA 含哪些化学键？（　）P.52

　　A. 3′-磷酸酯键　　　B. 5′-磷酸酯键

　　C. N-糖苷键　　　　D. O-糖苷键

　　E. 酸酐键

*7. 在 DNA 中，戊糖哪些碳原子的羟基与磷酸形成酯键？（　）P.52

　　A. C-1′　　　　　　B. C-2′

　　C. C-3′　　　　　　D. C-4′

　　E. C-5′

*8. 关于核酸的一级结构（　）P.52

　　A. 常与带正电荷的蛋白质、金属离子、多胺等以离子键结合

　　B. 核酸链有方向性，5′端为头，3′端为尾

　　C. 核酸主链亲水

　　D. 核酸主链由磷酸基与戊糖交替连接构成

　　E. 一个核苷酸以 3′-羟基与下一个核苷酸的 5′-磷酸连接，形成 3′，5′-磷酸二酯键

9. 不同物种 DNA 的碱基组成均存在以下关系（　）P.53

　　A. A = C

　　B. A = G

　　C. A = T

D. A + C = G + T

E. A + G = C + T

10. 关于 B 型 DNA 双螺旋结构的正确叙述是（ ）P. 53

    A. DNA 是由两股链反向互补构成的双螺旋结构

    B. 氢键和碱基堆积力维持 DNA 双螺旋结构的稳定性

    C. 双链碱基之间形成 Watson-Crick 碱基对，即 A 总是以两个氢键与 T 配对，G 总是以三个氢键与 C 配对

    D. 由脱氧核糖与磷酸交替连接构成的主链位于外侧，碱基侧链位于内侧

    E. 在双螺旋中，碱基平面与螺旋轴垂直，糖基平面与碱基平面接近垂直，与螺旋轴平行

11. DNA 中不存在的碱基对是（ ）P. 53

    A. 胞嘧啶 – 腺嘌呤

    B. 鸟嘌呤 – 胞嘧啶

    C. 腺嘌呤 – 尿嘧啶

    D. 腺嘌呤 – 胸腺嘧啶

    E. 胸腺嘧啶 – 鸟嘌呤

*12. 核小体八聚体核的成分包括（ ）P. 55

    A. H1　　　　　　B. H2A

    C. H2B　　　　　D. H3

    E. H4

13. tRNA 的结构特征有（ ）P. 57

    A. 3′端 CCA – OH　B. 氨基酸臂

    C. 反密码子　　　D. 聚腺苷酸尾

    E. 帽子

*14. 关于 tRNA（ ）P. 57

    A. 含有次黄嘌呤

    B. 含有二氢尿嘧啶

    C. 含有反密码子

    D. 含有甲基化核糖

    E. 含有尿嘧啶

*15. 关于核酶（ ）P. 57

    A. 化学本质是 RNA

    B. 具有催化活性

    C. 可自我催化

    D. 是核酸酶的简称

    E. 只能水解 RNA

*16. 核酸与蛋白质类似的大分子特性包括（ ）P. 58

    A. 变性和复性

    B. 沉降特性

    C. 胶体特性

    D. 杂交

    E. 增色效应和减色效应

17. DNA 变性导致（ ）P. 58

    A. DNA 沉降速度加快

    B. DNA 黏度下降

    C. DNA 双链解链

    D. DNA 双链解旋

    E. DNA 紫外吸收增加

18. 导致 DNA 变性的理化因素包括（ ）P. 58

    A. 高温　　　　　B. 甲酰胺

    C. 尿素　　　　　D. 酸

    E. 乙醇

19. DNA 的 T_m 值与哪些核苷酸的含量呈正相关？（ ）P. 59

    A. dAMP　　　　B. dCMP

    C. dGMP　　　　D. dTMP

    E. dUMP

20. DNA 与 RNA 不全含有的碱基是（ ）P. 59

    A. A　　　　　　B. C

    C. G　　　　　　D. T

    E. U

二、填空题

1. 在目前已经阐明的几类 RNA 中，（　）是核糖体的结构成分，而核糖体是（　）机器。P.49

2. 水解核苷酸可以得到它的三种组成成分：磷酸、（　）和（　）。P.49

3. 嘧啶碱基的 N-1 与戊糖的 C-1′ 以（　）键连接，形成（　）。P.50

4. 构成 DNA 的基本单位是（　），构成 RNA 的基本单位是（　）。P.50

5. 环腺苷酸和（　）作为第二信使在（　）中起重要作用。P.51

*6. 写出下列化合物的英文缩写：一磷酸尿苷（　），二磷酸脱氧胸苷（　）。P.51

7. 写出下列核苷酸符号的中文名称：ATP（　），cAMP（　）。P.51

*8. 核酸是核苷酸的缩聚物，通常把长度小于（　）nt 的核酸称为寡核苷酸，更长的则称为（　），它们统称为核酸。P.52

*9. 在核酸分子内，一个核苷酸以其 3′-羟基与下一个核苷酸的（　）连接，形成（　）键。P.52

10. 酵母 DNA 按摩尔计含有 32.8% 的 T，则含 A 为（　）%，含 G 为（　）%。P.53

11. （　）年，（　）综合当时有关 DNA 的研究报道，提出了经典的双螺旋模型。P.53

12. 在 DNA 的右手双螺旋结构中，由（　）与磷酸交替连接构成的主链位于外侧，（　）侧链位于内侧。P.53

13. 在 DNA 的右手双螺旋结构中，双螺旋直径为（　）nm，每一螺旋包含（　）bp。P.53

*14. 真核细胞核小体由（　）与（　）构成。P.55

*15. 大多数真核生物 mRNA 分子 5′ 端的帽子结构表示为（　），其 3′ 端有（　）结构。P.56

*16. 在蛋白质合成过程中，tRNA 起（　）和（　）的作用，每一种氨基酸都由相应的一种或几种 tRNA 转运。P.56

17. tRNA 具有（　）形的二级结构和（　）形的三级结构。P.57

18. 在 tRNA 的三叶草形结构中，氨基酸臂的功能是（　），反密码子环的功能是（　）。P.57

19. 蛋白质和核酸对紫外线均有吸收。蛋白质的最大吸收波长是（　）nm；核酸的最大吸收波长是（　）nm。P.58

20. DNA 变性后，紫外吸收（　），黏度（　）。P.58

*三、分子结构

1. A　P.50
2. G　P.50
3. C　P.50
4. U　P.50
5. T　P.50
6. ATP　P.51
7. cAMP　P.51
8. cGMP　P.51

四、名词解释

1. DNA　P.49
2. RNA　P.49
3. 核苷酸　P.49
4. 稀有碱基　P.50
5. 核苷　P.50
6. ATP　P.51, 104
7. 3′,5′-磷酸二酯键　P.52
8. Watson-Crick 碱基对　P.53

＊9. mRNA 的帽子　P. 56

＊10. mRNA 的 poly(A)尾　P. 56

11. 反密码子　P. 57，227

12. 核糖体　P. 57

13. 核酶　P. 57

14. DNA 变性　P. 58

15. DNA 复性　P. 58

＊16. 增色效应　P. 59

＊17. 减色效应　P. 59

18. 解链温度　P. 59

五、问答题

1. 简述核酸的种类与功能。P. 49

2. 简述核苷酸的功能。P. 51

3. 简述核酸的一级结构。P. 52

4. 简述 Chargaff 法则。P. 53

5. 简述 DNA 双螺旋模型的基本内容。P. 53

6. 简述 mRNA 一级结构的特点。P. 56

＊7. 比较 DNA 的双螺旋结构与蛋白质的 α 螺旋结构。P. 36，54

8. 简述 tRNA 的一级结构。P. 57

9. 简述 tRNA 的二级结构。P. 57

＊10. 简述 rRNA 的种类与分布。P. 57

＊11. 比较 DNA 的复性与杂交。P. 59

参考答案

一、选择题

(一) A 型题

1. E　2. C　3. D　4. C　5. D　6. B　7. B　8. A　9. B　10. E　11. C　12. A　13. B　14. A　15. E　16. C　17. B　18. B　19. B　20. C　21. C　22. D　23. C　24. B　25. D　26. D　27. A　28. D　29. E　30. A　31. E　32. C　33. A　34. C　35. C　36. A　37. D　38. B

(二) X 型题

1. CE　2. ABCD　3. AC　4. BCE　5. ABCD　6. ABC　7. CE　8. BCDE　9. CDE　10. ABCDE　11. ACE　12. BCDE　13. ABC　14. ABCDE　15. ABC　16. ABC　17. ABCDE　18. ABCDE　19. BC　20. DE

二、填空题

1. 核糖体 RNA；合成蛋白质的

2. 戊糖；含氮碱基

3. N-β-糖苷；核苷

4. 脱氧核苷酸；核苷酸

5. 环鸟苷酸；信号转导过程

6. UMP；dTDP

7. 三磷酸腺苷；环腺苷酸

8. 50；多核苷酸

9. 5′-磷酸；3′,5′-磷酸二酯

10. 32.8；17.2

11. 1953；Watson 和 Crick

12. 脱氧核糖；碱基

13. 2；10

14. DNA；组蛋白

15. m^7GpppNmp；聚腺苷酸尾

16. 转运氨基酸；识别密码子

17. 三叶草；倒“L”

18. 结合氨基酸；识别密码子

19. 280；260

20. 增加；下降

三、分子结构

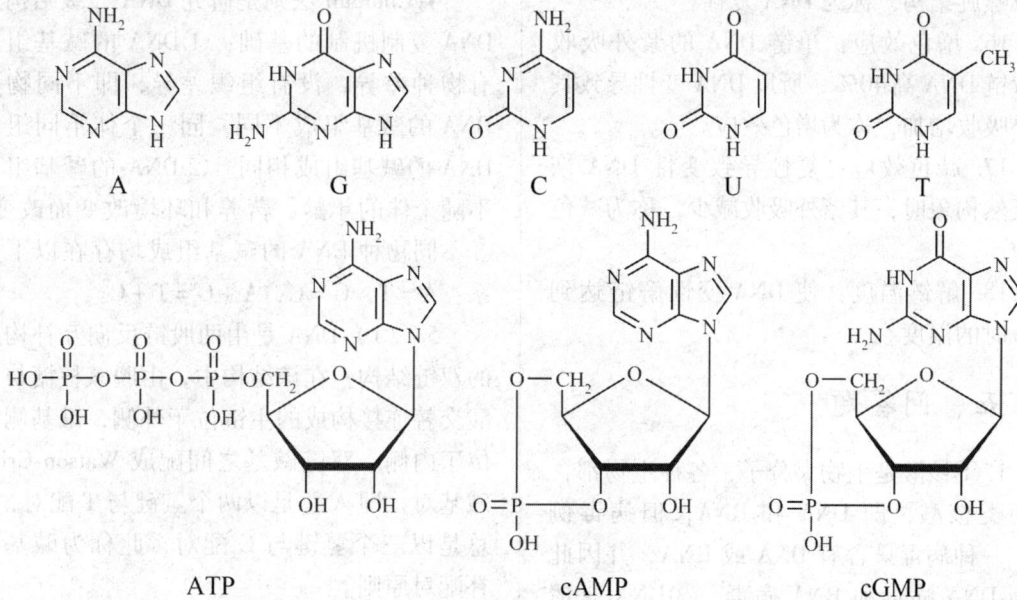

A   G   C   U   T

ATP   cAMP   cGMP

四、名词解释

1. DNA：一种多核苷酸，由脱氧核苷酸按一定顺序以 $3'$,$5'$-磷酸二酯键连接形成，是遗传信息的载体。

2. RNA：一种多核苷酸，由核苷酸按一定顺序以 $3'$,$5'$-磷酸二酯键连接形成。

3. 核苷酸：由磷酸、戊糖和含氮碱基构成的生物分子，是核酸的结构单位。

4. 稀有碱基：除了常规碱基之外，核酸还含有少量其他碱基，它们是常规碱基的衍生物，称为稀有碱基。

5. 核苷：嘌呤碱基的 N-9 或嘧啶碱基的 N-1 与戊糖的 C-1′ 以 N-β-糖苷键连接，形成核苷。

6. ATP：即 $5'$-三磷酸腺苷，是生物体内最重要的高能化合物。

7. $3'$,$5'$-磷酸二酯键：在核酸分子内，一个核苷酸的 $3'$-羟基与下一个核苷酸的 $5'$-磷酸缩合，形成 $3'$,$5'$-磷酸二酯键。

8. Watson-Crick 碱基对：核酸双链之间碱基的配对方式，即 A 总是以两个氢键与 T 或 U 配对，G 总是以三个氢键与 C 配对。

9. mRNA 的帽子：真核生物大多数 mRNA $5'$端的两个核苷酸是由其核糖的 $5'$-羟基通过一个三聚磷酸连接，而且第一个核苷酸总是 7-甲基鸟苷酸，这种结构称为真核生物 mRNA 的帽子。

10. mRNA 的 poly（A）尾：即聚腺苷酸尾，真核生物大多数 mRNA $3'$端一段 80～250nt 的多聚腺苷酸。

11. 反密码子：tRNA 反密码子环上的一个三碱基序列，在蛋白质合成过程中识别密码子。

12. 核糖体：由 rRNA 与蛋白质构成的超分子复合体，是合成蛋白质的机器。

13. 核酶：由活细胞合成的、具有催化作用的一类 RNA。

14. DNA 变性：双链 DNA 解旋、解链，形成无规线团，从而发生性质改变。

15. DNA 复性：除去变性因素，变性 DNA 单链会自发互补结合，重新形成原来的双螺旋结构，称为 DNA 复性。

16. 增色效应：单链 DNA'的紫外吸收比双链 DNA 高 40%，所以 DNA 变性导致其紫外吸收增加，称为增色效应。

17. 减色效应：复性导致变性 DNA 恢复天然构象时，其紫外吸收减少，称为减色效应。

18. 解链温度：使 DNA 变性解链达到 50% 时的温度。

五、问答题

1. ①核酸是生物大分子，各种生物都含有两类核酸，即 DNA 和 RNA，但病毒例外，一种病毒只含有 DNA 或 RNA，并因此分为 DNA 病毒和 RNA 病毒。②DNA 是遗传的物质基础。③RNA 功能广泛，在目前已经阐明的几类 RNA 中，mRNA 把遗传信息从 DNA 带给核糖体，指导蛋白质合成；tRNA 在蛋白质合成过程中转运氨基酸，它同时又是翻译器，把核酸语言翻译成蛋白质语言；rRNA 是核糖体的结构成分，而核糖体是合成蛋白质的机器。

2. 核苷酸除了作为核酸的合成原料之外，还具有多种功能。如 ATP 为生命活动提供能量，UTP 参与糖原合成，CTP 参与磷脂合成，腺苷酸构成酶的辅助因子，cAMP 和 cGMP 作为第二信使在信号转导过程中起重要作用。

3. ①核酸是核苷酸的缩聚物，通常把长度小于 50nt 的核酸称为寡核苷酸，更长的则称为多核苷酸，它们统称为核酸。②核酸的一级结构即核酸的核苷酸序列，又称为碱基序列。③在核酸分子内，一个核苷酸以其 3′-羟基与下一个核苷酸的 5′-磷酸连接，形成 3′,5′-磷酸二酯键。核酸主链由磷酸基与戊糖交替连接构成，碱基相当于侧链。④核

酸链有方向性，规定 5′位没有连接核苷酸的一端为 5′端，另一端为 3′端。

4. Chargaff 法则是研究 DNA 二级结构及 DNA 复制机制的基础：①DNA 的碱基组成有物种差异，没有组织差异，即不同物种 DNA 的碱基组成不同，同一个体不同组织 DNA 的碱基组成相同。②DNA 的碱基组成不随个体的年龄、营养和环境改变而改变。③不同物种 DNA 的碱基组成均存在以下关系：A = T，G = C，A + G = T + C。

5.（1）DNA 是由两股链反向互补构成的双链结构：在该结构中，由脱氧核糖与磷酸交替连接构成的主链位于外侧，碱基侧链位于内侧。双链碱基之间配成 Watson-Crick 碱基对，即 A 总是以两个氢键与 T 配对，G 总是以三个氢键与 C 配对，此称为碱基互补配对原则。

（2）DNA 双链进一步形成右手双螺旋结构：在双螺旋中，碱基平面与螺旋轴垂直，糖基平面与碱基平面接近垂直，与螺旋轴平行；双螺旋直径为 2nm，每一螺旋包含 10bp，螺距为 3.4nm，相邻碱基对之间的轴向距离为 0.34nm；双螺旋表面有两条沟槽：相对较深、较宽的为大沟，相对较浅、较窄的为小沟。

（3）氢键和碱基堆积力维持 DNA 双螺旋结构的稳定性：碱基之间的氢键维持双链结构的横向稳定性，而碱基平面之间的堆积力则维持双螺旋结构的纵向稳定性。

6. ①mRNA 的特点是种类多、寿命短、含量少，占细胞内总 RNA 的 10% 以下。不同的 mRNA 编码不同的蛋白质，并且完成使命后即被降解。②真核生物大多数 mRNA 5′端的两个核苷酸是由其核糖的 5′-羟基通过一个三聚磷酸连接，而且第一个核苷酸总是 7-甲基鸟苷酸，这种结构称为真核生物 mRNA 的帽子。帽子结构既能抵抗 RNA 5′外切酶的水解，又是蛋白质合成过程中起始

因子的识别标记。③真核生物大多数 mRNA 的 3′端有一段 80～250nt 的多聚腺苷酸，称为聚腺苷酸尾，其作用是延长 mRNA 的寿命，并引导 mRNA 向细胞质转运。

7. DNA 的双螺旋结构是 DNA 的典型二级结构，蛋白质的 α 螺旋结构是蛋白质的典型二级结构，可以从以下四方面比较：

	DNA 双螺旋	蛋白质 α 螺旋
螺股	双股右手螺旋	单股右手螺旋
主链	由磷酸与脱氧核糖交替构成，在双螺旋外表	由—C—C$_\alpha$—N—重复构成，在螺旋内部
侧链	碱基，在双螺旋内部，以氢键形成 Watson-Crick 碱基对	氨基酸 R 基，在螺旋外表
螺距	3.4nm，含 10 个碱基对	0.54nm，含 3.6 个氨基酸

8. 原核生物和真核生物 tRNA 的一级结构都有以下特点：①tRNA 大小为 73～93nt，其中多数为 76nt。②tRNA 含有 7～15 个稀有碱基，大多数分布在非配对区。③tRNA 的 3′端都含有 CCA-OH 序列，是氨基酸结合的部位；5′端大多是鸟苷酸。

9. tRNA 都具有三叶草形的二级结构。该结构中有四臂三环，即氨基酸臂、反密码子臂和反密码子环、TψC 臂和 TψC 环、二氢尿嘧啶臂和二氢尿嘧啶环。其中氨基酸臂可以结合氨基酸，而反密码子环则含有由三个碱基组成的反密码子。

10. ①rRNA 是细胞内含量最多的 RNA，占 RNA 总量的 80%～85%。②rRNA 与蛋白质构成核糖体，核糖体是合成蛋白质的机器。③核糖体由大、小亚基构成。原核生物核糖体有三种 rRNA，沉降系数分别为 5S、16S 和 23S，其中小亚基含有 16S rRNA，大亚基含有 5S 和 23S rRNA。真核生物核糖体有四种 rRNA，沉降系数分别为 5S、5.8S、18S 和 28S，其中小亚基含有 18S rRNA，大亚基含有 5S、5.8S 和 28S rRNA。

11. 复性与杂交都是单链 DNA 因存在互补序列而形成双链 DNA，其影响因素也一致，但有以下区别：

	复性	杂交
单链 DNA 来源	同一样本	不同样本
碱基配对	严格配对	可以存在错配
互补程度	两股单链完全互补形成双链	可以是局部片段互补形成双链

第六章 酶

习题

一、选择题

(一) A 型题

1. 下列叙述哪项是正确的? ( ) P. 62
   A. 少数 RNA 具有催化活性
   B. 所有的蛋白质都是酶
   C. 所有的酶都具有绝对特异性
   D. 所有的酶都需要辅助因子
   E. 所有的酶都以有机化合物为底物

2. 酶可以根据分子组成分为单纯酶和 ( ) P. 62
   A. 串联酶　　　B. 多功能酶
   C. 多酶体系　　D. 寡聚酶
   E. 结合酶

3. 以下哪种酶不是单纯酶? ( ) P. 62, 117
   A. L-乳酸脱氢酶
   B. 蛋白酶
   C. 淀粉酶
   D. 核糖核酸酶
   E. 尿素酶

4. 仅结合酶有 ( ) P. 62
   A. 变构剂　　　B. 催化基团
   C. 辅助因子　　D. 活性中心
   E. 结合基团

5. 全酶是指 ( ) P. 62

A. 脱辅基酶蛋白 – 变构剂复合物
B. 脱辅基酶蛋白 – 底物复合物
C. 脱辅基酶蛋白 – 辅助因子复合物
D. 脱辅基酶蛋白 – 抑制剂复合物
E. 脱辅基酶蛋白的无活性前体

6. 把脱辅基酶蛋白完全水解，其水解产物为 ( ) P. 62
   A. 氨基酸　　　B. 多肽
   C. 辅酶或辅基　D. 寡肽
   E. 核苷酸

7. 关于辅助因子 ( ) P. 62
   A. 本质为蛋白质
   B. 决定酶的特异性
   C. 所有酶都有辅助因子
   D. 一种辅助因子能与多种脱辅基酶蛋白结合，形成具有不同特异性的全酶
   E. 组成单位为氨基酸

8. 关于全酶的不正确叙述是 ( ) P. 62
   A. 酶促反应的高效率取决于脱辅基酶蛋白
   B. 酶促反应的特异性取决于辅助因子
   C. 全酶由脱辅基酶蛋白和辅助因子组成
   D. 一种辅助因子可与不同的脱辅基酶蛋白结合
   E. 一种脱辅基酶蛋白通常和特定的辅助因子结合

*9. 下列哪种辅助因子不含核苷酸? （　）P. 62，88

    A. CoA   B. FAD

    C. FH_4 D. NAD

    E. NADP

*10. 不以 NAD 为辅助因子的是 （　）P. 63，99，121

    A. 3-磷酸甘油醛脱氢酶

    B. L-谷氨酸脱氢酶

    C. L-乳酸脱氢酶

    D. 琥珀酸脱氢酶

    E. 苹果酸脱氢酶

11. 符合辅助因子概念的叙述是 （　）P. 63

    A. 不参与构成酶的活性中心

    B. 不能用透析法与脱辅基酶蛋白分开

    C. 参与传递化学基团

    D. 决定酶的特异性

    E. 是一种高分子化合物

12. 关于酶的辅基 （　）P. 63

    A. 决定酶的特异性，不参与传递化学基团

    B. 是一种缀合蛋白质

    C. 一般不能用透析或超滤的方法与脱辅基酶蛋白分开

    D. 由活性中心内的若干氨基酸组成

    E. 与脱辅基酶蛋白的结合比较松散

13. 决定酶特异性的是 （　）P. 63

    A. 必需基团

    B. 催化基团

    C. 辅基

    D. 辅酶

    E. 脱辅基酶蛋白

14. 酶分子内使底物转化成产物的基团是 （　）P. 63

    A. 催化基团   B. 碱性基团

    C. 结合基团   D. 疏水基团

    E. 酸性基团

*15. 关于酶的活性中心的错误叙述是 （　）P. 63

    A. 活性中心就是酶的催化基团和结合基团集中形成的具有一定空间结构的区域

    B. 活性中心与酶的空间结构有密切关系

    C. 形成活性中心的催化基团和结合基团可位于同一条多肽链上

    D. 形成活性中心的基团称为必需基团

    E. 一个酶分子可以有多个活性中心

16. 哪种酶属于多酶体系? （　）P. 64，119

    A. L-谷氨酸脱氢酶

    B. L-乳酸脱氢酶

    C. 丙酮酸脱氢酶系

    D. 大肠杆菌 DNA 聚合酶 I

    E. 核糖核酸酶

17. 酶作为典型的催化剂可产生哪种效应? （　）P. 64

    A. 降低产物的能量水平

    B. 降低反应的活化能

    C. 降低反应的自由能

    D. 提高反应物的能量水平

    E. 提供活化能

18. 酶与一般催化剂的区别是 （　）P. 64

    A. 不改变化学平衡

    B. 具有很高的特异性

    C. 能降低活化能

    D. 能缩短达到化学平衡的时间

    E. 只催化热力学上可以进行的反应

19. J/mol 可用于表示 （　）P. 65

    A. K_m

    B. 活化能

    C. 酶促反应速度常数

D. 酶的比活性

E. 酶活性单位

20. 以下哪项不是酶的特点？（　　）P. 65

    A. 酶蛋白容易失活

    B. 酶的催化效率极高

    C. 酶活性可以调节

    D. 酶具有很高的特异性

    E. 酶可以决定反应方向

21. 酶原没有活性是因为（　　）P. 67

    A. 活性中心未形成或未暴露

    B. 酶蛋白肽链合成不完全

    C. 酶原是普通的蛋白质

    D. 酶原是未被激活的酶的前体

    E. 缺乏辅助因子

22. 酶原的激活是由于（　　）P. 67

    A. 激活剂改变酶原的空间结构

    B. 激活剂活化酶原分子的催化基团

    C. 激活剂使结合在酶原分子上的抑制剂解离

    D. 激活剂使酶原分子的一段肽水解脱落，从而形成活性中心，或使活性中心暴露

    E. 激活剂协助底物进入活性中心

*23. 胰蛋白酶原激活时其 N 端切除了一个（　　）P. 67

    A. 二肽　　　　B. 四肽

    C. 六肽　　　　D. 八肽

    E. 十肽

24. 关于同工酶的错误叙述是（　　）P. 67

    A. 催化相同的化学反应

    B. 都是单体酶

    C. 理化性质不一定相同

    D. 酶蛋白的分子结构不同

    E. 免疫学性质不同

25. 同工酶的不同之处不包括（　　）P. 67

    A. 等电点　　　B. 化学性质

    C. 米氏常数　　D. 特异性

    E. 物理性质

26. 关于同工酶（　　）P. 67

    A. 不同组织有不同的同工酶谱

    B. 同工酶的一级结构相同

    C. 同工酶对同种底物亲和力相同

    D. 组成同工酶的亚基一定不同

    E. 组成同工酶的亚基一定相同

27. 同工酶的共同点是（　　）P. 67

    A. 催化相同的化学反应

    B. 酶蛋白的电泳行为相同

    C. 酶蛋白的分子组成和结构相同

    D. 酶蛋白的理化性质相同

    E. 酶蛋白的免疫学性质相同

28. L-乳酸脱氢酶同工酶是由 H、M 亚基组成的（　　）P. 67

    A. 二聚体　　　B. 三聚体

    C. 四聚体　　　D. 五聚体

    E. 六聚体

29. L-乳酸脱氢酶是由两种亚基组成的 X 聚体，可形成 Y 种同工酶，其 X、Y 的数值依次是（　　）P. 67

    A. 2，3　　　　B. 3，4

    C. 4，5　　　　D. 5，6

    E. 6，7

30. 含 LDH_5 丰富的组织是（　　）P. 68

    A. 肝细胞　　　B. 红细胞

    C. 脑细胞　　　D. 肾细胞

    E. 心肌细胞

31. L-乳酸脱氢酶的哪种同工酶在心肌含量最多？（　　）P. 68

    A. LDH_1　　　　B. LDH_2

    C. LDH_3　　　　D. LDH_4

    E. LDH_5

32. 影响酶活性的因素不包括（　　）P. 68

    A. pH 值　　　　B. 底物

C. 激活剂　　　D. 温度

E. 抑制剂

33. 底物达到饱和浓度后（　）P.69

A. 反应速度随底物浓度增加而加快

B. 酶的活性中心全部被底物占据，反应速度不再加快

C. 酶随着底物浓度的增加反而逐渐失活

D. 形成酶－底物复合物随底物浓度增加而加快

E. 增加抑制剂，反应速度反而加快

34. mol/L 可用于表示（　）P.69

A. K_m

B. 活化能

C. 酶促反应速度常数

D. 酶的比活性

E. 酶活性单位

35. 酶的 K_m 与哪个无关？（　）P.69

A. 底物的种类

B. 反应体系 pH 值和离子强度等

C. 反应温度

D. 酶的浓度

E. 酶的性质

36. 对于一个单底物酶促反应，当 ［S］=4K_m 时，反应速度为最大速度的（　）P.69

A. 70%　　　　B. 75%

C. 80%　　　　D. 85%

E. 90%

*37. 林－贝氏作图法得到的直线在横轴上的截距为（　）P.70

A. $-1/K_m$　　　B. $-K_m$

C. $1/K_m$　　　D. K_m

E. K_m/V_{max}

38. 影响最适 pH 值的因素不包括（　）P.71

A. 底物浓度

B. 反应体系 pH 值

C. 缓冲溶液浓度

D. 缓冲溶液种类

E. 酶纯度

*39. 各种酶都有最适 pH 值，其特点是（　）P.71

A. 大多数酶的活性－pH 曲线为抛物线形

B. 在生理条件下同一细胞内酶的最适 pH 均相同

C. 在最适 pH 值时该酶活性中心的可解离基团都处于最适反应状态

D. 在最适 pH 值时酶分子与底物的亲和力最强

E. 最适 pH 值一般为该酶的等电点

40. 哪类不是不可逆性抑制剂？（　）P.72

A. 磺胺类

B. 氰化物

C. 有机汞

D. 有机磷

E. 有机砷

41. 符合竞争性抑制作用的叙述是（　）P.72

A. 抑制剂还原二硫键，破坏酶的空间结构

B. 抑制剂与底物结合

C. 抑制剂与辅助因子结合，抑制其与脱辅基酶蛋白结合

D. 抑制剂与酶的活性中心结合

E. 抑制剂与酶活性中心外的必需基团结合

42. 竞争性抑制剂的动力学特点是（　）P.73

A. 表观 K_m 值不变，表观 V_{max} 降低

B. 表观 K_m 值不变，表观 V_{max} 升高

C. 表观 K_m 值减小，表观 V_{max} 升高

D. 表观 K_m 值增大，表观 V_{max} 不变

E. 表观 K_m 值增大，表观 V_{max} 升高

43. 竞争性抑制剂的抑制程度与下列哪种因素无关？（　　）P.73
    A. 底物浓度
    B. 酶与底物亲和力的大小
    C. 酶与抑制剂亲和力的大小
    D. 抑制剂浓度
    E. 作用时间

44. 哪一种抑制作用可用增加底物浓度的方法削弱？（　　）P.74
    A. 不可逆性抑制作用
    B. 反竞争性抑制作用
    C. 反馈抑制作用
    D. 非竞争性抑制作用
    E. 竞争性抑制作用

45. 丙二酸对琥珀酸脱氢酶的抑制作用属于（　　）P.74
    A. 反竞争性抑制作用
    B. 反馈抑制作用
    C. 非竞争性抑制作用
    D. 非特异性抑制作用
    E. 竞争性抑制作用

46. 磺胺类药物的作用机制属于（　　）P.74
    A. 反竞争性抑制作用
    B. 反馈抑制作用
    C. 非竞争性抑制作用
    D. 竞争性抑制作用
    E. 使酶变性失活

47. 关于磺胺类药物和磺胺增效剂的错误叙述是（　　）P.74
    A. 磺胺类药物不影响人体一碳单位代谢
    B. 磺胺类药物抑制二氢叶酸合成酶的活性
    C. 磺胺增效剂抑制二氢叶酸还原酶的活性
    D. 它们通过非竞争性抑制作用抑制细菌生长繁殖

    E. 它们影响细菌一碳单位代谢

48. 关于非竞争性抑制剂的错误叙述是（　　）P.75
    A. 不抑制酶与底物的结合
    B. 和底物可以同时与同一酶分子结合
    C. 可以单独与酶结合
    D. 破坏酶的活性构象
    E. 与活性中心外的必需基团结合

49. 关于反竞争性抑制作用的错误叙述是（　　）P.76
    A. 反竞争性抑制剂不抑制酶与底物的结合
    B. 反竞争性抑制剂使表观 K_m 值增大
    C. 反竞争性抑制剂使表观 V_{max} 降低
    D. 反竞争性抑制剂只与中间产物结合
    E. 反竞争性抑制作用的强弱取决于抑制剂和底物的浓度比

50. 反竞争性抑制剂具有下列哪一种动力学效应？（　　）P.76
    A. K_m 值不变，V_{max} 降低
    B. K_m 值不变，V_{max} 升高
    C. K_m 值减小，V_{max} 不变
    D. K_m 值减小，V_{max} 降低
    E. K_m 值增大，V_{max} 不变

*51. 唾液 α 淀粉酶的激活剂是（　　）P.77
    A. Cl^-　　　　　　B. Cu^{2+}
    C. Hg^{2+}　　　　　D. K^+
    E. Mg^{2+}

52. 酶活性是指（　　）P.78
    A. 酶促反应的可逆性
    B. 酶蛋白变性的可逆性
    C. 酶的催化能力
    D. 酶与底物的结合力
    E. 无活性的酶转化成有活性的酶

53. $\mu mol/min$ 是（　　）P.78

A. K_m 单位

B. 活化能单位

C. 酶促反应速度单位

D. 酶的比活性单位

E. 酶活性单位

*54. 以下哪种物质抑制巯基酶活性而引起中毒性疾病？（　）P. 79

A. 肼　　　　B. 氰化物

C. 巯基乙酸　D. 有机磷农药

E. 重金属离子

*55. 在波长 340nm 处有吸收峰的是（　）P. 79

A. $FADH_2$　　B. FMN

C. NAD^+　　D. NADH

E. TPP

56. 酶替代疗法目前常用的酶制剂不包括（　）P. 80

A. 抗栓酶类

B. 抗炎清创酶类

C. 抗肿瘤细胞生长酶类

D. 消化酶类

E. 氧化酶类

57. 在酶替代疗法中，以下哪种酶可用以治疗消化功能失调、消化液分泌不足或其他原因引起的消化系统疾病？（　）P. 80

A. 超氧化物歧化酶

B. 淀粉酶

C. 尿激酶

D. 天冬酰胺酶

E. 纤溶酶

（二）X 型题

1. 关于酶的正确叙述是（　）P. 62

A. 不改变化学平衡

B. 催化热力学允许的化学反应

C. 能降低反应的活化能

D. 其化学本质是含有辅助因子的缀合蛋白

E. 是由活细胞合成的、只在细胞内起催化作用的蛋白质

2. 辅助因子根据与脱辅基酶蛋白的结合程度等分为（　）P. 63

A. 辅基　　　　B. 辅酶

C. 激活剂　　　D. 金属离子

E. 小分子有机化合物

3. 关于酶和辅助因子的正确叙述是（　）P. 63

A. 多数辅助因子与 B 族维生素有密切关系

B. 辅酶与脱辅基酶蛋白结合不牢固，可以用透析或超滤的方法除去

C. 所有的酶都由脱辅基酶蛋白和辅助因子构成

D. 同一种辅助因子可以与不同的脱辅基酶蛋白结合

E. 脱辅基酶蛋白也称为蛋白酶

4. 关于酶的活性中心的正确叙述是（　）P. 63

A. 必需基团都位于活性中心内

B. 具有特定的空间结构

C. 所有的酶都有活性中心

D. 所有酶的活性中心都有辅助因子

E. 含有催化基团和结合基团

*5. 以下哪些是酶活性中心内的必需基团？（　）P. 63

A. 半胱氨酸的巯基

B. 甲硫氨酸的甲基

C. 丝氨酸的羟基

D. 天冬氨酸的羧基

E. 组氨酸的咪唑基

6. 酶按分子结构分为（　）P. 63

A. 单体酶　　　B. 多功能酶

C. 多酶体系　　D. 寡聚酶

E. 结合酶

7. 酶和一般催化剂的共同特点是（　）P. 64

A. 它们本身在化学反应前后没有质和量的改变

B. 它们不直接参与化学反应

C. 它们的催化机制都是降低化学反应的活化能

D. 它们可以提高化学反应速度，但不改变化学平衡

E. 它们只催化热力学上允许的化学反应

8. 酶不同于一般催化剂的特点是（　　）P. 65

A. 不改变化学平衡

B. 对底物的特异性

C. 加快反应速度

D. 可诱导产生

E. 在反应中本身不被消耗

*9. 能激活胰蛋白酶原的是（　　）P. 67

A. 肠激酶　　　　B. 糜蛋白酶

C. 羧肽酶　　　　D. 胃蛋白酶

E. 胰蛋白酶

10. 关于同工酶（　　）P. 67

A. 催化同一个化学反应

B. 对底物的亲和力不同

C. 对底物的特异性不同，对辅助因子的要求也不同

D. 同工酶的亚基数相同，但亚基的种类不同

E. 在相同的条件下进行电泳，其迁移率相同

11. 如果两种酶互为同工酶（　　）P. 67

A. 它们的 K_m 值一定相同

B. 它们的等电点一定相同

C. 它们的分子结构一定相同

D. 它们的辅助因子一定相同

E. 它们所催化的化学反应一定相同

*12. 关于 LDH_1 和 LDH_5 的正确叙述是（　　）P. 68

A. 均催化可逆反应，但主要方向不完全相同

B. 均含有 H 和 M 两种亚基

C. 可用电泳法分开

D. 脱辅基酶蛋白相同

E. 在心肌和肝脏中的含量不同

13. 关于米氏常数（　　）P. 69

A. K_m 的单位为 mol/L 或 mmol/L。

B. K_m 值是反应速度为最大反应速度一半时的底物浓度

C. K_m 值是酶的特征常数

D. K_m 值最大的底物在同等条件下反应最快，是酶的最适底物

E. 一种酶有几种底物就有几个 K_m 值

14. 关于 pH 值对酶促反应速度的影响（　　）P. 71

A. pH 影响到酶和底物的解离状态

B. pH 影响到酶与底物的结合

C. pH 远离最适 pH 值时会导致酶蛋白变性失活

D. 动物体内各种酶最适 pH 值在 6～8

E. 最适 pH 值是酶的特征常数

15. 关于抑制剂对酶促反应速度的影响（　　）P. 71

A. 所有抑制剂都导致酶蛋白变性

B. 所有抑制剂都导致酶失活

C. 所有抑制剂都能抑制酶活性

D. 所有抑制剂都作用于酶的必需基团

E. 所有抑制剂对酶的抑制作用都具有特异性

16. 使酶发生不可逆破坏的因素是（　　）P. 71

A. 低温

B. 高温

C. 竞争性抑制剂

D. 强酸强碱

E. 重金属盐

17. 关于不可逆性抑制作用（　）P.72
    A. 酶活性不能恢复
    B. 抑制剂的结合导致酶活性降低
    C. 抑制剂通常以共价键与酶结合
    D. 抑制剂通常作用于酶的活性中心
    E. 抑制剂与酶结合后不能除去

18. 哪些是巯基酶抑制剂？（　）P.72
    A. Ag^+　　　　B. As^{3+}
    C. Hg^{2+}　　　　D. 路易士毒气
    E. 有机磷杀虫剂

19. 被有机磷抑制的酶和抑制类型是（　）P.72
    A. 不可逆性抑制
    B. 胆碱酯酶
    C. 二氢叶酸合成酶
    D. 竞争性抑制
    E. 丝氨酸酶

20. 关于可逆性抑制作用（　）P.72
    A. 非竞争性抑制作用和反竞争性抑制作用不属于可逆性抑制作用
    B. 竞争性抑制作用属于可逆性抑制作用
    C. 有些抑制剂以非共价键与底物结合
    D. 有些抑制剂以非共价键与酶结合
    E. 有些抑制剂以非共价键与中间产物结合

21. 关于酶的抑制剂（　）P.72
    A. 竞争性抑制剂不影响最大反应速度
    B. 竞争性抑制剂的结构大都与底物的结构相似
    C. 竞争性抑制剂与底物非共价结合
    D. 竞争性抑制作用的抑制程度取决于底物和抑制剂的浓度比
    E. 与酶可逆结合的抑制剂均呈竞争性抑制

22. 关于竞争性抑制作用（　）P.73

    A. 竞争性抑制剂不改变表观 V_{max}
    B. 竞争性抑制剂使酶的表观 K_m 值增大
    C. 竞争性抑制剂与底物结构相似
    D. 竞争性抑制剂与酶的活性中心结合
    E. 竞争性抑制作用的强弱取决于抑制剂和底物的浓度比

23. 竞争性抑制作用的特点是（　）P.73
    A. 竞争性抑制作用的强弱取决于抑制剂和底物的浓度比
    B. 竞争性抑制作用的强弱取决于抑制剂和底物与酶的亲和力之比
    C. 酶的活性中心既可以结合底物也可以结合抑制剂，但不能同时结合底物和抑制剂
    D. 酶的活性中心与抑制剂结合之后，酶不能催化反应
    E. 抑制剂和底物的结构相似，都能与酶的活性中心结合

24. 关于非竞争性抑制作用（　）P.75
    A. 非竞争性抑制剂不改变酶的表观 K_m 值
    B. 非竞争性抑制剂不抑制酶与底物的结合
    C. 非竞争性抑制剂使表观 V_{max} 降低
    D. 非竞争性抑制作用的强弱与抑制剂和底物的浓度比无关
    E. 增加底物浓度不能解除非竞争性抑制剂对酶的抑制作用

25. 非竞争性抑制作用与竞争性抑制作用的不同点在于前者（　）P.75
    A. K_m 值不变
    B. 不影响 ES $\rightarrow$ E + P
    C. 底物和抑制剂之间无竞争关系
    D. 提高底物浓度时 V_{max} 仍然低于正常值

E. 抑制剂与活性中心以外的基团结合

*26. 在口腔中参与淀粉水解的是（　　）P. 77，111

A. Ca^{2+}　　　　　B. Cl^-

C. Na^+　　　　　D. 唾液 α 淀粉酶

E. 胰 α 淀粉酶

27. 测定酶活性的反应条件包括（　　）P. 78

A. 单位反应时间

B. 最适 pH 值

C. 最适底物浓度

D. 最适离子强度

E. 最适温度

*28. 属于 DNA 结构缺陷造成 mRNA 或蛋白质结构缺陷的分子病有（　　）P. 79

A. 白化病

B. 苯丙酮酸尿症

C. 蚕豆病

D. 地方性甲状腺肿

E. 镰状细胞病

二、填空题

1. 在酶促反应中，辅助因子起传递电子、（　　）或（　　）的作用。P. 63

2. 活性中心内的必需基团分为两类，其中一类是（　　）基团，其作用是改变底物中某些化学键的稳定性，使底物（　　）。P. 63

3. 关于酶降低酶促反应（　　）、提高酶促反应（　　）的机制，目前比较公认的是中间产物学说。P. 64

4. 尿素酶只催化尿素（　　），而不作用于任何其他底物，因此它具有（　　）特异性。P. 65

5. 己糖激酶既能催化葡萄糖磷酸化，也能催化（　　）磷酸化，具有（　　）特异性。P. 65

6. 生物体内既可以通过（　　）来调节酶的总活性，又可以通过（　　）来调节酶蛋白的活性，从而调节酶促反应速度。P. 66

7. （　　）细胞分泌的胰蛋白酶原 N 端切去一个（　　）后成为有活性的胰蛋白酶。P. 67

8. 在酶促反应中，如果底物浓度（　　），则随着酶浓度的提高，酶促反应速度也相应加快，并且成（　　）关系。P. 68

*9. 为了阐明酶促反应速度与底物浓度之间的定量关系，（　　）于 1913 年以（　　）学说为基础对单底物酶促反应进行研究，归纳出一个数学方程式。P. 69

10. 米氏方程是阐明（　　）定量关系的方程式，K_m 值是（　　）。P. 69

11. 一种酶有几种底物就有几个 K_m 值，其中 K_m 值最（　　）的底物在同等条件下反应最快，该底物称为酶的（　　）。P. 69

12. 比较来源于同一器官不同组织或同一组织不同（　　）的催化同一反应的酶的 K_m 值，可以判断它们是同一种酶还是催化同一反应的（　　）。P. 69

13. 在林-贝氏方程中，（　　）与（　　）呈线性关系。P. 70

14. 绘制单底物酶促反应动力学的双倒数图，得到的直线在横轴上的截距为（　　），在纵轴上的截距为（　　）。P. 70

15. 温度对酶促反应速度具有双重影响：一方面升高温度可以增加（　　），使酶促反应速度提高；另一方面温度超过一定范围会导致（　　），使酶促反应速度降低。P. 70

16. 酶的最适温度不是酶的（　　），它与酶促反应持续的时间有关，延长酶促反应的时间将导致最适温度（　　）。P. 71

*17. 反应体系的 pH 直接影响到酶和底物的（　　）状态，从而影响到酶与底物的（　　），影响到酶促反应的速度。P. 71

18. 能特异性地抑制酶活性、从而抑制（　　）的物质称为（　　）。P. 71

＊19. 路易士毒气是（　　）酶抑制剂，可以用（　　）解除其抑制作用。P. 72

20. 有机磷杀虫剂是（　　）酶抑制剂，其抑制作用属于（　　）抑制作用。P. 72

21. 胆碱酯酶活性丧失会造成乙酰胆碱在体内（　　），出现胆碱能神经兴奋性（　　）的中毒症状。P. 72

22. 根据抑制剂与底物的竞争关系，可以将可逆性抑制作用分为竞争性抑制作用、（　　）抑制作用和（　　）抑制作用。P. 72

23. 当有竞争性抑制剂存在时，酶促反应表观 K_m 值（　　），表观 V_{max}（　　）。P. 73

＊24. 磺胺类药物是（　　）的结构类似物，能与（　　）酶结合，抑制二氢叶酸的合成。P. 74

25. 当有非竞争性抑制剂存在时，酶促反应表观 V_{max}（　　），表观 K_m 值（　　）。P. 76

26. 当有反竞争性抑制剂存在时，酶促反应表观 K_m 值（　　），表观 V_{max}（　　）。P. 76

27. 在测定酶活性时，酶促反应时间应当短一些，因为只有反应刚开始时反应速度才是稳定的，进行一段时间之后反应速度会（　　），测定结果会（　　）。P. 78

＊28. 在用 Mohun 法测定血液中丙氨酸氨基转移酶的活性时，规定在 pH = 7.4、37℃条件下保温（　　）分钟，使丙氨酸与 α-酮戊二酸发生转氨基反应，每产生（　　）μg 丙酮酸所需的酶量为 1 个单位。P. 78

29. 1 催量是指在特定条件下、每秒钟催化 1（　　）底物生成产物所需的酶量。催量与国际单位之间的换算关系为：（　　）。P. 78

30. 体内的化学反应几乎都是在酶的催化下进行的，所以酶蛋白的（　　）异常或酶的活性（　　）都会引起疾病。P. 79

31. 酶法分析的原理是利用指示酶的（　　）或（　　）可以直接、简便地检测的特点，把该酶偶联到本来不易直接检测的反应体系中，从而将其转化成可以直接检测的反应体系。P. 79

＊32. 在测定天冬氨酸氨基转移酶的活性时，可以用（　　）酶作为指示酶，于 340nm 波长处检测（　　）的减少量，从而测定天冬氨酸氨基转移酶的活性。P. 79

三、名词解释

1. 新陈代谢　P. 62
2. 酶　P. 62
3. 全酶　P. 62
4. 辅酶　P. 63
5. 酶的辅基　P. 63
6. 酶促反应　P. 63
7. 酶的底物　P. 63
8. 酶的活性中心　P. 63
9. 酶的必需基团　P. 63
10. 酶的结合基团　P. 63
11. 酶的催化基团　P. 63
12. 酶的辅助因子　P. 63
13. 单体酶　P. 63
14. 寡聚酶　P. 63
15. 多酶体系　P. 64
16. 酶的特异性　P. 65
17. 酶的绝对特异性　P. 65
18. 酶的相对特异性　P. 65
19. 酶的立体异构特异性　P. 65
20. 酶原　P. 66
21. 酶原的激活　P. 67
22. 同工酶　P. 67
23. 酶促反应动力学　P. 68
24. K_m　P. 69
25. 不可逆性抑制作用　P. 72
26. 可逆性抑制作用　P. 72

27. 竞争性抑制作用　P. 72

28. 非竞争性抑制作用　P. 75

29. 反竞争性抑制作用　P. 76

30. 酶的激活剂　P. 77

31. 酶活性国际单位　P. 78

32. 酶的比活性　P. 78

四、问答题

1. 简述酶的辅助因子。P. 62

2. 简述酶的活性中心及其所含的必需基团。P. 63

3. 简述酶促反应的特点。P. 64

4. 简述酶的特异性及其分类。P. 65

5. 酶以酶原形式存在有何生理意义？P. 67

*6. 何谓酶促反应动力学？为什么研究酶促反应动力学要取反应的初速度？P. 68

7. 简述 K_m 值的意义及其影响因素。P. 69

*8. 简述双倒数作图法及其意义。P. 70

9. 简述温度对酶促反应速度的影响。P. 70

10. 简述抑制剂对酶的抑制作用。P. 71

11. 简述抑制剂对酶的不可逆性抑制作用。P. 72

12. 简述抑制剂对酶的可逆性抑制作用。P. 72

13. 简述竞争性抑制剂的作用机制及其特点。P. 72

14. 试比较三种可逆性抑制作用的特征。P. 77

*15. 比较酶的辅助因子与酶的激活剂。P. 62，77

16. 简述酶的分类。P. 62，77

参考答案

一、选择题

（一）A 型题

1. A　2. E　3. A　4. C　5. C　6. A

7. D　8. B　9. C　10. D　11. C　12. C

13. E　14. A　15. D　16. C　17. B　18. B

19. B　20. E　21. A　22. D　23. C　24. B

25. D　26. C　27. A　28. C　29. C　30. A

31. A　32. B　33. B　34. A　35. D　36. C

37. A　38. B　39. C　40. A　41. D　42. D

43. E　44. E　45. E　46. D　47. D　48. B

49. B　50. D　51. A　52. C　53. C　54. E

55. D　56. E　57. B

（二）X 型题

1. ABC　　2. AB　　3. BD　　4. BCE

5. ACDE　6. ABCD　7. ACDE　8. BD　9. AE

10. AB　11. DE　12. CE　13. ABCE　14. ABC

15. CDE　16. BDE　17. BCD　　18. ABCD

19. ABE　20. BDE　21. ABD　　22. ABCDE

23. ABCDE　24. ABCE　25. ACDE　26. BD

27. BCDE　28. ABCE

二、填空题

1. 原子；基团

2. 催化；发生反应生成产物

3. 活化能；速度

4. 水解；绝对

5. 甘露糖；相对

6. 改变酶蛋白的总量；改变酶蛋白的结构

7. 胰腺；六肽

8. 足以使酶饱和；正比例

9. Michaelis 和 Menten；中间产物

10. 酶促反应速度与底物浓度之间；反

应速度为最大反应速度一半时的底物浓度

11. 小；天然底物或最适底物

12. 发育期；同工酶

13. $1/V$；$1/[S]$

14. $-1/K_m$；$1/V_{max}$

15. 活化分子数目；酶蛋白变性失活

16. 特征常数；降低

17. 解离；结合

18. 酶促反应；抑制剂

19. 巯基；二巯基丙醇

20. 丝氨酸；不可逆性

21. 积累；增强

22. 非竞争性；反竞争性

23. 增大；不变

24. 对氨基苯甲酸；二氢叶酸合成

25. 降低；不变

26. 减小；降低

27. 降低；偏低

28. 30；2.5

29. mol；$1Kat = 6 \times 10^7 IU$

30. 结构和总量；受到抑制

31. 底物；产物

32. 苹果酸脱氢；NADH

三、名词解释

1. 新陈代谢：发生在生物体内的化学反应，简称代谢。

2. 酶：由活细胞合成的、具有催化作用的蛋白质。

3. 全酶：脱辅基酶蛋白与辅助因子结合形成的复合物。

4. 辅酶：酶的一类辅助因子，与脱辅基酶蛋白结合不牢固，可以用透析或超滤的方法除去。

5. 酶的辅基：酶的一类辅助因子，与脱辅基酶蛋白结合牢固，不能用透析或超滤的方法除去。

6. 酶促反应：由酶催化进行的化学反应。

7. 酶的底物：酶促反应的反应物。

8. 酶的活性中心：酶蛋白构象的一个特定区域，能与底物特异结合，并催化底物发生反应生成产物，又称为活性部位。

9. 酶的必需基团：酶蛋白所含的基团并不都与酶活性有关，其中那些与酶活性密切相关的基团称为酶的必需基团。

10. 酶的结合基团：活性中心内的一类必需基团，其作用是与底物结合，使底物与一定构象的酶形成复合物。

11. 酶的催化基团：活性中心内的一类必需基团，其作用是改变底物中某些化学键的稳定性，使底物发生反应生成产物。

12. 酶的辅助因子：参与构成酶的活性中心并催化反应的非氨基酸成分。

13. 单体酶：酶的一类，只含有一个活性中心。

14. 寡聚酶：酶的一类，由多个亚基构成，含有多个活性中心，这些活性中心位于不同的亚基上，催化相同的反应。

15. 多酶体系：酶的一类，由几种代谢上相互联系的酶非共价结合形成的具有特定构象的多酶复合物。

16. 酶的特异性：酶对所催化反应的底物和反应类型的选择性。

17. 酶的绝对特异性：一种酶只能催化一种底物发生一种化学反应，这种特异性称为绝对特异性。

18. 酶的相对特异性：一种酶可以催化一类底物或一种化学键发生一种化学反应，这种特异性称为相对特异性。

19. 酶的立体异构特异性：一种酶只能催化两种立体异构体中的一种发生化学反应，这种特异性称为立体异构特异性。

20. 酶原：有些酶在细胞内刚合成或初分泌时只是酶的无活性前体，必须水解掉一个或几个特定肽段，使酶蛋白的构象发生改变，从而表现出酶的活性。酶的这种无活性前体称为酶原。

21. 酶原的激活：无活性的酶原转化成有活性的酶的过程。酶原的激活实际上是形成或暴露酶的活性中心的过程。

22. 同工酶：能催化相同的化学反应、但酶蛋白的分子组成、分子结构和理化性质乃至免疫学性质和电泳行为都不相同的一组酶，是生命在长期进化过程中基因分化的产物。

23. 酶促反应动力学：研究酶促反应速度及其影响因素，即通过定量观察单位时间内底物的减少量或产物的生成量来研究酶浓度、底物浓度、温度、pH 值、抑制剂和激活剂对酶促反应速度的影响。

24. K_m：酶促反应速度为最大反应速度一半时的底物浓度。

25. 不可逆性抑制作用：在不可逆性抑制作用中，抑制剂通常以共价键与酶的必需基团结合，使酶活性丧失。抑制剂与酶结合后很难用透析和超滤等物理方法除去。

26. 可逆性抑制作用：在可逆性抑制作用中，抑制剂通常以非共价键与酶或中间产物结合，使酶活性降低甚至丧失。采用透析和超滤等物理方法可以将抑制剂除去，使酶活性恢复。

27. 竞争性抑制作用：有些可逆性抑制剂与底物结构相似，也能与酶的活性中心结合，所以能与底物竞争酶的活性中心，抑制酶与底物的结合，从而抑制酶促反应，这种抑制作用称为竞争性抑制作用。

28. 非竞争性抑制作用：抑制剂与酶活性中心之外的必需基团结合，使酶的构象改变而丧失活性。这类抑制剂既可以单独与酶结合，也可以和底物一起与同一酶分子结合形成酶－底物－抑制剂复合物，但酶－底物－抑制剂复合物不能进一步分解生成产物。这种抑制作用称为非竞争性抑制作用。

29. 反竞争性抑制作用：抑制剂只与酶－底物复合物结合，使酶失去催化活性。抑制剂与酶－底物复合物结合后，降低了酶－底物复合物的有效浓度，从而促进底物和酶的结合，这种抑制恰好与竞争性抑制相反，故称为反竞争性抑制作用。

30. 酶的激活剂：能使酶从无活性到有活性或使酶活性提高的物质。

31. 酶活性国际单位：在 25℃、最适 pH 值、最适底物浓度时，每分钟催化 1μmol 底物反应所需的酶量为 1 个酶活性国际单位。

32. 酶的比活性：1 mg 酶蛋白所具有的酶活性单位。

四、问答题

1. ①辅助因子是指参与构成酶的活性中心的非氨基酸成分。②从化学本质上看辅助因子有两类：一类是金属离子，另一类是小分子有机化合物，多数是维生素的活性形式。③辅助因子根据与脱辅基酶蛋白的结合程度等分为辅酶和辅基：辅酶与脱辅基酶蛋白结合不牢固，可以用透析或超滤的方法除去；辅基与脱辅基酶蛋白结合牢固，不能用透析或超滤的方法除去。

2. ①酶通过活性中心催化反应。酶的活性中心是酶蛋白构象的一个特定区域，能与底物特异结合，并催化底物发生反应生成产物。②酶的活性中心具有特定的空间结构，或为裂缝，或为凹陷，多数由氨基酸的疏水基团构成，是一个疏水环境。③酶蛋白所含的基团并不都与酶活性有关，其中那些与酶活性密切相关的基团称为酶的必需基团。④活性中心内的必需基团分为两类：一类是结合基团，其作用是与底物结合，使底物与一定构象的酶形成复合物，又称为中间产物；另一类是催化基团，其作用是改变底物中某些化学键的稳定性，使底物发生反应生成产物。⑤活性中心内的必需基团首先来自氨基酸侧链，结合酶活性中心内的必需基团还来自辅助因子。

3.①酶的催化效率极高：与不加催化剂相比，加一般催化剂能将化学反应速度提高$10^7 \sim 10^{13}$倍，加酶能将化学反应速度提高$10^8 \sim 10^{20}$倍。②酶具有很高的特异性：与一般催化剂不同，酶对所催化反应的底物和反应类型具有选择性，这种现象称为酶的特异性。根据酶对其底物结构选择的严格程度不同，一般可以将酶的特异性分为绝对特异性、相对特异性和立体异构特异性。③酶蛋白容易失活：酶是蛋白质，对导致蛋白质变性的因素非常敏感，极易受这些因素的影响而变性失活。④酶活性可以调节：生物体内存在着复杂而严密的代谢调节系统，既可以通过改变酶蛋白的总量来调节酶的总活性，又可以通过改变酶蛋白的结构来调节酶蛋白的活性，从而调节酶促反应速度，以确保代谢活动的协调性和统一性，确保生命活动的正常进行。

4.①酶对所催化反应的底物和反应类型具有选择性，这种现象称为酶的特异性。②根据酶对其底物结构选择的严格程度不同，一般可以将酶的特异性分为绝对特异性、相对特异性和立体异构特异性。③具有绝对特异性的酶只能催化一种底物发生一种化学反应。④具有相对特异性的酶可以催化一类底物或一种化学键发生一种化学反应。⑤具有立体异构特异性的酶只能催化两种立体异构体中的一种发生化学反应。

5. 酶原具有重要的生理意义：①酶原适于酶的安全转运，如胰腺细胞合成的消化酶类以酶原的形式分泌并转运到肠道，激活后再发挥作用，可以避免在转运过程中对细胞自身的蛋白质进行消化。②酶原适于酶的安全储存，如凝血酶类和纤溶酶类以酶原的形式存在于血液循环中，一旦需要便迅速激

活成有活性的酶，发挥对机体的保护作用。

6.①酶促反应动力学研究酶促反应速度及其影响因素，即通过定量观察单位时间内底物的减少量或产物的生成量来研究酶浓度、底物浓度、温度、pH值、抑制剂和激活剂对酶促反应速度的影响。②随着反应时间的延长，底物浓度会降低，产物浓度会升高，这样逆反应速度就会加快，从而增加研究难度。因此，酶促反应动力学总是研究酶促反应的初速度。

7.①K_m值是反应速度为最大反应速度一半时的底物浓度，是酶的特征常数。②不同的酶有不同的K_m值。比较来自不同组织或同一组织不同发育期的催化同一反应的酶的K_m值，可以判断它们是同一种酶还是催化同一反应的同工酶。③K_m值只与酶的性质、底物的种类和酶促反应的条件（如温度、pH值和离子强度等）有关，与酶的浓度无关。

8.①双倒数作图法又称为林－贝氏作图法，是最常用的作图法。将米氏方程等式两边取倒数所得到的双倒数方程式称为林－贝氏方程。②在林－贝氏方程中，$1/V$与$1/[S]$呈线性关系。以$1/V$对$1/[S]$作图得到一条直线，其斜率是K_m/V_{max}，在纵轴上的截距为$1/V_{max}$，在横轴上的截距为$-1/K_m$。双倒数作图法除了可以用于求得K_m值和V_{max}值之外，还可以用于判断可逆性抑制剂对酶促反应的抑制作用。

9.①酶是生物催化剂，其化学本质是蛋白质，因此温度对酶促反应速度具有双重影响：一方面升高温度可以增加活化分子数目，使酶促反应速度提高；另一方面温度超过一定范围会导致酶蛋白变性失活，使酶促反应速度降低。②酶促反应速度最快时的反应温度称为该酶促反应的最适温度。③当反应温度低于最适温度时，升高温度增加活化分子数目起主导作用，反应速度提高。④当

反应温度超过最适温度时，升高温度使酶蛋白变性失活起主导作用，反应速度降低。

10. ①能特异性地抑制酶活性、从而抑制酶促反应的物质称为抑制剂。②抑制剂能特异地改变酶的必需基团或活性中心的化学性质，从而使酶活性降低甚至丧失。③根据抑制剂与酶作用方式的不同，抑制剂对酶的抑制作用分为不可逆性抑制作用和可逆性抑制作用。

11. ①在不可逆性抑制作用中，抑制剂通常以共价键与酶活性中心内的必需基团结合，使酶活性丧失。②不可逆性抑制剂与酶结合后不能用透析和超滤等物理方法除去，必须通过化学反应才能除去，使酶活性恢复。③常见的不可逆性抑制剂有巯基酶抑制剂、丝氨酸酶抑制剂。

12. ①在可逆性抑制作用中，抑制剂通常以非共价键与酶或酶–底物复合物结合，使酶活性降低甚至丧失。②采用透析和超滤等物理方法可以将可逆性抑制剂除去，使酶活性恢复，所以这种抑制作用是可逆的。③根据抑制剂与底物的竞争关系，可以将可逆性抑制作用分为竞争性抑制作用、非竞争性抑制作用和反竞争性抑制作用。

13. 有些抑制剂与底物结构相似，也能与酶的活性中心结合，所以能与底物竞争酶的活性中心，抑制酶与底物的结合，从而抑制酶促反应，这类抑制剂称为竞争性抑制剂，这种抑制作用称为竞争性抑制作用。

分析竞争性抑制剂、底物和反应速度的动力学关系可知，当有竞争性抑制剂存在时，表观 K_m 值增大，表观 V_{max} 不变。

竞争性抑制作用的特点：①抑制剂和底物的结构相似，都能与酶的活性中心结合。②酶的活性中心既可以结合底物也可以结合抑制剂，但不能同时结合。③酶的活性中心与抑制剂结合之后，酶活性丧失。④竞争性抑制作用的强弱取决于抑制剂和底物的浓度比（[I]/[S]）以及它们与酶的亲和力之比，若[I]不变，增加[S]可以削弱甚至消除抑制剂的竞争性抑制作用。

14.

作用特征	竞争性抑制作用	非竞争性抑制作用	反竞争性抑制作用
与I结合的组分	E	E、ES	ES
K_m 变化	增大	不变	减小
V_{max} 变化	不变	降低	降低

15. ①酶的辅助因子是指参与构成活性中心的非氨基酸成分。酶的激活剂是能使酶从无活性到有活性或使酶活性提高的物质。②酶的辅助因子是酶活性必需的。酶的激活剂中的必需激活剂是必需的，而非必需激活剂是非必需的。③酶的辅助因子在活性中心内发挥作用，直接参与催化反应。酶的激活剂在活性中心外发挥作用，起稳定酶的活性构象的作用，不参与催化反应。

16. ①根据分子组成分为单纯酶和结合酶。②根据分子结构分为单体酶、寡聚酶、多酶体系、多功能酶。③根据酶促反应的性质分为氧化还原酶类、转移酶类、水解酶类、裂解酶类、异构酶类、合成酶类。

第七章 维生素

习题

一、选择题

（一）A 型题

1. 关于维生素的正确叙述是（ ） P.83
    A. B 族维生素大多数参与构成酶的辅助因子
    B. 前列腺素由脂溶性维生素生成
    C. 所有的辅助因子都是维生素
    D. 维生素不经修饰即可作为辅助因子
    E. 维生素是含氮的有机化合物

2. 关于维生素的错误叙述是（ ） P.83
    A. 不是组织细胞的组成成分
    B. 可彻底氧化分解供给机体能量
    C. 生物体内需要量少，多数必须由食物供给
    D. 是一类小分子有机化合物
    E. 许多动物体内不能合成或合成量不足

*3. 合成蛋白质后才由前体转化而成的是（ ） P.84
    A. 谷氨酸   B. 甲硫氨酸
    C. 赖氨酸   D. 羟脯氨酸
    E. 组氨酸

4. 关于维生素 C 的错误叙述是（ ） P.84
    A. 保护巯基
    B. 保护氧化型谷胱甘肽
    C. 参与羟化反应
    D. 促进肠内铁的吸收
    E. 在物质代谢中参与氧化还原反应

5. 与胶原蛋白羟脯氨酸及羟赖氨酸的合成有关的是（ ） P.84
    A. 维生素 A   B. 维生素 C
    C. 维生素 D   D. 维生素 E
    E. 维生素 K

6. 由维生素 C 参与的胶原分子内发生羟化反应的是（ ） P.84
    A. 丙氨酸   B. 甘氨酸
    C. 谷氨酸   D. 精氨酸
    E. 赖氨酸

7. 缺乏维生素 C 会导致（ ） P.84
    A. 坏血病   B. 脚气病
    C. 癞皮病   D. 贫血
    E. 夜盲症

8. 用来治疗坏血病的是（ ） P.84
    A. 维生素 A   B. 维生素 C
    C. 维生素 D   D. 维生素 E
    E. 维生素 K

9. 维生素 B_1 的活性形式是（ ） P.84
    A. CoA   B. FAD
    C. FMN   D. NAD
    E. TPP

*10. 缺乏哪一种维生素会导致丙酮酸

积累？（ ） P.85

 A. 抗坏血酸   B. 磷酸吡哆醛

 C. 硫胺素   D. 生物素

 E. 叶酸

11. 脚气病是由于缺乏（ ） P.85

 A. 维生素 B_1 B. 维生素 B_2

 C. 维生素 C   D. 维生素 E

 E. 维生素 PP

12. 构成递氢体的是（ ） P.85

 A. 吡哆醛   B. 泛酸

 C. 钴胺素   D. 核黄素

 E. 生物素

13. 维生素 B_2 的活性形式是（ ） P.85

 A. CoA   B. FAD

 C. FH_4 D. NAD

 E. TPP

14. 烟酰胺的活性形式是（ ） P.86

 A. CoA   B. FAD

 C. FH_4 D. NAD

 E. TPP

15. 长期服用异烟肼会引起缺乏（ ） P.86

 A. 维生素 A   B. 维生素 C

 C. 维生素 D   D. 维生素 K

 E. 维生素 PP

16. 维生素 B_6 的活性形式是（ ） P.86

 A. CoA

 B. 黄素腺嘌呤二核苷酸

 C. 焦磷酸硫胺素

 D. 磷酸吡哆醛

 E. 生物素

17. 参与氨基转移的是（ ） P.86

 A. 泛酸   B. 硫辛酸

 C. 维生素 B_1 D. 维生素 B_2

 E. 维生素 B_6

*18. 临床上常用于辅助治疗婴儿惊厥

和妊娠呕吐的是（ ） P.86

 A. 维生素 B_2 B. 维生素 B_6

 C. 维生素 B_{12} D. 维生素 D

 E. 维生素 E

19. CoA 的前体是（ ） P.87

 A. 吡哆胺   B. 泛酸

 C. 核黄素   D. 硫胺素

 E. 烟酸

20. 参与酰基转移的是（ ） P.87

 A. CoA   B. FAD

 C. FH_4 D. TPP

 E. 磷酸吡哆醛

21. 长期大量食用生鸡蛋会引起缺乏（ ） P.88

 A. 生物素   B. 维生素 B_1

 D. 维生素 B_2 E. 维生素 C

 E. 叶酸

22. 关于生物素（ ） P.88

 A. 必须依靠内因子协助吸收

 B. 可用于治疗妊娠呕吐

 C. 是硫噻唑环与尿素相结合而生成的双环化合物

 D. 是羧化酶的辅助因子

 E. 又称为生育酚

23. 有生物素参与的是（ ） P.88

 A. 磷酸化反应

 B. 羧化反应

 C. 脱氢反应

 D. 脱羧反应

 E. 转氨基反应

24. 叶酸的活性形式是（ ） P.88

 A. FAD   B. FH_2

 C. FH_4 D. FMN

 E. TPP

25. 参与一碳单位转移的是（ ） P.88

 A. CoA   B. FH_4

 C. 硫辛酸   D. 维生素 B_1

 E. 维生素 D

26. 可被氨甲蝶呤拮抗的是（　）P.88
    A. 泛酸　　　　　B. 核黄素
    C. 硫胺素　　　　D. 生物素
    E. 叶酸

27. 含金属元素的是（　）P.88
    A. 泛酸　　　　　B. 维生素 B_1
    C. 维生素 B_6　　D. 维生素 B_{12}
    E. 叶酸

28. 抗干眼病维生素是指（　）P.90
    A. 维生素 A　　　B. 维生素 C
    C. 维生素 D　　　D. 维生素 E
    E. 维生素 K

29. 参与构成视紫红质的是（　）P.90
    A. 硫辛酸　　　　B. 维生素 A
    C. 维生素 B_2　　D. 维生素 E
    E. 维生素 K

*30. 关于维生素 A 的错误叙述是
（　）P.90
    A. 肝脏维生素 A 含量最丰富
    B. 缺乏可导致干眼病
    C. 是具有脂环结构的不饱和一元醇
    D. 有 A_1 和 A_2 两种形式，两者的来
       源和结构均不相同，但具有相同
       的活性
    E. 植物中含有维生素 A 原

31. 可参与细胞膜糖蛋白合成的是
（　）P.90
    A. 维生素 A　　　B. 维生素 B_1
    C. 维生素 C　　　D. 维生素 D
    E. 维生素 PP

*32. 不含有环戊烷多氢菲骨架的类固
醇是（　）P.91
    A. 胆固醇　　　　B. 胆色素
    C. 胆汁酸　　　　D. 类固醇激素
    E. 维生素 D

33. 将维生素 D_3 转化成 25-OH-D_3 的部
位是（　）P.91
    A. 肝脏　　　　　B. 骨骼

    C. 脾脏　　　　　D. 肾脏
    E. 小肠

34. 关于维生素 D 的错误叙述是（　）
P.91
    A. 本身无生物活性
    B. 都存在于动物肝脏中
    C. 可由维生素 D 原转化而成
    D. 属于类固醇
    E. 重要的有维生素 D_3 和维生素 D_2

*35. 对碱不敏感的是（　）P.91
    A. 维生素 B_1　　B. 维生素 B_2
    C. 维生素 B_{12}　　D. 维生素 D
    E. 维生素 K

36. 儿童缺乏维生素 D 时易患（　）
P.92
    A. 佝偻病
    B. 骨软化症
    C. 坏血病
    D. 巨幼红细胞性贫血
    E. 癞皮病

37. 成人缺乏维生素 D 时易患（　）
P.92
    A. 佝偻病　　　　B. 骨软化症
    C. 癞皮病　　　　D. 皮肤癌
    E. 夜盲症

38. 脂溶性维生素有（　）P.91
    A. 泛酸　　　　　B. 麦角固醇
    C. 生物素　　　　D. 烟酰胺
    E. 叶酸

39. 维生素 D 的主要活性形式是（　）
P.91
    A. 1, 25-$(OH)_2$-D_3
    B. 24, 25-$(OH)_2$-D_3
    C. 25, 26-$(OH)_2$-D_3
    D. 25-OH-D_3
    E. 维生素 D_3

40. 属于类固醇的是（　）P.91
    A. 维生素 A　　　B. 维生素 B_1

C. 维生素 C   D. 维生素 D

E. 维生素 PP

41. 天然抗氧化剂是（ ）P. 92

A. 核黄素   B. 硫胺素

C. 维生素 D   D. 维生素 E

E. 维生素 K

42. 促进凝血酶原合成的是（ ）P. 92

A. 维生素 A   B. 维生素 C

C. 维生素 D   D. 维生素 E

E. 维生素 K

*43. 肠道细菌为人体提供（ ）

P. 86，92

A. 泛酸和烟酰胺

B. 硫辛酸和维生素 B_{12}

C. 维生素 A 和维生素 D

D. 维生素 C 和维生素 E

E. 维生素 K 和维生素 B_6

（二）X 型题

1. 维生素是一类营养素，其重要的生理功能是（ ）P. 83

A. 供给能量

B. 构成某些辅助因子

C. 构成细胞的主要成分

D. 某些代谢过程所必需

E. 在人体内参与合成必需氨基酸

2. 属于水溶性维生素的有（ ）P. 83

A. 泛酸   B. 生育酚

C. 维生素 K   D. 维生素 PP

E. 叶酸

3. 属于脂溶性维生素的有（ ）P. 83

A. 硫辛酸   B. 维生素 B_1

C. 维生素 C   D. 维生素 D

E. 维生素 E

4. 维生素 C（ ）P. 84

A. 促进抗体的合成

B. 多数动物自身可以合成

C. 具有保护巯基的作用

D. 抗坏血酸氧化生成的脱氢抗坏血

酸仍具有生物活性

E. 可以作为羟化酶的辅助因子

*5. 血浆丙酮酸浓度升高的原因可能是缺乏（ ）P. 85，119

A. 泛酸

B. 焦磷酸硫胺素

C. 磷酸吡哆醛

D. 维生素 B_2

E. 烟酰胺

*6. FAD 参与（ ）P. 85，120，122

A. 丙酮酸羧化反应

B. 丙酮酸氧化脱羧反应

C. 底物水平磷酸化反应

D. 琥珀酸脱氢反应

E. 转氨基反应

*7. 在酶促反应中传递氢的是（ ）

P. 84，88，99，187

A. FH_4 B. FMN

C. NAD   D. NADP

E. 抗坏血酸

8. 分子组成关系最密切的是（ ）

P. 86

A. FMN   B. NADP

C. 泛醌   D. 泛酸

E. 维生素 PP

9. 常服异烟肼的病人宜加服（ ）

P. 86

A. 维生素 B_1 B. 维生素 B_2

C. 维生素 B_6 D. 维生素 B_{12}

E. 维生素 PP

10. 磷酸吡哆醛参与（ ）P. 86

A. 氨基酸脱羧基

B. 氨基酸转氨基

C. 丙酮酸羧化

D. 谷氨酸脱氢

E. 乳酸脱氢

11. 因体内缺乏而导致巨幼红细胞性贫血的是（ ）P. 88

A. 生物素　　　　B. 维生素 B_{12}
C. 维生素 K　　　D. 维生素 PP
E. 叶酸

12. 关于维生素 A （　）P. 90
    A. 肝脏是含维生素 A 最丰富的器官
    B. 缺乏维生素 A 可造成夜盲症
    C. 维生素 A 可经日光照射而生成
    D. 维生素 A 摄入过多会引起中毒
    E. 鱼肝油中的 β 胡萝卜素是维生素 A 的重要来源

*13. 关于维生素 （　）P. 90
    A. 感暗光的视紫红质是由视蛋白与 11-顺视黄醛结合而成的
    B. 摄入维生素 B_{12} 过多会在体内积蓄而引起中毒
    C. 维生素 B_1 缺乏时神经系统胆碱酯酶活性降低
    D. 维生素在体内含量很低, 是维持生命活动所必需的
    E. 叶酸的活性形式是 N^5-CH_3-FH_4

*14. 在人体内可以转化成维生素的有 （　）P. 90
    A. 7-脱氢胆固醇
    B. β 胡萝卜素
    C. 酪氨酸
    D. 麦角固醇
    E. 前列腺素

15. 不溶于水、长期过量摄入会引起中毒的是 （　）P. 91
    A. 核黄素　　　　B. 硫辛酸
    C. 生物素　　　　D. 视黄醇
    E. 维生素 D

*16. 维生素 D_3 （　）P. 91
    A. 不因缺乏胆汁酸而影响其吸收
    B. 参与升高血钙浓度
    C. 长期过量摄入会引起中毒
    D. 是胆固醇的代谢物
    E. 主要存在于植物性食物中

17. 脂溶性维生素吸收障碍会引起 （　）P. 90, 92
    A. 恶性贫血　　　　B. 佝偻病
    C. 坏血病　　　　　D. 癞皮病
    E. 夜盲症

二、填空题

1. 维生素通常根据溶解性分为 （　） 维生素和 （　） 维生素。P. 83

2. 导致维生素缺乏的原因有摄取不足、吸收障碍、机体需要量增加、（　）、（　） 和特异性缺陷等。P. 83

3. 维生素 C 参与胶原蛋白分子内 （　） 氨酸和 （　） 氨酸的羟化反应, 促进胶原合成。P. 84

4. 缺乏维生素 C 会引起 （　） 合成发生障碍, 出现毛细血管通透性增加、易破裂出血等典型的 （　） 症状。P. 84

*5. 维生素 C 具有解毒作用, 即辅助 （　） 将重金属离子排出体外, 防止其破坏 （　） 酶。P. 84

*6. 正常情况下有 40% 的维生素 C 经过代谢分解成 CO_2 和 （　）, 后者随尿液排出体外。长期大量服用维生素 C 易形成 （　）。P. 84

7. 缺乏维生素 B_1 时, 糖代谢中间产物 （　） 和 （　） 的氧化脱羧受阻, 神经组织供能不足, 出现以两脚无力为主要特征的缺乏症, 称为脚气病。P. 85

8. 维生素 B_2 的活性形式是 （　） 酸和 （　） 酸, 它们是多种脱氢酶的辅助因子, 主要在生物氧化过程中发挥递氢作用。P. 85

9. 维生素 PP 即 （　） 维生素, 包括 （　） 和烟酰胺。P. 85

10. 维生素 PP 的活性形式是 （　） 酸和 （　） 酸, 它们是多种脱氢酶的辅助因子。P. 86

11. NAD 和 NADP 是多种脱氢酶的辅助

因子，其中 NAD 主要在（　　）中发挥递氢作用，而 NADP 则在（　　）中发挥递氢作用。P.86

12. 维生素 B_6 即（　　）维生素，包括吡哆醇、吡哆醛和（　　）。P.86

13. 维生素 B_6 的活性形式是（　　）和（　　），参与氨基酸的转氨基反应和脱羧基反应。P.86

14. 泛酸的活性形式是（　　）和（　　），参与酰基的转运及脂肪酸的合成。P.87

15. 生物素的活性形式是羧基生物素，它是多种（　　）酶的辅助因子，参与（　　）反应。P.88

16. 叶酸的活性形式是 5,6,7,8-四氢叶酸，通过（　　）和（　　）位携带一碳单位参与核苷酸碱基和胆碱等物质的合成。P.88

17. 维生素 B_{12} 即钴胺素，又称为（　　）维生素，是惟一含有（　　）的维生素。P.88

18. 与红细胞的发育、成熟关系最密切的两种维生素是（　　）和（　　）。P.88

19. 甲钴胺素是维生素 B_{12} 的活性形式，可以作为甲基转移酶的辅助因子参与（　　）循环。缺乏维生素 B_{12} 会造成（　　）。P.89

20. 全胃切除患者缺乏（　　），必须注意补充维生素 B_{12}，并且应当注射，（　　）无效。P.89

21. 视杆细胞合成视紫红质需要维生素 A，缺乏维生素 A 会影响视紫红质的合成，导致（　　）的能力减退，出现（　　）。P.90

22. 缺乏维生素 A 会造成上皮组织干燥、增生并角化。当影响泪腺上皮时，泪液分泌会（　　），引起（　　）。P.91

23. 维生素 D 即（　　）维生素，属于（　　），包括维生素 D_2 和维生素 D_3。P.91

*24. 维生素 D_3 在（　　）由 25-羟化酶催化生成 25-OH-D_3，后者在（　　）由 1α-羟化酶进一步催化生成 1,25-$(OH)_2$-D_3。P.91

25. 缺乏维生素 D 时，儿童会发生（　　），成人会出现（　　）。不过，摄入过量的维生素 D 也会引起中毒。P.92

26. 维生素 E 可以对抗自由基对（　　）的氧化，从而维护（　　）的结构与功能。P.92

*27. 维生素 K 的主要生理功能是促进肝脏合成凝血因子 II、（　　）、（　　）和 X，维持凝血因子的正常水平。P.92

三、名词解释

1. 维生素　P.83
2. 水溶性维生素　P.83
3. 脂溶性维生素　P.83
4. 坏血病　P.84
*5. 焦磷酸硫胺素　P.84
6. FMN　P.85
7. FAD　P.85
8. NAD　P.86
9. NADP　P.86
10. 磷酸吡哆醛　P.86
11. CoA　P.87
12. 四氢叶酸　P.88
13. 维生素 B_{12}　P.88
14. 维生素 A 原　P.90
15. 视黄醛　P.90
16. 视紫红质　P.90
17. 维生素 D_3 原　P.91
18. 生育酚　P.92

四、问答题

1. 维生素有哪些特点？P.83
2. 简述水溶性维生素的共同特点。P.83
*3. 试述因缺乏维生素 B_1 而患脚气病

的机制。P.85

4. 长期服用抗结核药异烟肼为什么要补充维生素PP、维生素B_6？P.86

*5. 简述维生素B_6的生理功能。P.86

6. 简述脂溶性维生素的共同特点。P.90

7. 缺乏维生素A为什么会出现夜盲症？P.90

*8. 维生素D为什么可以作为激素来研究？P.91

参考答案

一、选择题

（一）A型题
1. A　2. B　3. D　4. B　5. B　6. E　7. A　8. B　9. E　10. C　11. A　12. D　13. B　14. D　15. E　16. D　17. E　18. B　19. B　20. A　21. A　22. D　23. B　24. C　25. B　26. E　27. D　28. A　29. B　30. D　31. A　32. E　33. A　34. B　35. D　36. A　37. B　38. E　39. A　40. D　41. B　42. E　43. E

（二）X型题
1. BD　2. ADE　3. DE　4. ACDE　5. ABDE　6. BD　7. ABCDE　8. BE　9. CE　10. AB　11. BE　12. ABD　13. AD　14. ABD　15. DE　16. BCD　17. BE

二、填空题

1. 水溶性；脂溶性

2. 服用某些药物；慢性肝肾疾病

3. 脯；赖

4. 胶原蛋白；坏血病

5. GSH；巯基

6. 草酸；尿路结石

7. 丙酮酸；α-酮戊二酸

8. 黄素单核苷；黄素腺嘌呤二核苷

9. 抗癞皮病；烟酸

10. 烟酰胺腺嘌呤二核苷；烟酰胺腺嘌呤二核苷酸磷

11. 生物氧化过程；还原性合成代谢

12. 抗皮炎；吡哆胺

13. 磷酸吡哆醛；磷酸吡哆胺

14. CoA；酰基载体蛋白

15. 羧化；羧化

16. N-5；N-10

17. 抗恶性贫血；金属元素

18. 叶酸；维生素B_{12}

19. 甲硫氨酸；巨幼红细胞性贫血

20. 内因子；口服

21. 感受弱光；夜盲症

22. 减少；干眼病

23. 抗佝偻病；类固醇

24. 肝脏；肾脏

25. 佝偻病；骨软化症

26. 不饱和脂肪酸；生物膜

27. Ⅶ；Ⅸ

三、名词解释

1. 维生素：维持生命正常代谢所必需的一类小分子有机化合物，是人体重要的营养物质之一。

2. 水溶性维生素：易溶于水的维生素，包括维生素C和B族维生素（硫胺素、核黄素、烟酰胺、吡哆醛、泛酸、生物素、叶酸、钴胺素和硫辛酸等）。

3. 脂溶性维生素：难溶于水的维生素，包括维生素A、维生素D、维生素E和维生素K等。

4. 坏血病：因缺乏维生素C而引起胶原蛋白合成发生障碍导致的疾病，表现为毛细血管通透性增加、易破裂出血等。

5. 焦磷酸硫胺素：维生素 B_1 的活性形式，酶的辅助因子，参与催化羰基碳原子化学键发生的反应，如 α-酮酸氧化脱羧。

6. FMN：黄素单核苷酸，维生素 B_2 的活性形式之一，是某些脱氢酶的辅助因子，主要在生物氧化过程中发挥递氢作用。

7. FAD：黄素腺嘌呤二核苷酸，维生素 B_2 的活性形式之一，是某些脱氢酶的辅助因子，主要在生物氧化过程中发挥递氢作用。

8. NAD：烟酰胺腺嘌呤二核苷酸，维生素 PP 的活性形式之一，是某些脱氢酶的辅助因子，主要在生物氧化过程中发挥递氢作用。

9. NADP：烟酰胺腺嘌呤二核苷酸磷酸，维生素 PP 的活性形式之一，是某些脱氢酶的辅助因子，主要在还原性合成代谢中发挥递氢作用。

10. 磷酸吡哆醛：维生素 B_6 的活性形式之一，是氨基转移酶和脱羧酶的辅助因子，参与氨基酸的转氨基反应和脱羧基反应。

11. CoA：泛酸的活性形式之一，作为酰基载体参与酰基代谢。

12. 四氢叶酸：叶酸的活性形式，是一碳单位转移酶类的辅助因子，参与一碳单位代谢。

13. 维生素 B_{12}：即钴胺素，又称为抗恶性贫血维生素，是惟一含有金属元素的维生素，参与甲基化和分子内重排等反应。

14. 维生素 A 原：即植物性食物含有的 β 胡萝卜素，可以转化成维生素 A。

15. 视黄醛：维生素 A 的活性形式之一，视网膜感光物质视紫红质的组成成分。

16. 视紫红质：视觉细胞的感光成分，由视蛋白与 11-顺视黄醛构成。

17. 维生素 D_3 原：即 7-脱氢胆固醇，是胆固醇的转化产物，在皮下经紫外线作用转化成维生素 D_3。

18. 生育酚：即维生素 E，可以对抗自由基对不饱和脂肪酸的氧化，从而维护生物膜的结构与功能。

四、问答题

1. 维生素是维持生命正常代谢所必需的一类小分子有机化合物，是人体重要的营养物质之一。维生素具有以下特点：①维生素既不是构成机体组织结构的原料，也不是供能物质，但在代谢过程中发挥着重要作用，它们大多数参与构成酶的辅助因子。②维生素种类很多，化学结构各异，本质上都属于小分子有机化合物。③维生素的需要量很少，但多数不能在体内合成或合成量不足，必须从食物中摄取。④维生素摄取不足会造成代谢障碍，但若长期过量摄取或应用不当，也会出现中毒症状。

2. 水溶性维生素是易溶于水的维生素，包括维生素 C 和 B 族维生素（硫胺素、核黄素、烟酰胺、吡哆醛、泛酸、生物素、叶酸、钴胺素和硫辛酸等），其共同特点是：①易溶于水，不溶或微溶于有机溶剂；②机体储存量很少，必须随时从食物中摄取；③摄入过多部分可以随尿液排出体外，不会导致积累而引起中毒。

3. ①维生素 B_1 即硫胺素，又称为抗脚气病维生素。②维生素 B_1 的活性形式是焦磷酸硫胺素（TPP），TPP 是 α-酮酸脱氢酶系的辅助因子。③在正常情况下，神经组织所需的能量主要由糖的有氧氧化途径提供。当缺乏维生素 B_1 时，糖代谢中间产物丙酮酸和 α-酮戊二酸的氧化脱羧受阻，神经组织供能不足，出现以两脚无力为主要特征的缺乏症，称为脚气病。

4. ①维生素 PP 即抗癞皮病维生素，其活性形式是 NAD 和 NADP。维生素 B_6 即抗皮炎维生素，其活性形式是磷酸吡哆醛和磷酸吡哆胺。②异烟肼是临床上常用的一种抗结核药，是维生素 PP 的结构类似物，所以对维生素 PP 有拮抗作用，若长期服用会引起维生素 PP 缺乏，所以要补充维生素 PP。③异烟肼能与磷酸吡哆醛结合，使其失去辅助因子的作用。因此，在服用异烟肼时，应当加服维生素 B_6，以防止异烟肼治疗过程中出现不安、失眠和多发性神经炎等不良反应。

5. 维生素 B_6 即抗皮炎维生素，其活性形式是磷酸吡哆醛和磷酸吡哆胺：①磷酸吡哆醛是氨基转移酶和脱羧酶的辅助因子，参与氨基酸的转氨基反应和脱羧基反应。②磷酸吡哆醛是血红素合成途径关键酶的辅助因子，缺乏维生素 B_6 有可能造成贫血。③磷酸吡哆醛是糖原磷酸化酶的重要组成成分，参与糖原分解。

6. 脂溶性维生素是难溶于水的维生素，包括维生素 A、维生素 D、维生素 E 和维生素 K 等，其共同特点是：①不溶于水，易溶于脂肪及有机溶剂。②在食物中常与脂类共存。③当脂类吸收不足时脂溶性维生素的吸收也相应减少，甚至出现缺乏症。④可以在肝脏内储存，如果摄入过多会出现中毒症状。

7. ①维生素 A 即抗干眼病维生素，其活性形式包括视黄醛、视黄酸。②维生素 A 构成视觉细胞的感光成分。人的视网膜上有两种感光细胞：视锥细胞主要感受强光，视杆细胞主要感受弱光。视杆细胞内的感光物质为视紫红质，可以感受弱光而产生暗视觉。视紫红质是由视蛋白与 11-顺视黄醛构成的，所以视杆细胞合成视紫红质需要维生素 A，缺乏维生素 A 会影响视紫红质的合成，导致感受弱光的能力减退，出现夜盲症。

8. ①维生素 D 即抗佝偻病维生素，属于类固醇，包括维生素 D_3。②在人体内，维生素 D_3 在肝脏由 25-羟化酶催化生成 25-OH-D_3，后者在肾脏由 1α-羟化酶进一步催化生成 $1,25$-$(OH)_2$-D_3，这是目前已知的维生素 D 活性最强的形式。③因为维生素 D_3 可以在体内合成和活化，并通过血液循环运往靶细胞发挥作用，作用机制是调控基因表达，所以目前维生素 D_3 多被当作激素来研究。

第八章 生物氧化

一、选择题

（一）A 型题

1. 糖类、脂类和蛋白质在生物氧化过程中都会产生（ ）P. 96

A. 氨基酸 　　　B. 丙酮酸

C. 胆固醇 　　D. 甘油

E. 乙酰 CoA

2. 关于生物氧化的错误叙述是（ ）P. 96

A. CO_2 是有机酸脱羧生成的

B. 生物氧化过程中被氧化的物质称受氢体

C. 生物氧化又称为组织呼吸或细胞呼吸

D. 糖类、脂类和蛋白质是能量的主要来源

E. 物质经生物氧化与体外燃烧释能量相等

3. 真核生物呼吸链的存在部位是（ ）P. 98

A. 过氧化物酶体

B. 微粒体

C. 细胞核

D. 细胞质

E. 线粒体

4. 呼吸链的组分不包括（ ）P. 99

A. CoA 　　　B. FAD

C. NAD 　　D. 泛醌

E. 细胞色素

5. 在生物氧化过程中 NAD^+ 的作用是（ ）P. 99

A. 递电子 　　　B. 递氢

C. 加氧 　　D. 脱氢

E. 脱羧

6. 关于 NADH 的错误叙述是（ ）P. 99

A. 可在细胞液中生成

B. 可在线粒体内生成

C. 又称为还原型辅酶 I

D. 在细胞液中氧化并生成 ATP

E. 在线粒体内氧化并生成 ATP

7. NAD 和 NADP 含有（ ）P. 99

A. 吡哆醇 　　　B. 吡哆醛

C. 核黄素 　　D. 烟酸

E. 烟酰胺 c

*8. 不含血红素的是（ ）P. 99

A. 过氧化氢酶 　　　B. 过氧化物酶

C. 肌红蛋白 　　D. 铁硫蛋白

E. 细胞色素 c

9. 属于脂溶性成分的是（ ）P. 100

A. FMN 　　　B. NAD

C. 泛醌 　　D. 铁硫蛋白

E. 细胞色素 c

10. 不在生物氧化过程传递电子的是（ ）P. 101

A. 细胞色素 aa_3

B. 细胞色素 b

C. 细胞色素 c

D. 细胞色素 c_1

E. 细胞色素 P450

11. 与线粒体内膜结合较松容易分离的是（　　）P. 101

A. 细胞色素 aa_3

B. 细胞色素 b

C. 细胞色素 c

D. 细胞色素 c_1

E. 细胞色素 P450

12. 呼吸链中不与其他成分形成复合体的是（　　）P. 101

A. FAD　　　　　B. 黄素蛋白

C. 铁硫蛋白　　　D. 细胞色素 c

E. 细胞色素 c_1

13. 细胞色素在呼吸链中的排列顺序是（　　）P. 101

A. $b \to c \to c_1 \to aa_3$

B. $b \to c_1 \to c \to aa_3$

C. $c \to b_1 \to c_1 \to aa_3$

D. $c \to c_1 \to b \to aa_3$

E. $c_1 \to c \to b \to aa_3$

14. 呼吸链中将电子直接传递给 O_2 的是（　　）P. 101

A. 细胞色素 aa_3

B. 细胞色素 b

C. 细胞色素 c

D. 细胞色素 c_1

E. 细胞色素 P450

15. 关于呼吸链的错误叙述是（　　）P. 101

A. 递电子体都是递氢体

B. 呼吸链也是电子传递链

C. 黄素蛋白接受来自 NADH 及琥珀酸等的电子

D. 仅有细胞色素 aa_3 直接以 O_2 为电

子受体

E. 氢和电子的传递高度有序

*16. 细胞色素 aa_3 的辅基为（　　）P. 101

A. FAD　　　　　B. FMN

C. Q_{10}　　　　　D. 血红素

E. 血红素 a

17. 脱下的氢不通过 NADH 氧化呼吸链氧化的是（　　）P. 101，143

A. β-羟丁酸　　　B. 丙酮酸

C. 谷氨酸　　　　D. 苹果酸

E. 脂酰 CoA

18. 丙酮酸氧化脱下的氢在哪个环节进入呼吸链？（　　）P. 101，119

A. NADH 脱氢酶

B. Q

C. Q – 细胞色素 c 还原酶

D. 细胞色素 c

E. 细胞色素 c 氧化酶

19. 琥珀酸氧化呼吸链不包括（　　）P. 102

A. FAD　　　　　B. NAD

C. Q　　　　　　D. 细胞色素 aa_3

E. 细胞色素 b

20. 大脑细胞液中 NADH 进入呼吸链主要是通过（　　）P. 102

A. 3-磷酸甘油穿梭

B. 丙氨酸 – 葡萄糖循环

C. 苹果酸 – 天冬氨酸穿梭

D. 肉碱穿梭

E. 三羧酸循环

21. 肝脏与心肌细胞液中 NADH 进入呼吸链主要是通过（　　）P. 102

A. 3-磷酸甘油穿梭

B. 丙酮酸穿梭

C. 柠檬酸穿梭

D. 苹果酸 – 天冬氨酸穿梭

E. 肉碱穿梭

22. 苹果酸－天冬氨酸穿梭的生理意义是（　）P. 102

    A. 将 NADH 传递的电子运入线粒体

    B. 将草酰乙酸运入线粒体

    C. 将乙酰 CoA 运出线粒体

    D. 维持线粒体内外有机酸的平衡

    E. 为三羧酸循环提供足够的草酰乙酸

23. 活细胞不能利用（　）P. 103

    A. ATP   B. 环境热能

    C. 糖   D. 乙酰 CoA

    E. 脂肪

24. 不是高能化合物的是（　）P. 104, 116

    A. 1, 3-二磷酸甘油酸

    B. 3-磷酸甘油醛

    C. ADP

    D. ATP

    E. 磷酸肌酸

*25. 细胞液中 NADH 经苹果酸－天冬氨酸穿梭进入线粒体发生氧化磷酸化反应，其 P/O 比值为（　）P. 105

    A. 1   B. 2

    C. 3   D. 4

    E. 5

26. NADH 氧化呼吸链的 P/O 比值为（　）P. 105

    A. 1   B. 2

    C. 3   D. 4

    E. 5

27. 琥珀酸氧化呼吸链的 P/O 比值为（　）P. 105

    A. 1   B. 2

    C. 3   D. 4

    E. 5

28. 1mol 琥珀酸脱下的 2H 经氧化磷酸化生成 ATP 的摩尔数是（　）P. 105

    A. 1   B. 2

    C. 3   D. 4

    E. 5

29. 目前关于氧化磷酸化机制的理论获得较多支持的是（　）P. 105

    A. 共价催化理论

    B. 构象偶联假说

    C. 化学偶联学说

    D. 化学渗透学说

    E. 诱导契合学说

30. 被氰化物抑制的是（　）P. 106

    A. 细胞色素 a   B. 细胞色素 aa_3

    C. 细胞色素 b   D. 细胞色素 c

    E. 细胞色素 c_1

31. 被 CO 抑制的是（　）P. 106

    A. FAD   B. NAD

    C. Q   D. 细胞色素 aa_3

    E. 细胞色素 c

*32. 与细胞色素氧化酶结合而使生物氧化受阻的是（　）P. 106

    A. 2, 4-二硝基苯酚

    B. CO

    C. 甲状腺激素

    D. 肾上腺素

    E. 异戊巴比妥

33. 在呼吸链中阻断电子从 NADH 向 Q 传递的是（　）P. 106

    A. CO   B. 阿米妥

    C. 抗生素 D   D. 抗霉素 A

    E. 氰化物

34. 2, 4-二硝基苯酚能抑制（　）P. 106

    A. 肝糖异生   B. 三羧酸循环

    C. 糖酵解   D. 氧化磷酸化

    E. 以上都不是

35. 氧化磷酸化的解偶联剂是（　）P. 106

    A. 2, 4-二硝基苯酚

    B. CO

C. 甲状腺激素

D. 肾上腺素

E. 异戊巴比妥

36. 线粒体氧化磷酸化解偶联意味着
（ ）P.106

A. 线粒体膜 ATP 酶被抑制

B. 线粒体膜的钝化变性

C. 线粒体能利用 O_2，但不能合成 ATP

D. 线粒体三羧酸循环停止

E. 线粒体氧化作用停止

37. 加速 ATP 水解为 ADP 和 Pi 的是
（ ）P.106

A. 2, 4-二硝基苯酚

B. CO

C. 甲状腺激素

D. 肾上腺素

E. 异戊巴比妥

38. 肌肉细胞内能量的主要储存形式是
（ ）P.107

A. ADP

B. ATP

C. cAMP

D. 磷酸肌酸

E. 磷酸烯醇式丙酮酸

（二）X 型题

1. 同是糖类、脂类和蛋白质分解途径
的是（ ）P.96，123

A. 磷酸戊糖途径

B. 三羧酸循环

C. 糖酵解

D. 糖原分解

E. 氧化磷酸化

2. 呼吸链复合体包括（ ）P.99

A. 复合体Ⅰ　　　B. 复合体Ⅱ

C. 复合体Ⅲ　　　D. 复合体Ⅳ

E. 复合体Ⅴ

*3. NAD+ 的性质包括（ ）P.99

A. 每次接受一个氢原子和一个电子

B. 为不需氧脱氢酶的辅助因子

C. 烟酰胺部分可进行可逆地加氢和脱氢

D. 与脱辅基酶蛋白结合牢固

E. 只在线粒体内发挥作用

4. 都含有 B 族维生素的呼吸链成分是
（ ）P.99

A. FAD　　　　　B. FH_4

C. FMN　　　　　D. TPP

E. 泛醌

5. 铁硫簇的主要形式有（ ）P.99

A. 1Fe-1S　　　　B. 2Fe-2S

C. 3Fe-3S　　　　D. 4Fe-4S

E. 5Fe-5S

*6. 铁硫蛋白的性质包括（ ）P.99

A. 每次传递一个电子

B. 其电子供体是 NADH 和 $FADH_2$

C. 其铁的氧化还原是可逆的

D. 由 Fe-S 构成活性中心

E. 与泛醌形成复合物

7. 含血红素的化合物有（ ）P.101

A. 过氧化氢酶　　　B. 肌红蛋白

C. 铁硫蛋白　　　　D. 细胞色素

E. 血红蛋白

8. NADH 氧化呼吸链的成分包括（ ）
P.101

A. FAD　　　　　B. FMN

C. NADH　　　　D. 泛醌

E. 细胞色素

9. 把细胞液生成的 NADH 送入呼吸链
的载体是（ ）P.102

A. 3-磷酸甘油　　B. 丙酮酸

C. 苹果酸　　　　D. 肉碱

E. 天冬氨酸

*10. 不能穿过线粒体内膜的有（ ）
P.102

A. 3-磷酸甘油　　B. α-酮戊二酸

C. 草酰乙酸　　　D. 苹果酸

E. 天冬氨酸

11. 属于高能化合物的是（　）P. 104

A. CoA　　　　　B. 泛酸

C. 肌酸　　　　　D. 磷酸肌酸

E. 乙酰 CoA

12. 体内直接供能物质是（　）P. 104

A. ATP　　　　　B. CTP

C. GTP　　　　　D. TTP

E. UTP

13. ATP 的合成方式有（　）P. 104

A. 蛋白质磷酸化

B. 底物水平磷酸化

C. 核苷磷酸化

D. 糖原磷酸化

E. 氧化磷酸化

*14. 在琥珀酸氧化呼吸链中，与合成 ATP 偶联的部位在（　）P. 105

A. FAD 和泛醌之间

B. NADH 和泛醌之间

C. 泛醌和细胞色素 c 之间

D. 细胞色素 b 和 c_1 之间

E. 细胞色素 c 和 O_2 之间

*15. 呼吸链中具有质子泵功能的是（　）P. 105

A. 复合体Ⅰ　　　B. 复合体Ⅱ

C. 复合体Ⅲ　　　D. 复合体Ⅳ

E. 复合体Ⅴ

16. 影响氧化磷酸化的因素有（　）P. 106

A. ADP　　　　　B. ATP

C. CO　　　　　D. mtDNA 突变

E. 氰化物

17. 抑制细胞色素氧化酶的主要有（　）P. 106

A. 阿米妥　　　　B. 叠氮化物

C. 抗霉素 A　　　D. 氰化物

E. 鱼藤酮

二、填空题

1. 生命现象的化学本质是代谢，是（　）代谢与（　）代谢的有机整合。P. 96

2. 生物氧化的特点之一是有机酸通过脱羧基反应生成 CO_2。脱羧基反应可以根据是否伴有氧化反应分为（　）和（　）。P. 97

3. 真核生物呼吸链位于（　），原核生物呼吸链位于（　）。P. 98

4. 复合体Ⅰ称为（　）酶，其所含的黄素蛋白以（　）为辅基。P. 99

5. 复合体Ⅱ称为（　）酶，其所含的黄素蛋白以（　）为辅基。P. 99

6. 在构成呼吸链复合体的成分中，单传递移电子的成分是（　）和（　）。P. 99

7. 复合体Ⅲ所含铁硫蛋白的电子供体是（　），电子受体是（　）。P. 100

8. 在呼吸链中，泛醌接受 1 个电子和 1 个质子还原成（　），再接受 1 个电子和 1 个质子还原成（　）。P. 100

9. 细胞色素 c 的辅基是（　），与蛋白质以（　）键结合。P. 101

10. Cyt c 能够在线粒体内膜上移动，从复合体（　）的 Cyt c_1 获得电子，然后向复合体（　）传递。P. 101

11. 两条典型的呼吸链是（　）氧化呼吸链和（、　）氧化呼吸链。P. 101

12. NADH 氧化呼吸链的入口在（　）内，所以（　）中的 NADH 不能直接进入该呼吸链。P. 102

13. 细胞液中的 NADH 通过以下两个穿梭进入呼吸链：（　）穿梭和（　）穿梭。P. 102

14. 体内合成 ATP 的方式有（　）和（　）。P. 104

15. 体内合成 ATP 以（　）为主，产生的 ATP 约占 ATP 总量的（　）%。P. 104

16. P/O 比值是指每消耗 1 摩尔（　　）所消耗 Pi 的摩尔数或合成（　　）的摩尔数。P. 105

*17. 由英国学者（　　）于 20 世纪 60 年代提出的（　　）学说可以较好地阐述氧化磷酸化的偶联机制。P. 105

*18. 氰化物抑制电子由细胞色素（　　）向（　　）的传递。P. 106

*19. 2,4-二硝基苯酚是一种强解偶联剂，它可以在线粒体内膜两侧自由穿梭，在膜间隙侧时（　　），进入基质侧后则（　　），从而破坏电化学梯度。P. 106

20. 甲状腺激素能诱导许多组织细胞膜（　　）的合成，使 ATP 分解成 ADP 和 Pi 的速度加快，进入（　　）的 ADP 量增加，从而使氧化磷酸化速度加快。P. 106

21. ATP 可以将高能磷酸基团转移给（　　）生成（　　），作为肌肉和脑组织中能量的储存形式。P. 107

三、名词解释

1. 生物氧化　P. 96
2. 细胞呼吸　P. 96
3. α-脱羧　P. 97
4. 呼吸链　P. 98
*5. 铁硫簇　P. 99
*6. 自由能　P. 104
7. 高能化合物　P. 104
8. 底物水平磷酸化　P. 104
9. 氧化磷酸化　P. 104
10. 呼吸链抑制剂　P. 106
*11. 解偶联剂　P. 106
12. ATP 循环　P. 107
13. 磷酸肌酸　P. 107

四、问答题

1. 试述生物氧化的特点。P. 96

2. 简述生物氧化的三个阶段。P. 96
3. 简述呼吸链复合体的组成与功能。P. 98
4. 简述烟酰胺的活性形式与功能。P. 99
5. 试述铁硫蛋白的组成与功能。P. 99
6. 试述泛醌在呼吸链中的作用。P. 100
*7. 简述呼吸链细胞色素的种类及其作用。P. 101
8. 简述底物水平磷酸化，体内有哪些典型的底物水平磷酸化反应？P. 104，116，121
9. 常见的呼吸链抑制剂有哪些？它们的作用机制是什么？P. 106
10. 甲状腺机能亢进患者一般表现为基础代谢率增高，请运用生化知识分析。P. 106
11. 简述 ATP 与磷酸肌酸的关系。P. 107

参考答案

一、选择题

（一）A 型题

1. E　2. B　3. E　4. A　5. B　6. D
7. E　8. D　9. C　10. E　11. C　12. D
13. B　14. A　15. A　16. E　17. E　18. A
19. B　20. A　21. D　22. A　23. B　24. B
25. C　26. C　27. B　28. E　29. D　30. B
31. D　32. B　33. B　34. D　35. A　36. C
37. C　38. D

（二）X 型题

1. BE　2. ABCD　3. ABC　4. AC
5. BD　6. ACD　7. ABDE　8. BCDE　9. AC
10. AC　11. ADE　12. ABCDE　13. BE
14. CE　15. ACD　16. ABCDE　17. BD

二、填空题

1. 物质；能量

2. 单纯脱羧；氧化脱羧

3. 线粒体内膜上；细胞膜上

4. NADH 脱氢；FMN

5. 琥珀酸脱氢；FAD

6. 铁硫蛋白；细胞色素

7. QH_2；细胞色素 c_1

8. 泛醌自由基；二氢泛醌

9. 血红素；共价

10. III；IV

11. NADH；琥珀酸

12. 线粒体；细胞液

13. 3-磷酸甘油；苹果酸－天冬氨酸

14. 底物水平磷酸化；氧化磷酸化

15. 氧化磷酸化；80

16. 氧原子；ATP

17. Mitchell；化学渗透

18. aa_3；O_2

19. 结合 H^+；释放 H^+

20. $Na^+ K^+ ATPase$；线粒体

21. 肌酸；磷酸肌酸

三、名词解释

1. 生物氧化：糖类、脂类和蛋白质等营养物质在体内氧化分解、最终生成 CO_2 和 H_2O 并释放能量满足生命活动需要的过程。

2. 细胞呼吸：即生物氧化，因为生物氧化过程是在组织细胞内进行的，而且通过肺吸入的 O_2 主要用于生物氧化，呼出的 CO_2 也主要来自生物氧化，所以生物氧化又称为组织呼吸或细胞呼吸。

3. α-脱羧：从有机物分子的 α-碳原子上脱下一个羧基生成 CO_2 的反应。

4. 呼吸链：由位于真核生物线粒体内膜（原核生物细胞膜）上的一组排列有序

的递氢体和递电子体构成，其功能是将营养物质氧化释放的电子传递给 O_2 生成 H_2O。

5. 铁硫簇：铁硫蛋白的辅基成分，由非血红素铁和无机硫构成，以共价键与铁硫蛋白半胱氨酸的 S 结合，在生物氧化过程中参与传递电子。

6. 自由能：化学反应体系总能量的一部分，可以在恒温恒压下做功。

7. 高能化合物：传统生物化学中把在标准条件下水解时释放大量自由能的化学键称为高能键，含有高能键的化合物称为高能化合物。

8. 底物水平磷酸化：在生物氧化过程中，底物因脱氢、脱水等反应而使能量在分子内重新分布，形成高能磷酸基团，然后将高能磷酸基团转移给 ADP，生成 ATP，这一过程称为底物水平磷酸化。

9. 氧化磷酸化：在生物氧化过程中，营养物质氧化释放的电子经呼吸链传递给 O_2 生成 H_2O，所释放的自由能推动 ADP 磷酸化生成 ATP，这一过程称为氧化磷酸化。

10. 呼吸链抑制剂：能阻断呼吸链中某些部位的电子传递的物质。

11. 解偶联剂：能解除氧化与磷酸化之间的偶联的物质，其基本作用机制是使 H^+ 不经 ATP 合酶的 F_0 通道直接流回线粒体基质，使电化学梯度中储存的自由能转换成热能散失，不能推动合成 ATP。

12. ATP 循环：生命活动利用 ATP 的同时将其分解成 ADP 和 Pi，ADP 和 Pi 则通过底物水平磷酸化和氧化磷酸化重新合成 ATP。ATP 的合成与利用构成 ATP 循环。

13. 磷酸肌酸：肌肉和脑组织中能量的储存形式。ATP 可以将高能磷酸基团转移给肌酸生成磷酸肌酸。当机体消耗 ATP 过多时，ADP 浓度升高，磷酸肌酸可以将高能磷酸基团转移给 ADP 生成 ATP，为机体供能。

四、问答题

1. 生物氧化是指糖类、脂类和蛋白质等营养物质在体内氧化分解、最终生成 CO_2 和 H_2O 并释放能量满足生命活动需要的过程。生物氧化的特点：①生物氧化过程是由在细胞内 pH 值接近中性和约37℃的溶液中逐步进行的一系列酶促反应完成的。②营养物质在生物氧化过程中逐步释放能量，并尽可能多地以化学能的形式储存于高能化合物中，使其得到最有效的利用。③CO_2 是由有机酸发生脱羧反应生成的，并非体外氧化时 C 直接与 O_2 反应生成。④水主要是营养物质分子脱下的 H 经一系列传递反应最终与 O_2 结合生成的，并非体外氧化时物质中的 H 直接与 O_2 反应生成。

2. 糖类、脂类和蛋白质等营养物质在体内氧化分解、最终生成 CO_2 和 H_2O 的过程均包括三个阶段：①糖类、脂类和蛋白质的水解产物葡萄糖、脂肪酸和氨基酸通过不同的代谢途径氧化生成乙酰 CoA，并释放出电子。其中葡萄糖在这一阶段可以通过底物水平磷酸化反应产生少量高能化合物 ATP。②乙酰基进入三羧酸循环氧化生成 CO_2，并释放出大量电子，这一阶段通过底物水平磷酸化反应产生少量高能化合物 GTP。③前两阶段释放出的电子经呼吸链传递给 O_2，将其还原成 H_2O，传递电子的过程驱动合成 ATP，这是一个氧化磷酸化反应过程。

可见，糖类、脂类和蛋白质等营养物质的生物氧化过程只是在第一阶段有各自的代谢途径，而在第二、第三阶段的代谢都是一样的。

3. ①呼吸链由位于真核生物线粒体内膜上的一组排列有序的递氢体和递电子体构成，其功能是将营养物质氧化释放的电子传递给 O_2 生成 H_2O。②呼吸链的组成成分包括泛醌、Cyt c 和四种具有传递电子功能的呼吸链复合体。四种复合体的名称、所含的酶蛋白和辅基、功能见下表。

编号	名称	含蛋白（辅基）	功能
I	NADH 脱氢酶	黄素蛋白（FMN）、铁硫蛋白（Fe-S）	从 NADH 向 Q 传递电子
II	琥珀酸脱氢酶	黄素蛋白（FAD）、铁硫蛋白（Fe-S）	从琥珀酸向 Q 传递电子
III	Q - Cyt c 还原酶	铁硫蛋白（Fe-S）、细胞色素（血红素）	从 Q 向 Cyt c 传递电子
IV	Cyt c 氧化酶	细胞色素（Cu_A、血红素、Cu_B）	从 Cyt c 向 O_2 传递电子

4. ①NAD 是烟酰胺的一种活性形式，它有两种状态：一种是氧化态，用 NAD^+ 表示；另一种是还原态，用 NADH 表示。营养物质通过生物氧化脱下的 2H 将 NAD^+ 还原成 NADH，NADH 将电子送入呼吸链。②NADP 是烟酰胺的另一种活性形式，也有两种状态：氧化态用 $NADP^+$ 表示，还原态用 NADPH 表示。NADPH 所传递的电子通常不是送入呼吸链，而是用于合成代谢，如脂肪酸合成。

5. ①铁硫蛋白是分子量较小的蛋白质，其辅基称为铁硫簇。铁硫簇由等量的非血红素铁和无机硫构成，主要有 2Fe-2S 和 4Fe-4S 两种形式，均通过 Fe 与铁硫蛋白半胱氨酸的 S 结合。②呼吸链复合体 I、复合体 II 和复合体 III 都含有铁硫蛋白，其 Fe 通过氧化还原反应传递单电子。不同复合体中的铁硫蛋白有不同的电子供体和电子受体。

6. 泛醌是广泛存在于生物界的一种脂溶性醌类化合物，带有聚异戊二烯侧链。凭借该侧链的疏水性，泛醌可以在线粒体内膜中自由扩散。

在呼吸链中，泛醌通过氧化还原反应传递电子。泛醌的电子供体是复合体 I 和复合体 II 的铁硫蛋白，电子受体是复合体 III 的铁硫蛋白，即复合体 I 和复合体 II 通过铁硫蛋白将电子传递给泛醌，泛醌再将电子传递给复合体Ⅲ的铁硫蛋白。

7.①细胞色素是一类以血红素为辅基催化电子传递的酶类，血红素中的 Fe 通过氧化还原反应传递单电子。②不同细胞色素血红素辅基的侧链不同，血红素与蛋白质部分的结合方式也不同。存在于呼吸链中的细胞色素包括 Cyt a、Cyt b 和 Cyt c。③Cyt b 是复合体Ⅲ的组成成分，参与电子从泛醌向 Cyt c 的传递。④Cyt c 不是四种复合体的组成成分，能够在线粒体内膜上移动，从复合体Ⅲ的 $Cyt\ c_1$ 获得电子，然后向复合体Ⅳ传递。⑤$Cyt\ aa_3$ 是复合体Ⅳ的组成成分，从 Cyt c 获得电子，传递给 O_2。

8. 在生物氧化过程中，底物因脱氢、脱水等反应而使能量在分子内重新分布，形成高能磷酸基团，然后将高能磷酸基团转移给 ADP，生成 ATP，这一过程称为底物水平磷酸化。体内典型的底物水平磷酸化反应包括：①1,3-二磷酸甘油酸 + ADP→3-磷酸甘油酸 + ATP。②磷酸烯醇式丙酮酸 + ADP→丙酮酸 + ATP。③琥珀酰 CoA + Pi + GDP→琥珀酸 + CoA + GTP。

9. 呼吸链抑制剂能阻断呼吸链中某些部位的电子传递。常见的呼吸链抑制剂有阿米妥、鱼藤酮、抗霉素 A、氰化物、叠氮化物、CO 和 H_2S 等。①阿米妥和鱼藤酮可以抑制复合体Ⅰ传递电子。②抗霉素 A 可以抑制复合体Ⅱ传递电子。③氰化物、叠氮化物、CO 和 H_2S 可以抑制复合体Ⅳ传递电子。

这些抑制剂阻断电子传递的结果抑制了 ATP 的合成，以致呼吸停止，严重时甚至危及生命。

10. 甲状腺激素能诱导许多组织细胞膜 $Na^+K^+ATPase$ 的合成，使 ATP 分解成 ADP 和 Pi 的速度加快，进入线粒体的 ADP 量增加，从而使氧化磷酸化速度加快。甲状腺激素还能促进解偶联蛋白基因的表达，使线粒体内膜的解偶联蛋白增加。上述两种调节都会使机体耗氧量和产热量增加，故甲状腺功能亢进患者常出现基础代谢率增高、怕热和易出汗等症状。

11.①在能量代谢中，ATP 是最关键的高能化合物，是许多生命活动的直接供能者。②ATP 可以将高能磷酸基团转移给肌酸生成磷酸肌酸，作为肌肉和脑组织中能量的储存形式。③当机体消耗 ATP 过多时，ADP 浓度升高，磷酸肌酸可以将高能磷酸基团转移给 ADP 生成 ATP，为机体供能。

第九章 糖代谢

习题

一、选择题

（一）A 型题

1. 能使血糖降低的激素是（　）P.114
   A. 肾上腺素　　　　B. 生长激素
   C. 糖皮质激素　　　D. 胰岛素
   E. 胰高血糖素

2. 能促进糖原、脂肪合成的激素是
（　）P.115
   A. 肾上腺素　　　　B. 生长激素
   C. 糖皮质激素　　　D. 胰岛素
   E. 胰高血糖素

3. 指出关于胰岛素的错误叙述（　）
P.115
   A. 促进糖异生
   B. 促进糖原合成
   C. 促进糖转化成脂肪
   D. 提高肝葡萄糖激酶的活性
   E. 提高细胞膜对葡萄糖的通透性

4. 能抑制糖异生的激素是（　）P.115
   A. 肾上腺素　　　　B. 生长激素
   C. 糖皮质激素　　　D. 胰岛素
   E. 胰高血糖素

5. 体内能量的主要来源是（　）P.115
   A. 磷酸戊糖途径
   B. 糖的有氧氧化途径

   C. 糖酵解途径
   D. 糖异生途径
   E. 糖原合成途径

6. 关于糖酵解的正确叙述是（　）
P.116
   A. 不消耗 ATP
   B. 全过程是可逆的
   C. 生成 38 分子 ATP
   D. 在细胞液中进行
   E. 终产物是 CO_2 和 H_2O

7. 葡萄糖在肝脏进行糖酵解，催化其
第一步反应的酶是（　）P.116
   A. 丙酮酸激酶
   B. 磷酸果糖激酶 1
   C. 磷酸烯醇式丙酮酸羧激酶
   D. 葡萄糖-6-磷酸酶
   E. 葡萄糖激酶

8. 在糖酵解途径中，下列哪种酶催化
的反应不可逆？（　）P.116
   A. 3-磷酸甘油醛脱氢酶
   B. L-乳酸脱氢酶
   C. 己糖激酶
   D. 磷酸己糖异构酶
   E. 醛缩酶

9. 催化葡萄糖酵解第二步不可逆反应
的酶是（　）P.116
   A. 丙酮酸激酶
   B. 磷酸甘油酸激酶
   C. 磷酸果糖激酶 1
   D. 磷酸烯醇式丙酮酸羧激酶

E. 葡萄糖激酶

10. 由 1 分子葡萄糖生成 1,6-二磷酸果糖消耗几分子 ATP? （　） P.116

A. 1　　　　　　　B. 2

C. 3　　　　　　　D. 4

E. 5

11. 糖酵解途径中发生裂解反应的是（　） P.116

A. 1,3-二磷酸甘油酸

B. 1,6-二磷酸果糖

C. 3-磷酸甘油醛

D. 3-磷酸甘油酸

E. 乳酸

12. 可直接转化成 3-磷酸甘油醛的是（　） P.116

A. 6-磷酸葡萄糖

B. 草酰乙酸

C. 琥珀酸

D. 磷酸二羟丙酮

E. 磷酸烯醇式丙酮酸

13. 与 3-磷酸甘油醛转化成 1,3-二磷酸甘油酸有关的是（　） P.116

A. CoA　　　　　B. FAD

C. FMN　　　　　D. NAD

E. NADP

14. 可直接脱氢磷酸化生成高能化合物的是（　） P.116

A. 1,3-二磷酸甘油酸

B. 2,3-二磷酸甘油酸

C. 3-磷酸甘油

D. 3-磷酸甘油醛

E. 琥珀酰 CoA

15. 使 ADP 生成 ATP 的是（　） P.116

A. 1,6-二磷酸果糖

B. 3-磷酸甘油醛

C. 3-磷酸甘油酸

D. 磷酸二羟丙酮

E. 磷酸烯醇式丙酮酸

16. 糖代谢途径底物水平磷酸化反应的底物是（　） P.116

A. 1,3-二磷酸甘油酸

B. 1,6-二磷酸果糖

C. 3-磷酸甘油醛

D. 6-磷酸果糖

E. 6-磷酸葡萄糖

17. 底物是磷酸烯醇式丙酮酸的是（　） P.117

A. 丙酮酸激酶

B. 磷酸甘油酸激酶

C. 磷酸果糖激酶 1

D. 磷酸烯醇式丙酮酸羧激酶

E. 葡萄糖激酶

18. 1 分子 1,6-二磷酸果糖经酵解产生几分子 ATP? （　） P.117

A. 1　　　　　　　B. 2

C. 3　　　　　　　D. 4

E. 5

19. 糖酵解途径不产生（　） P.118

A. 1,3-二磷酸甘油酸

B. 1,6-二磷酸果糖

C. 2-磷酸甘油酸

D. 3-磷酸甘油

E. 磷酸二羟丙酮

20. 糖酵解途径不需要（　） P.118

A. 丙酮酸激酶

B. 己糖激酶

C. 磷酸果糖激酶 1

D. 磷酸烯醇式丙酮酸羧激酶

E. 醛缩酶

21. 催化底物水平磷酸化反应的是（　） P.118

A. 3-磷酸甘油醛脱氢酶

B. 丙酮酸脱氢酶

C. 琥珀酸脱氢酶

D. 己糖激酶

E. 磷酸甘油酸激酶

22. 成熟红细胞的能源是 （ ） P.118
    A. 磷酸戊糖途径
    B. 糖的有氧氧化途径
    C. 糖酵解途径
    D. 糖异生途径
    E. 糖原合成途径

23. 缺氧时为机体供能的是 （ ）
P.118
    A. 磷酸戊糖途径
    B. 糖的有氧氧化途径
    C. 糖酵解途径
    D. 糖异生途径
    E. 糖原合成途径

24. 葡萄糖的有氧氧化过程有几步消耗
高能化合物 ATP 的反应？（ ） P.118
    A. 1   B. 2
    C. 3   D. 4
    E. 5

*25. 1 分子 3-磷酸甘油醛经过糖的有
氧氧化途径彻底氧化，经底物水平磷酸化反
应生成的 ATP 分子数是 （ ） P.118，121
    A. 2   B. 3
    C. 4   D. 5
    E. 6

26. 下列物质彻底氧化生成 ATP 最多的
是 （ ） P.119
    A. 1,6-二磷酸果糖
    B. 3-磷酸甘油醛
    C. 6-磷酸葡萄糖
    D. 草酰乙酸
    E. 磷酸烯醇式丙酮酸

27. 糖酵解途径的关键酶是 （ ）
P.119
    A. 3-磷酸甘油醛脱氢酶
    B. L-乳酸脱氢酶
    C. 磷酸果糖激酶 1
    D. 磷酸己糖异构酶
    E. 醛缩酶

28. 关于磷酸果糖激酶 1 的错误叙述是
（ ） P.119
    A. 催化反应时消耗 ATP
    B. 是变构酶，位于细胞液中
    C. 是糖的有氧氧化途径中最主要的
       关键酶
    D. 以柠檬酸为变构激活剂、ATP 为
       变构抑制剂
    E. 胰岛素能诱导其合成

29. 催化丙酮酸生成乙酰 CoA 的是
（ ） P.119
    A. L-乳酸脱氢酶
    B. 丙酮酸激酶
    C. 丙酮酸羧化酶
    D. 丙酮酸脱氢酶系
    E. 磷酸烯醇式丙酮酸羧激酶

30. 1 分子丙酮酸转化成乙酰 CoA 可产
生几分子 ATP？（ ） P.119
    A. 2   B. 3
    C. 4   D. 24
    E. 36

*31. 1 分子丙酮酸在线粒体内彻底氧
化生成 CO_2 和 H_2O，可产生 ATP 的分子数
是 （ ） P.119
    A. 4   B. 8
    C. 12   D. 14
    E. 15

*32. 丙酮酸脱氢酶系的辅助因子不包
括 （ ） P.120
    A. CoA   B. FAD
    C. NAD   D. TPP
    E. 生物素

33. 催化丙酮酸氧化脱羧的酶系位于细
胞的哪个场所？（ ） P.120
    A. 核糖体   B. 溶酶体
    C. 微粒体   D. 细胞液
    E. 线粒体

*34. 丙酮酸脱氢酶系中包含几种核苷

酸成分？（　　）P.120

A. 1 　　　　　　　B. 2

C. 3 　　　　　　　D. 4

E. 5

35. 三羧酸循环中有几步底物水平磷酸化反应？（　　）P.121

A. 1 　　　　　　　B. 2

C. 3 　　　　　　　D. 4

E. 5

36. 三羧酸循环中不提供氢的反应步骤是（　　）P.122

A. α-酮戊二酸→琥珀酸

B. 琥珀酸→延胡索酸

C. 柠檬酸→异柠檬酸

D. 苹果酸→草酰乙酸

E. 异柠檬酸→α-酮戊二酸

37. 催化氧化脱羧反应的是（　　）P.122

A. 琥珀酸脱氢酶

B. 柠檬酸合酶

C. 苹果酸脱氢酶

D. 延胡索酸酶

E. 异柠檬酸脱氢酶

38. 属于三羧酸循环中间产物的是（　　）P.122

A. 1, 3-二磷酸甘油酸

B. 2, 3-二磷酸甘油酸

C. 3-磷酸甘油醛

D. 3-磷酸甘油酸

E. 琥珀酰 CoA

39. 琥珀酰 CoA 生成琥珀酸的同时直接生成（　　）P.122

A. ATP 　　　　　　B. CTP

C. GTP 　　　　　　D. TTP

E. UTP

40. 催化合成 GTP 的酶是（　　）P.122

A. α-酮戊二酸脱氢酶系

B. 琥珀酸硫激酶

C. 琥珀酸脱氢酶

D. 苹果酸脱氢酶

E. 异柠檬酸脱氢酶

41. 三羧酸循环中的底物水平磷酸化反应发生在哪个阶段？（　　）P.122

A. α-酮戊二酸→琥珀酸

B. 琥珀酸→延胡索酸

C. 柠檬酸→α-酮戊二酸

D. 苹果酸→草酰乙酸

E. 延胡索酸→苹果酸

42. 三羧酸循环中底物水平磷酸化反应直接生成的高能化合物是（　　）P.122

A. ATP 　　　　　　B. CTP

C. GTP 　　　　　　D. TTP

E. UTP

43. 琥珀酸脱氢酶的辅助因子是（　　）P.122

A. FAD 　　　　　　B. FMN

C. NAD$^+$ 　　　　　　D. NADP$^+$

E. NADPH

44. 三羧酸循环中只以 FAD 为辅助因子的是（　　）P.122

A. α-酮戊二酸脱氢酶系

B. 丙酮酸脱氢酶系

C. 琥珀酸脱氢酶

D. 苹果酸脱氢酶

E. 异柠檬酸脱氢酶

45. 可直接生成延胡索酸的是（　　）P.122

A. 6-磷酸葡萄糖

B. 丙酮酸

C. 草酰乙酸

D. 琥珀酸

E. 磷酸二羟丙酮

*46. 1 分子 α-酮戊二酸彻底氧化可生成多少分子 ATP？（　　）P.122

A. 12 　　　　　　B. 15

C. 23 　　　　　　D. 24

E. 27

*47. 三羧酸循环的以下代谢阶段直接和间接产生 ATP 最多的是（　）P.122

A. α-酮戊二酸→琥珀酸

B. 琥珀酸→苹果酸

C. 柠檬酸→异柠檬酸

D. 苹果酸→草酰乙酸

E. 异柠檬酸→α-酮戊二酸

*48. 葡萄糖的有氧氧化过程共有（　）P.122

A. 4 次脱氢、2 次脱羧

B. 4 次脱氢、3 次脱羧

C. 5 次脱氢、3 次脱羧

D. 6 次脱氢、2 次脱羧

E. 6 次脱氢、3 次脱羧

49. 1 个乙酰基经氧化分解可生成 ATP 的数目是（　）P.123

A. 6　　　　　　B. 8

C. 12　　　　　　D. 15

E. 24

50. 关于三羧酸循环的错误叙述是（　）P.123

A. 产生 NADH 和 $FADH_2$

B. 反应是可逆的

C. 是糖类、脂类、蛋白质的共同氧化途径

D. 有 GTP 生成

E. 在线粒体内进行

51. 三羧酸循环的关键酶是（　）P.123

A. 丙酮酸激酶

B. 丙酮酸脱氢酶系

C. 琥珀酸脱氢酶

D. 苹果酸脱氢酶

E. 异柠檬酸脱氢酶

52. 三羧酸循环最重要的调节酶是（　）P.123

A. α-酮戊二酸脱氢酶系

B. 丙酮酸脱氢酶系

C. 柠檬酸合酶

D. 苹果酸脱氢酶

E. 异柠檬酸脱氢酶

53. 糖类、脂类和蛋白质代谢的交汇点是（　）P.123

A. 丙酮酸

B. 琥珀酸

C. 磷酸烯醇式丙酮酸

D. 延胡索酸

E. 乙酰 CoA

54. 磷酸戊糖途径的代谢场所是（　）P.124

A. 内质网　　　　B. 微粒体

C. 细胞核　　　　D. 细胞液

E. 线粒体

55. 参与 6-磷酸葡萄糖转化成 6-磷酸葡萄糖酸的是（　）P.124

A. CoA　　　　　B. FAD

C. FMN　　　　　D. NAD^+

E. $NADP^+$

56. 仅以 $NADP^+$ 为辅助因子的是（　）P.124

A. 3-磷酸甘油醛脱氢酶

B. 6-磷酸葡萄糖脱氢酶

C. 琥珀酸脱氢酶

D. 苹果酸脱氢酶

E. 异柠檬酸脱氢酶

57. 谷胱甘肽还原酶的辅助因子是（　）P.125

A. CoASH　　　　B. $FADH_2$

C. $FMNH_2$　　　　D. NADH

E. NADPH

58. 蚕豆病患者缺乏（　）P.125

A. 6-磷酸葡萄糖脱氢酶

B. 丙酮酸激酶

C. 内酯酶

D. 葡萄糖激酶

E. 转酮酶

59. 催化糖原合成的关键酶是（　） P. 126

A. UDP-葡萄糖焦磷酸化酶

B. 分支酶

C. 己糖激酶

D. 葡萄糖激酶

E. 糖原合酶

60. 葡萄糖合成糖原时必须转化成（　） P. 126

A. ADP-葡萄糖

B. CDP-葡萄糖

C. GDP-葡萄糖

D. TDP-葡萄糖

E. UDP-葡萄糖

61. 消耗 UTP 的是（　） P. 126

A. 磷酸戊糖途径

B. 糖的有氧氧化途径

C. 糖异生途径

D. 糖原分解途径

E. 糖原合成途径

62. 参与糖原合成而不参与糖酵解的是（　） P. 126

A. ATP　　　　　B. CTP

C. GTP　　　　　D. TTP

E. UTP

63. 糖原合成需要的引物是指（　） P. 127

A. 6-磷酸葡萄糖

B. UDP-葡萄糖

C. UTP

D. 葡萄糖

E. 糖原

64. 糖原合酶催化形成（　） P. 127

A. α-1, 4-糖苷键

B. α-1, 6-糖苷键

C. β-1, 3-糖苷键

D. β-1, 4-糖苷键

E. β-1, 6-糖苷键

65. 需要分支酶参与的是（　） P. 127

A. 磷酸戊糖途径

B. 糖的有氧氧化途径

C. 糖酵解途径

D. 糖异生途径

E. 糖原合成途径

66. 糖原分子上每连接 1 个葡萄糖单位消耗的高能化合物分子数是（　） P. 127

A. 1　　　　　B. 2

C. 3　　　　　D. 4

E. 5

67. 关于糖原合成的错误叙述是（　） P. 127

A. 从 1-磷酸葡萄糖合成糖原不消耗高能化合物

B. 分支酶催化形成 1, 6-糖苷键

C. 葡萄糖的供体是 UDP-葡萄糖

D. 糖原合成过程中有焦磷酸生成

E. 糖原合酶催化形成 α-1, 4-糖苷键

68. 糖原合成与分解发生于糖原分子的（　） P. 127

A. 3′端　　　　　B. C 端

C. N 端　　　　　D. 非还原端

E. 还原端

69. 属于糖的有氧氧化、糖酵解和糖原合成共同中间产物的是（　） P. 127

A. 1-磷酸葡萄糖

B. 3-磷酸甘油醛

C. 5-磷酸核糖

D. 6-磷酸果糖

E. 6-磷酸葡萄糖

70. 糖原分解途径第一步反应的产物是（　） P. 128

A. 1, 6-二磷酸果糖

B. 1-磷酸葡萄糖

C. 6-磷酸葡萄糖

D. UDP-葡萄糖

E. 葡萄糖

71. 催化糖原分解的关键酶是（ ）
P.128

 A. 分支酶

 B. 磷酸葡萄糖变位酶

 C. 葡萄糖-6-磷酸酶

 D. 糖原磷酸化酶

 E. 脱支酶

72. 肝细胞内催化6-磷酸葡萄糖生成葡萄糖的酶是（ ）P.128

 A. 6-磷酸葡萄糖脱氢酶

 B. 己糖激酶

 C. 葡萄糖-6-磷酸酶

 D. 葡萄糖激酶

 E. 糖原磷酸化酶

73. 肝糖原可以补充血糖，因为肝细胞内有（ ）P.128

 A. 果糖-1,6-二磷酸酶

 B. 磷酸己糖异构酶

 C. 磷酸葡萄糖变位酶

 D. 葡萄糖-6-磷酸酶

 E. 葡萄糖激酶

74. 肌糖原分解时不能释出葡萄糖，因为肌肉细胞内缺乏（ ）P.128

 A. 果糖-1,6-二磷酸酶

 B. 葡萄糖-6-磷酸酶

 C. 葡萄糖激酶

 D. 糖原合酶

 E. 糖原磷酸化酶

75. 对于肌糖原下列哪项叙述是错误的？（ ）P.128

 A. 储存量较大

 B. 含量较为稳定

 C. 能分解产生葡萄糖

 D. 在缺氧的情况下可代谢生成乳酸

 E. 只能由葡萄糖合成

76. 肝糖原分解补充血糖时，有几步反应需要消耗高能化合物？（ ）P.128

 A. 0 B. 1

 C. 2 D. 3

 E. 4

77. 在糖原分解与合成途径中都起作用的是（ ）P.128

 A. 分支酶

 B. 焦磷酸化酶

 C. 磷酸葡萄糖变位酶

 D. 糖原磷酸化酶

 E. 异构酶

78. 位于糖酵解途径、糖异生途径、磷酸戊糖途径、糖合成途径和糖原分解途径交汇点上的化合物是（ ）P.129

 A. 1,6-二磷酸果糖

 B. 1-磷酸葡萄糖

 C. 3-磷酸甘油醛

 D. 6-磷酸果糖

 E. 6-磷酸葡萄糖

79. 在线粒体内进行的是（ ）P.129

 A. 磷酸戊糖途径

 B. 三羧酸循环

 C. 糖酵解途径

 D. 糖异生途径

 E. 糖原合成途径

*80. 只在肝脏、肾脏进行的是（ ）
P.129

 A. 磷酸戊糖途径

 B. 糖的有氧氧化途径

 C. 糖酵解途径

 D. 糖异生途径

 E. 糖原合成途径

81. 生理条件下进行糖异生的主要器官是（ ）P.129

 A. 肺 B. 肝脏

 C. 肌肉 D. 脑

 E. 肾脏

82. 饥饿时，肝脏内下列哪条途径的酶活性最强？（ ）P.129

A. 磷酸戊糖途径

B. 糖酵解途径

C. 糖异生途径

D. 糖原合成途径

E. 脂肪酸合成途径

*83. 以生物素为辅助因子的是 （ ）
P. 129

A. α-酮戊二酸脱氢酶系

B. 丙酮酸激酶

C. 丙酮酸羧化酶

D. 丙酮酸脱氢酶系

E. 磷酸烯醇式丙酮酸羧激酶

84. 所催化的反应需 GTP 供能的是
（ ） P. 129

A. α-酮戊二酸脱氢酶系

B. 丙酮酸激酶

C. 丙酮酸羧化酶

D. 丙酮酸脱氢酶系

E. 磷酸烯醇式丙酮酸羧激酶

85. 有几种核苷酸参与丙酮酸羧化支
路？（ ） P. 129

A. 1   B. 2

C. 3   D. 4

E. 5

86. 下列哪一种酶与丙酮酸生成葡萄糖
无关？（ ） P. 117，129

A. 丙酮酸激酶

B. 丙酮酸羧化酶

C. 果糖-1, 6-二磷酸酶

D. 磷酸烯醇式丙酮酸羧激酶

E. 醛缩酶

*87. 在糖酵解途径和糖异生途径中均
起作用的是（ ） P. 117，129

A. 丙酮酸激酶

B. 丙酮酸羧化酶

C. 果糖-1, 6-二磷酸酶

D. 己糖激酶

E. 磷酸甘油酸激酶

88. 必须在线粒体内进行的反应是
（ ） P. 129

A. 3-磷酸甘油醛→磷酸二羟丙酮

B. 6-磷酸葡萄糖→葡萄糖

C. 丙酮酸→草酰乙酸

D. 磷酸烯醇式丙酮酸→2-磷酸甘油
酸

E. 乳酸→丙酮酸

*89. 下列化合物异生成葡萄糖时消耗
ATP 最多的是（ ） P. 129

A. 2 分子草酰乙酸

B. 2 分子甘油

C. 2 分子谷氨酸

D. 2 分子琥珀酸

E. 2 分子乳酸

90. 既是糖酵解产物又是糖异生原料的
是（ ） P. 117，129

A. 丙氨酸   B. 丙酮

C. 甘油   D. 乳酸

E. 乙酰 CoA

91. 两分子丙酮酸合成葡萄糖时消耗几
分子高能化合物？（ ） P. 130

A. 2   B. 4

C. 6   D. 8

E. 10

92. 关于尿糖阳性，哪项叙述是正确
的？（ ） P. 131

A. 一定是食物含糖过多

B. 一定是血糖过高

C. 一定是有糖代谢紊乱

D. 一定是由胰岛素分泌不足引起的

E. 一定是由于肾小管不能将糖全部
重吸收

（二）X 型题

1. 对维持血糖浓度起主要作用的是
（ ） P. 114

A. 磷酸戊糖途径

B. 糖的有氧氧化途径

C. 糖酵解途径

D. 糖异生途径

E. 糖原合成与分解途径

2. 肾上腺素促进（　）P. 114

A. 肝糖原分解　　B. 肝糖原合成

C. 肌糖原分解　　D. 糖异生

E. 糖转化成脂肪

3. 催化生成 6-磷酸葡萄糖的是（　）

P. 116

A. 己糖激酶

B. 磷酸己糖异构酶

C. 葡萄糖激酶

D. 醛缩酶

E. 糖原磷酸化酶

4. 催化不可逆耗能反应的是（　）

P. 116

A. 丙酮酸激酶

B. 己糖激酶

C. 磷酸甘油酸激酶

D. 磷酸果糖激酶 1

E. 异构酶

5. 属于同一种酶的底物的是（　）

P. 116

A. 3-磷酸甘油醛

B. 3-磷酸甘油酸

C. 磷酸二羟丙酮

D. 磷酸烯醇式丙酮酸

E. 乳酸

6. 关于丙酮酸激酶催化的反应，正确的是（　）P. 117

A. 产物有 ATP

B. 产物有丙酮酸

C. 底物是 ADP

D. 底物是磷酸烯醇式丙酮酸

E. 是不可逆反应

7. 催化底物水平磷酸化反应的是（　）

P. 117

A. 丙酮酸激酶

B. 己糖激酶

C. 磷酸甘油酸激酶

D. 磷酸果糖激酶 1

E. 葡萄糖激酶

8. 可在同一酶催化下相互转化的是（　）P. 117

A. 3-磷酸甘油醛

B. 6-磷酸葡萄糖

C. 丙酮酸

D. 葡萄糖

E. 乳酸

9. 有氧时仍靠糖酵解供能的是（　）

P. 118

A. 成熟红细胞　　B. 睾丸

C. 肌肉　　　　　D. 皮肤

E. 视网膜

10. 葡萄糖通过有氧氧化可产生（　）

P. 118

A. 1-磷酸葡萄糖

B. 3-磷酸甘油酸

C. 6-磷酸果糖

D. 6-磷酸葡萄糖

E. 琥珀酸

11. 丙酮酸脱氢酶系催化反应的产物是（　）P. 119

A. CO_2　　　　　B. $FADH_2$

C. NADH　　　　D. NADPH

E. 乙酰 CoA

12. 以辅助因子形式参与糖代谢的维生素有（　）P. 120

A. 泛酸　　　　　B. 维生素 B_1

C. 维生素 B_2　　D. 维生素 C

E. 维生素 PP

*13. 所催化的反应有巯基参与并有高能化合物生成的是（　）P. 119, 121

A. α-酮戊二酸脱氢酶系

B. 丙酮酸激酶

C. 丙酮酸脱氢酶系

D. 己糖激酶

E. 磷酸果糖激酶1

*14. 在三种酶和五种辅助因子作用下能生成高能化合物的是（　　）P. 119，121

A. 2-磷酸甘油酸

B. 3-磷酸甘油醛

C. α-酮戊二酸

D. 丙酮酸

E. 肌酸

15. 可直接转化成延胡索酸的是（　　）P. 122

A. 6-磷酸葡萄糖

B. 丙酮酸

C. 草酰乙酸

D. 苹果酸

E. 琥珀酸

16. 同属于三羧酸循环的中间产物、又能直接氧化脱氢的是（　　）P. 122

A. α-酮戊二酸　　B. β-羟丁酸

C. 丙酮酸　　D. 琥珀酸

E. 柠檬酸

17. 三羧酸循环中 α-酮戊二酸转化成草酰乙酸的中间产物是（　　）P. 122

A. 琥珀酸　　B. 柠檬酸

C. 苹果酸　　D. 延胡索酸

E. 异柠檬酸

*18. 三羧酸循环中琥珀酸转化成草酰乙酸的同时生成（　　）P. 122

A. CoASH　　B. FADH₂

C. FMNH₂　　D. NADH

E. NADPH

19. 参与三羧酸循环的有（　　）P. 122

A. 丙酮酸　　B. 草酰乙酸

C. 琥珀酸　　D. 乙酰 CoA

E. 异柠檬酸

*20. 三羧酸循环生成 NADH 的反应是（　　）P. 122

A. α-酮戊二酸→琥珀酰 CoA

B. 琥珀酸→延胡索酸

C. 柠檬酸→异柠檬酸

D. 苹果酸→草酰乙酸

E. 异柠檬酸→α-酮戊二酸

21. 关于一次三羧酸循环，下列叙述正确的是（　　）P. 122

A. 生成 1 分子 ATP

B. 生成 1 分子 FADH₂

C. 生成 3 分子 NADH

D. 消耗 1 个乙酰基

E. 有 2 次脱羧

22. 同是磷酸戊糖途径生成的用于生物合成的是（　　）P. 124

A. 5-磷酸核糖

B. NADH

C. NADPH

D. 丙酮酸

E. 磷酸二羟丙酮

23. NADPH 的主要生理功能是（　　）P. 125

A. 参与胆固醇合成

B. 参与肝内生物转化

C. 参与脂肪酸合成

D. 是谷胱甘肽还原酶的辅酶

E. 氧化供能

24. 葡萄糖合成糖原消耗（　　）P. 127

A. ATP　　B. CTP

C. GTP　　D. TTP

E. UTP

25. 糖原合成必需（　　）P. 127

A. ATP

B. UTP

C. 糖原合酶

D. 糖原磷酸化酶

E. 糖原引物

26. 改变同一化学键的是（　　）P. 127

A. 6-磷酸葡萄糖脱氢酶

B. 焦磷酸化酶

C. 葡萄糖-6-磷酸酶

D. 糖原合酶

E. 糖原磷酸化酶

27. 作用于 α-1, 6-糖苷键的是（　　） P. 127

A. 淀粉酶

B. 分支酶

C. 糖原合酶

D. 糖原磷酸化酶

E. 脱支酶

28. 乳酸循环的意义是（　　）P. 128

A. 补充血糖

B. 促进氨基酸的分解代谢

C. 促进糖异生

D. 防止酸中毒

E. 有利于回收乳酸

29. 能转化成糖的有（　　）P. 129

A. 丙氨酸　　　　　B. 丙酮酸

C. 甘油　　　　　　D. 乳酸

E. 天冬氨酸

30. 同属于丙酮酸羧化支路并与 CO_2 相关的是（　　）P. 129

A. 丙酮酸激酶

B. 丙酮酸羧化酶

C. 丙酮酸脱氢酶系

D. 磷酸烯醇式丙酮酸羧激酶

E. 烯醇化酶

*31. 关于丙酮酸羧化反应（　　）P. 129

A. 产物包括草酰乙酸

B. 底物包括 CO_2

C. 底物包括丙酮酸

D. 由 ATP 供能

E. 由丙酮酸羧化酶催化

32. 丙酮酸羧化支路消耗（　　）P. 129

A. ATP　　　　　　B. CTP

C. GTP　　　　　　D. TTP

E. UTP

33. 从磷酸烯醇式丙酮酸开始的糖异生过程所必需的是（　　）P. 129

A. 丙酮酸羧化酶

B. 果糖-1, 6-二磷酸酶

C. 磷酸果糖激酶 1

D. 磷酸烯醇式丙酮酸羧激酶

E. 葡萄糖-6-磷酸酶

34. 请选出从丙酮酸合成葡萄糖过程的中间产物（　　）P. 129

A. α-酮戊二酸

B. 草酰乙酸

C. 磷酸二羟丙酮

D. 磷酸烯醇式丙酮酸

E. 三磷酸甘油醛

*35. 催化底物循环的是（　　）P. 130

A. 6-磷酸葡萄糖脱氢酶

B. 己糖激酶

C. 葡萄糖-6-磷酸酶

D. 醛缩酶

E. 糖原磷酸化酶

二、填空题

1. 物质代谢包括（　　）、中间代谢和（　　）三个阶段。P. 111

2. 人体内作为供能物质的糖主要是（　　）和（　　）。P. 111

3. （　　）与（　　）形成的蛋白聚糖构成结缔组织的基质。P. 111

4. 唾液中含有（　　）酶，在（　　）激活下催化水解淀粉生成麦芽糖和糊精等。P. 111

5. 食物中含有大量纤维素，由于人体消化液中不含（　　）酶，所以不能消化纤维素。不过，纤维素有（　　）的作用。P. 112

6. 食物中的多糖消化成单糖后被（　　）肠黏膜细胞吸收，然后进入小肠毛细血管，经（　　）转运到肝脏。P. 112

*7. 葡萄糖的吸收属于主动吸收，葡萄糖和 Na^+ 结合在（　　）的不同部位并一起进入细胞，然后葡萄糖从另一侧由（　　）被动转运入血。P. 112

8. 血糖的来源有：食物糖消化吸收、（　　）和（　　）。P. 113

9. （　　）是调节血糖的主要器官，（　　）对调节血糖起重要作用。P. 114

10. （　　）和（　　）通过调节肝脏和肾脏的糖代谢来维持血糖浓度的稳定。P. 114

11. 肝脏对血糖浓度的调节是在（　　）和（　　）的控制下进行的。P. 114

12. 肾糖阈是可以变化的，长期糖尿病患者的肾糖阈（　　），而有些孕妇的肾糖阈（　　）。P. 114

13. 胰高血糖素通过（　　）和（　　）调节血糖。P. 114

14. 葡萄糖由己糖激酶或（　　）酶催化磷酸化生成（　　），该反应不可逆。P. 116

15. 在糖酵解过程中，一分子葡萄糖经过（　　）步酶促反应生成1,6-二磷酸果糖，消耗（　　）分子ATP。P. 116

16. 在糖酵解过程中，1,6-二磷酸果糖由醛缩酶催化裂解，生成（　　）和（　　）。P. 116

17. 在糖酵解过程中，3-磷酸甘油醛由3-磷酸甘油醛脱氢酶催化脱氢，并磷酸化生成（　　）和（　　）。P. 116

18. 1,3-二磷酸甘油酸含有一个高能磷酸基团，由（　　）酶催化发生（　　）反应，将高能磷酸基团转移给ADP，生成ATP和3-磷酸甘油酸。P. 116

19. 磷酸烯醇式丙酮酸由（　　）酶催化发生（　　）反应，将高能磷酸基团转移给ADP，生成ATP和丙酮酸，该反应不可逆。P. 117

*20. 在供氧不足时，L-乳酸脱氢酶催化丙酮酸与（　　）反应生成乳酸和（　　）。P. 117

21. 糖酵解释放的自由能较少，一分子葡萄糖酵解成（　　）分子乳酸的同时净生成（　　）分子ATP。P. 117

*22. 糖酵解的中间产物3-磷酸甘油酸是丝氨酸、（　　）氨酸和（　　）氨酸的合成原料。P. 118

*23. 糖酵解的中间产物丙酮酸是（　　）酸和（　　）酸的合成原料。P. 118

24. 在一些病理情况下，供氧不足导致糖酵解加快甚至过度，造成（　　）积累，会发生（　　）中毒。P. 118

25. 糖酵解的三步不可逆反应依次由己糖激酶、（　　）和（　　）催化。P. 119

*26. 丙酮酸脱氢酶系由丙酮酸脱氢酶、（　　）和（　　）等三种酶构成。P. 119

*27. 糖的有氧氧化途径可以分为三个阶段，1mol 葡萄糖在第二阶段产生（　　）mol CO_2，在第三阶段产生（　　）mol CO_2。P. 119

28. 三羧酸循环的起始反应是由乙酰CoA与（　　）缩合成（　　）。P. 120

29. 在三羧酸循环中，异柠檬酸脱氢酶催化异柠檬酸发生（　　）反应，生成（　　），该反应在生理条件下不可逆。P. 121

30. 细胞内有两种异柠檬酸脱氢酶，一种以（　　）为辅酶，存在于线粒体内；另一种以（　　）为辅酶，主要存在于细胞液中。P. 121

*31. α-酮戊二酸脱氢酶系由 α-酮戊二酸脱氢酶、（　　）和（　　）构成。P. 121

*32. 琥珀酸硫激酶催化的反应是三羧酸循环中惟一的一步（　　）反应，所生成的GTP可以由（　　）催化将高能磷酸基团转移给ADP，生成ATP。P. 121

33. 在三羧酸循环中，琥珀酸生成草酰乙酸的反应需要的两种辅助因子依次为（　　）和（　　）。P. 122

34. 其他代谢会消耗三羧酸循环的中间产物，需要及时补充，三羧酸循环中间产物最基本的补充方式是由（ ）羧化生成（ ）。P. 123

35. 磷酸戊糖途径的特点是葡萄糖在生成 6-磷酸葡萄糖之后直接发生脱氢和脱羧等反应，生成（ ）和（ ）。P. 124

36. 在磷酸戊糖途径中，6-磷酸葡萄糖脱氢酶催化 6-磷酸葡萄糖脱氢生成（ ）和（ ）。P. 124

37. 磷酸戊糖途径是体内利用（ ）生成（ ）的惟一途径，该物质是核苷酸的合成原料。P. 125

38. 有些人的红细胞内缺乏 6-磷酸葡萄糖脱氢酶及 NADPH，GSH 含量低下，红细胞很容易被破坏而发生溶血，出现（ ）贫血，并且常在进食蚕豆以后发病，故称为（ ）。P. 125

39. 糖醛酸途径生成的（ ）称为活性葡糖醛酸，既参与（ ），又为合成软骨素和透明质酸等多糖提供葡糖醛酸。P. 126

40. 糖原是糖的储存形式，肝脏和肌肉储存的糖原较多，其糖原分别称为（ ）和（ ）。P. 126

41. 在糖原合成过程中，磷酸葡萄糖变位酶催化（ ）异构成（ ）。P. 126

42. 在糖原合成过程中，UDP-葡萄糖焦磷酸化酶催化（ ）与 UTP 反应生成 UDP-葡萄糖和（ ）。P. 126

43. 在糖原合成过程中，糖原合酶催化 UDP-葡萄糖的葡萄糖以（ ）键连接于糖原的（ ）端。P. 127

44. 糖原合成过程消耗两种高能化合物，即在葡萄糖生成 6-磷酸葡萄糖时消耗（ ），之后还要进一步消耗（ ）。P. 127

45. 在糖原分解过程中，糖原首先经（ ）酶催化生成（ ）。P. 127

46. 催化糖原合成的关键酶是（ ），催化糖原分解的关键酶是（ ）。P. 128

47. 在糖原分解过程中，磷酸葡萄糖变位酶催化（ ）异构成（ ）。P. 128

48. 在糖原分解过程中，（ ）催化 6-磷酸葡萄糖水解，生成葡萄糖，该酶只存在于（ ）内。P. 128

49. 在糖原分解过程中，当糖原磷酸解到距离 α-1,6-分支点还有（ ）个葡萄糖时，由（ ）催化脱去分支。P. 128

50. 在生理条件下，糖异生主要在（ ）内进行，在（ ）中也可以进行，但较弱。P. 129

51. 在丙酮酸羧化支路中，丙酮酸由以（ ）为辅基的丙酮酸羧化酶催化羧化成草酰乙酸，该反应由（ ）供能，是不可逆反应。P. 129

52. 在丙酮酸羧化支路中，（ ）由磷酸烯醇式丙酮酸羧激酶催化生成磷酸烯醇式丙酮酸，该反应由（ ）供能，是不可逆反应。P. 129

53. 大多数氨基酸经过脱氨基等分解代谢产生的（ ）可以通过（ ）合成葡萄糖。P. 130

54. 空腹时血糖浓度超过（ ）mmol/L 称为高血糖。血糖超过肾糖阈（ ）mmol/L 时则出现糖尿。P. 131

55. 在进食大量糖时，由于血糖浓度大幅度升高，会出现（ ）糖尿，称为（ ）糖尿。P. 131

56. 情绪激动时，交感神经兴奋，（ ）分泌增加，会引起血糖浓度升高，出现糖尿，称为（ ）糖尿。P. 131

57. 正常人体耐糖曲线的特点是：空腹血糖浓度正常；进食葡萄糖后血糖浓度升高，在（ ）小时内达到高峰，但不超过肾糖阈；而后血糖浓度迅速降低，在（ ）小时内回落到正常水平。P. 132

58. 糖尿病患者（胰岛素分泌不足）耐

糖曲线的特点是：空腹血糖浓度高于（　）值；进食葡萄糖后血糖浓度急剧升高，并超过肾糖阈；2～3小时内血糖不能回落到（　）水平。P.132

三、分子结构

四、化学反应

（一）写出下列代谢的总反应

（二）写出下列酶催化的反应

＊（三）写出下列代谢的关键反应

五、名词解释

六、问答题

6. 简述胰岛素对糖代谢的影响。P. 115

7. 糖的分解代谢途径主要有哪些？P. 115

8. 简述糖酵解的四个阶段。P. 116

9. 糖酵解有何生理意义？P. 117

10. 简述糖的有氧氧化。P. 119

*11. 琥珀酰CoA的代谢来源和去路有哪些？P. 121，146，173

12. 请依次写出三羧酸循环中的酶。P. 122

13. 简述三羧酸循环的结果及其主要特点。P. 122

14. 简述三羧酸循环中的脱氢及脱羧反应。P. 122

15. 试从下列各点比较糖酵解与糖的有氧氧化的不同：反应条件、反应场所、终产物、释放能量。P. 116，123

*16. 1分子葡萄糖在肌肉组织中彻底氧化可净生成多少分子ATP？P. 123

17. 论述三羧酸循环在糖类、脂类和蛋白质代谢中的地位。P. 123

*18. 从糖原开始的1个葡萄糖单位在肝脏彻底氧化可净生成多少ATP？P. 123

19. 磷酸戊糖途径有何生理意义？P. 125

20. 简述糖原合成过程。P. 126

21. 简述肝糖原分解过程。P. 127

22. 肝糖原的合成与分解有何生理意义？P. 128

*23. 人体内6-磷酸葡萄糖有哪些代谢去向？P. 116，119，124，126，128

24. 乳酸是如何异生成葡萄糖的？P. 129

*25. 试述丙氨酸生糖过程。P. 129

26. 简述草酰乙酸合成葡萄糖的反应，该过程有哪些酶是关键酶？P. 129

27. 糖异生有何生理意义？P. 130

28. 简述低血糖的可能原因。P. 131

29. 试解释糖尿病患者"三多一少"的临床表现。P. 132

30. 糖尿病患者会出现哪些糖代谢紊乱？P. 132

31. 试从血糖浓度比较健康人与糖尿病患者（胰岛素分泌不足）的耐糖现象。P. 132

📖 参考答案

一、选择题

（一）A型题

1. D　2. D　3. A　4. D　5. B　6. D
7. E　8. C　9. C　10. B　11. B　12. D
13. D　14. D　15. E　16. A　17. A　18. D
19. D　20. D　21. E　22. C　23. C　24. B
25. B　26. A　27. C　28. D　29. D　30. B
31. E　32. E　33. E　34. C　35. A　36. C
37. E　38. E　39. C　40. B　41. A　42. C
43. A　44. C　45. D　46. D　47. A　48. E
49. C　50. E　51. E　52. E　53. E　54. D
55. E　56. E　57. E　58. A　59. E　60. E
61. E　62. E　63. E　64. E　65. E　66. B
67. A　68. E　69. E　70. E　71. D　72. C
73. D　74. E　75. C　76. A　77. C　78. E
79. E　80. E　81. D　82. E　83. C　84. E
85. B　86. A　87. E　88. E　89. A　90. E
91. C　92. E

（二）X型题

1. DE　2. ACD　3. ABC　4. BD　5. AC
6. ABCDE　7. AC　8. CE　9. ABDE
10. BCDE　11. ACE　12. ABCE　13. AC
14. CD　15. DE　16. AD　17. ACD　18. BD
19. BCDE　20. ADE　21. BCDE　22. AC
23. ABCD　24. AE　25. ABCE　26. DE
27. BE　28. ACDE　29. ABCDE　30. BD

31. ABCDE 32. AC 33. BE 34. BCD
35. BC

二、填空题

1. 消化吸收；排泄
2. 糖原；葡萄糖
3. 糖胺聚糖；蛋白质
4. α 淀粉；Cl^-
5. 纤维素；促进胃肠蠕动、防止便秘
6. 小肠上段；门静脉
7. 同向转运体；葡萄糖转运蛋白 GLUT2
8. 肝糖原分解；肝脏内糖异生作用
9. 肝脏；肾脏
10. 神经系统；激素
11. 神经；激素
12. 稍高；稍低
13. 促进肝糖原分解；促进糖异生
14. 葡萄糖激；6-磷酸葡萄糖
15. 三；两
16. 3-磷酸甘油醛；磷酸二羟丙酮
17. 1, 3-二磷酸甘油酸；NADH
18. 磷酸甘油酸激；底物水平磷酸化
19. 丙酮酸激；底物水平磷酸化
20. NADH；NAD^+
21. 两；两
22. 甘；半胱
23. 丙氨；草酰乙
24. 乳酸；代谢性酸
25. 磷酸果糖激酶1；丙酮酸激酶
26. 硫辛酸乙酰转移酶；二氢硫辛酸脱氢酶
27. 2；4

28. 草酰乙酸；柠檬酸
29. β-氧化脱羧；α-酮戊二酸
30. NAD^+；$NADP^+$
31. 硫辛酸琥珀酰转移酶；二氢硫辛酸脱氢酶
32. 底物水平磷酸化；二磷酸核苷激酶
33. FAD；NAD^+
34. 丙酮酸；草酰乙酸
35. NADPH；磷酸核糖
36. 6-磷酸葡萄糖酸-δ-内酯；NADPH
37. 葡萄糖；5-磷酸核糖
38. 急性溶血性；蚕豆病
39. UDP-葡糖醛酸；生物转化
40. 肝糖原；肌糖原
41. 6-磷酸葡萄糖；1-磷酸葡萄糖
42. 1-磷酸葡萄糖；PPi
43. α-1, 4-糖苷；非还原
44. ATP；UTP
45. 糖原磷酸化；1-磷酸葡萄糖
46. 糖原合酶；糖原磷酸化酶
47. 1-磷酸葡萄糖；6-磷酸葡萄糖
48. 葡萄糖-6-磷酸酶；肝细胞
49. 四；脱支酶
50. 肝脏；肾上腺皮质
51. 生物素；ATP
52. 草酰乙酸；GTP
53. α-酮酸；糖异生途径
54. 7.0；8.9~10.0
55. 一过性；饮食性
56. 肾上腺素；情感性
57. 1；2~3
58. 正常；空腹

三、分子结构

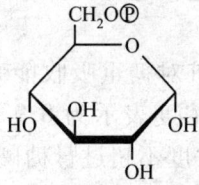

6-磷酸葡萄糖

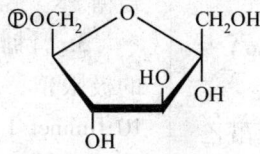

6-磷酸果糖

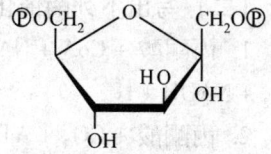

1,6-二磷酸果糖

$$\begin{array}{c}CHO\\ |\\ H-C-OH\\ |\\ CH_2O\text{⑨}\end{array}$$

3-磷酸甘油醛

$$\begin{array}{c}CH_2OH\\ |\\ C=O\\ |\\ CH_2O\text{⑨}\end{array}$$

磷酸二羟丙酮

$$\begin{array}{c}COO\text{⑨}\\ |\\ H-C-OH\\ |\\ CH_2O\text{⑨}\end{array}$$

1,3-二磷酸甘油酸

$$\begin{array}{c}COOH\\ |\\ H-C-OH\\ |\\ CH_2O\text{⑨}\end{array}$$

3-磷酸甘油酸

$$\begin{array}{c}COOH\\ |\\ H-C-O\text{⑨}\\ |\\ CH_2OH\end{array}$$

2-磷酸甘油酸

$$\begin{array}{c}COOH\\ |\\ C-O\text{⑨}\\ ||\\ CH_2\end{array}$$

磷酸烯醇式丙酮酸

$$\begin{array}{c}COOH\\ |\\ C=O\\ |\\ CH_3\end{array}$$

丙酮酸

$$\begin{array}{c}COOH\\ |\\ HO-C-H\\ |\\ CH_3\end{array}$$

乳酸

$$\begin{array}{c}O\\ ||\\ C\sim SCoA\\ |\\ CH_3\end{array}$$

乙酰CoA

$$\begin{array}{c}O=C-COOH\\ |\\ CH_2COOH\end{array}$$

草酰乙酸

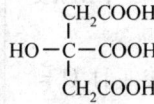

柠檬酸

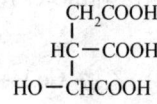

异柠檬酸

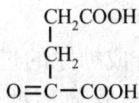

α-酮戊二酸

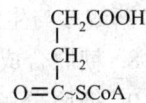

琥珀酰CoA

$$\begin{array}{c}CH_2COOH\\ |\\ CH_2COOH\end{array}$$

琥珀酸

$$\begin{array}{c}HC-COOH\\ ||\\ HOOC-CH\end{array}$$

延胡索酸

$$\begin{array}{c}HO-CHCOOH\\ |\\ CH_2COOH\end{array}$$

苹果酸

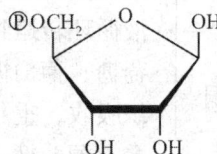

5-磷酸核糖

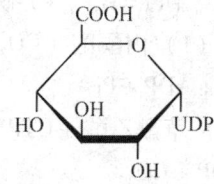

UDP-葡糖醛酸

四、化学反应

（一）写出下列代谢的总反应

1. 葡萄糖 + 2Pi + 2ADP = 2 乳酸 + 2ATP

+ $2H_2O$

2. 乙酰 CoA + $2H_2O$ + $3NAD^+$ + FAD + GDP + Pi = $2CO_2$ + CoA + 3NADH + $3H^+$ + $FADH_2$ + GTP

3. 葡萄糖 $+ G_n + 2ATP + H_2O = G_{n+1} + 2ADP + 2Pi$

4. $G_n + H_2O = G_{n-1} +$ 葡萄糖

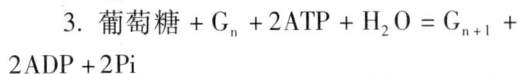

（二）写出下列酶催化的反应

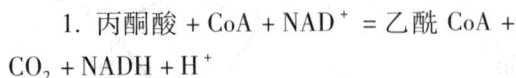

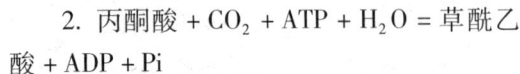

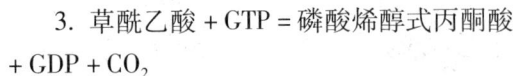

1. 丙酮酸 $+ CoA + NAD^+ =$ 乙酰 $CoA + CO_2 + NADH + H^+$

2. 丙酮酸 $+ CO_2 + ATP + H_2O =$ 草酰乙酸 $+ ADP + Pi$

3. 草酰乙酸 $+ GTP =$ 磷酸烯醇式丙酮酸 $+ GDP + CO_2$

4. 1,6-二磷酸果糖 $+ H_2O = 6$-磷酸果糖 $+ Pi$

（三）写出下列代谢的关键反应

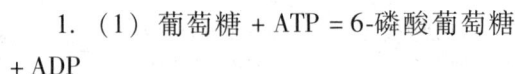

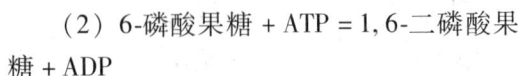

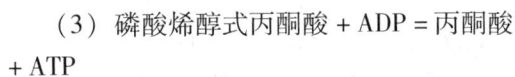

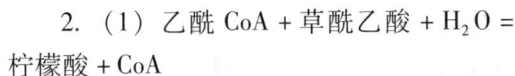

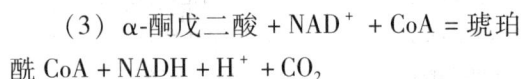

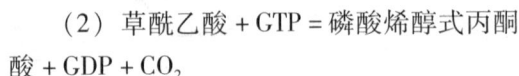

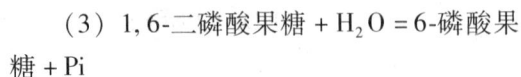

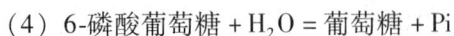

1. （1）葡萄糖 $+ ATP = 6$-磷酸葡萄糖 $+ ADP$

（2）6-磷酸果糖 $+ ATP = 1,6$-二磷酸果糖 $+ ADP$

（3）磷酸烯醇式丙酮酸 $+ ADP =$ 丙酮酸 $+ ATP$

2. （1）乙酰 $CoA +$ 草酰乙酸 $+ H_2O =$ 柠檬酸 $+ CoA$

（2）异柠檬酸 $+ NAD^+ = \alpha$-酮戊二酸 $+ NADH + H^+ + CO_2$

（3）α-酮戊二酸 $+ NAD^+ + CoA =$ 琥珀酰 $CoA + NADH + H^+ + CO_2$

3. UDP-葡萄糖 $+ G_n = G_{n+1} + UDP$

4. $G_n + Pi = G_{n-1} + 1$-磷酸葡萄糖

5. （1）丙酮酸 $+ CO_2 + ATP + H_2O =$ 草酰乙酸 $+ ADP + Pi$

（2）草酰乙酸 $+ GTP =$ 磷酸烯醇式丙酮酸 $+ GDP + CO_2$

（3）1,6-二磷酸果糖 $+ H_2O = 6$-磷酸果糖 $+ Pi$

（4）6-磷酸葡萄糖 $+ H_2O =$ 葡萄糖 $+ Pi$

五、名词解释

1. 物质代谢：生物体与周围环境进行的物质交换过程。物质代谢包括消化吸收、中间代谢和排泄三个阶段。

2. 血糖：通过各种途径进入血液的葡萄糖。

3. 肾糖阈：表示肾脏对糖重吸收能力的极限值，可以用血糖浓度表示为 $8.9 \sim 10.0$ mmol/L，只要血糖浓度不超过肾糖阈，肾小管就能将原尿中几乎所有的葡萄糖都重吸收入血，不会出现糖尿。

4. 糖的有氧氧化途径：糖的分解途径之一，是糖氧化供能的主要途径，葡萄糖通过有氧氧化途径彻底氧化成 CO_2 和 H_2O，并释放大量能量。

5. 三羧酸循环：在线粒体内进行的一条代谢途径，该途径可以通过草酰乙酸接收乙酰基并将其氧化成 CO_2，最后使草酰乙酸再生。

6. 磷酸戊糖途径：糖的分解途径之一，既为生物合成提供 NADPH 和磷酸戊糖，又是戊糖和己糖的相互转化途径。

7. 糖醛酸途径：糖代谢途径之一，葡萄糖可以通过该途径生成葡糖醛酸，用于合成多糖或参与生物转化。

8. 糖原合成：由单糖合成糖原的过程。

9. 糖原分解：糖原分解成葡萄糖的过程。

10. 乳酸循环：肌糖原分解产生的 6-磷酸葡萄糖通过糖酵解途径生成乳酸，通过血液循环转运到肝脏，通过糖异生途径合成葡萄糖，葡萄糖可以释放入血液，并被肌肉组织吸收，重新合成肌糖原，形成肌糖原→乳酸→葡萄糖→肌糖原循环，该循环称为乳酸循环。

11. 糖异生：由非糖物质合成葡萄糖的过程。

12. 丙酮酸羧化支路：在糖异生途径中丙酮酸生成磷酸烯醇式丙酮酸的反应过程。

13. 底物循环：由不同酶催化的单向反

应使两种底物通过循环相互转化，称为底物循环。

14. 低血糖：空腹血糖浓度低于3.3mmol/L 称为低血糖。

15. 高血糖：空腹血糖浓度超过7.0mmol/L 称为高血糖。

16. 情感性糖尿：情绪激动时，交感神经兴奋，肾上腺素分泌增加，也会引起血糖浓度升高，出现糖尿，称为情感性糖尿。

17. 肾性糖尿：肾脏疾患导致肾小管重吸收葡萄糖的能力减弱而出现糖尿，称为肾性糖尿。

18. 耐糖现象：人体处理所给予葡萄糖的能力，是临床上检查糖代谢的常用方法，又称为葡萄糖耐量。

六、问答题

1. 糖的生理功能具有多样性。①糖是人体主要的供能物质，人体所需能量的70%以上由糖供应。②糖也是人体的重要组成成分之一，约占人体干重的2%。③糖与蛋白质形成的糖蛋白是具有重要生理功能的物质，糖的磷酸化衍生物可以形成许多重要的生物活性物质。

2. 通过各种途径进入血液的葡萄糖称为血糖。血糖有多个来源和多条去路，并且受到严格调控，形成动态平衡，使血糖浓度保持稳定。①血糖的来源：食物糖消化吸收，肝糖原分解，肝脏内糖异生作用。②血糖的去路：氧化分解供能，合成糖原，转化成其他糖类或非糖物质，血糖过高时随尿液排出体外。

3. 用葡萄糖氧化酶法测定空腹血浆葡萄糖的正常值为3.9~6.1mmol/L。

肝脏是调节血糖的主要器官，肾脏对调节血糖起重要作用。神经系统和激素通过调节肝脏和肾脏的糖代谢来维持血糖浓度的稳定。

（1）肝脏调节：肝脏是维持血糖浓度的最主要器官，是通过控制糖原的合成与分解及糖异生来调节血糖的。当然，肝脏对血糖浓度的调节是在神经和激素的控制下进行的。

（2）肾脏调节：肾脏对糖具有很强的重吸收能力，其极限值可以用肾糖阈来表示，只要血糖浓度不超过肾糖阈，肾小管就能将原尿中几乎所有的葡萄糖都重吸收入血，不会出现糖尿。

（3）神经调节：用电刺激交感神经系的视丘下部腹内侧核或内脏神经，能促进肝糖原分解，使血糖浓度升高；用电刺激副交感神经系的视丘下部外侧或迷走神经，能促进肝糖原合成，使血糖浓度降低。

（4）激素调节：胰岛素是惟一能降低血糖浓度的激素；而能升高血糖浓度的激素主要有胰高血糖素、肾上腺素、糖皮质激素、生长激素和甲状腺激素等。这些激素主要通过调节糖代谢的各主要途径来维持血糖浓度。

4. ①肝脏是维持血糖浓度的最主要器官，是通过控制糖原的合成与分解及糖异生来调节血糖的。②当血糖浓度高于正常水平时，肝糖原合成作用加强，促进血糖消耗；糖异生作用减弱，限制血糖补充，从而使血糖浓度降至正常水平。③当血糖浓度低于正常水平时，肝糖原分解作用加强，糖异生作用加强，从而使血糖浓度升至正常水平。④当然，肝脏对血糖浓度的调节是在神经和激素的控制下进行的。

5. ①肾脏对糖具有很强的重吸收能力，其极限值可以用血糖浓度来表示，为8.9~10.0mmol/L，该值称为肾糖阈，即只要血糖浓度不超过肾糖阈，肾小管就能将原尿中几乎所有的葡萄糖都重吸收入血，不会出现糖尿。如果血糖浓度超过肾糖阈，就会出现糖尿。②正常人血糖浓度低于肾糖阈，所以不会出现糖尿。③肾糖阈是可以变化的，长期糖尿病患者的肾糖阈稍高，而有些孕妇的肾糖阈稍低，所以孕妇会出现暂时性糖尿。

6. 胰岛 β 细胞分泌的胰岛素是惟一能降低血糖浓度的激素：①促进葡萄糖进入肌肉、脂肪等组织细胞内进行代谢。②诱导糖酵解途径关键酶的生成，促进糖的氧化分解。③促进糖原合成。④促进糖转化成脂肪。⑤抑制糖原分解和糖异生（抑制糖异生的关键酶）。

7. 糖的主要分解代谢途径有四条：①糖酵解途径：在供氧不足时，葡萄糖在细胞液中分解成丙酮酸，丙酮酸进一步还原，生成乳酸。②有氧氧化途径：在供氧充足时，葡萄糖在细胞液中分解生成的丙酮酸进入线粒体，彻底氧化成 CO_2 和 H_2O，并释放大量能量，这是糖氧化供能的主要途径。③磷酸戊糖途径：该途径是葡萄糖经过 6-磷酸葡萄糖氧化分解生成 NADPH 和磷酸戊糖的途径。④糖醛酸途径：葡萄糖通过该途径生成葡糖醛酸，所以称为糖醛酸途径。这四条氧化途经各有复杂的化学反应过程，通过代谢提供生物体所需的能量和代谢物，它们的中间产物可以相互转化。

8. 糖酵解在细胞液中进行，反应过程分为四个阶段：①葡萄糖转化成 1,6-二磷酸果糖。②1,6-二磷酸果糖裂解成磷酸二羟丙酮和 3-磷酸甘油醛。③3-磷酸甘油醛转化成丙酮酸，其中 3-磷酸甘油醛的脱氢反应是糖酵解惟一的脱氢反应。④乳酸的生成。在无氧情况下，丙酮酸接受 3-磷酸甘油醛脱氢生成的 $NADH + H^+$ 中的两个氢原子，还原成乳酸。

9. （1）糖酵解是在相对缺氧时机体补充能量的一种有效方式：生物体在进行剧烈运动或长时间运动时需要大量 ATP 供能，ATP 的消耗促进糖的有氧氧化，需消耗大量的 O_2。机体通过提高呼吸频率和血液循环速度来增加供氧，但当仍然不能满足需要时，骨骼肌处于相对缺氧状态，于是糖酵解加快，以增加供能。

（2）某些组织在有氧时也通过糖酵解供能：成熟红细胞不含线粒体，通过糖酵解获得能量。皮肤、睾丸、视网膜和大脑等组织即使在有氧时也通过糖酵解获得能量。

（3）糖酵解的中间产物是其他物质的合成原料：①磷酸二羟丙酮是甘油的合成原料。②3-磷酸甘油酸是丝氨酸、甘氨酸和半胱氨酸的合成原料。③丙酮酸是丙氨酸和草酰乙酸的合成原料。

10. 有氧氧化途径可以分为三个阶段：①葡萄糖在细胞液中氧化分解生成两分子丙酮酸。这一阶段净得两分子 ATP，还给出两个电子对。②两分子丙酮酸进入线粒体，氧化脱羧生成两分子乙酰 CoA。这一阶段给出两个电子对。③两分子乙酰 CoA 经三羧酸循环彻底氧化生成 CO_2 和 H_2O。这一阶段净得两分子 ATP（GTP），还给出八个电子对。

11. （1）来源：①葡萄糖通过糖酵解生成丙酮酸，羧化生成草酰乙酸，通过三羧酸循环生成琥珀酰 CoA。②一些氨基酸脱氨基生成的丙酮酸、草酰乙酸、α-酮戊二酸、延胡索酸等通过三羧酸循环生成琥珀酰 CoA。③一些氨基酸脱氨基生成的 α-酮丁酸经过氧化脱羧、羧化、异构等反应生成琥珀酰 CoA。

（2）去路：①作为三羧酸循环的中间产物参与乙酰 CoA 的分解。②参与酮体分解代谢。③用于合成血红素。

12. 柠檬酸合酶、顺乌头酸酶、异柠檬酸脱氢酶、α-酮戊二酸脱氢酶系、琥珀酸硫激酶、琥珀酸脱氢酶、延胡索酸酶、苹果酸脱氢酶。

13. ①每一循环氧化 1 个乙酰基，通过两次脱羧生成两个 CO_2，通过 4 次脱氢给出 4 对氢（$4 \times 2H$），其中 $3 \times 2H$ 以 NAD^+ 为受氢体，1×2H 以 FAD 为受氢体。4×2H 通过氧化磷酸化可以推动合成 11 个 ATP，另外三羧酸循环还通过底物水平磷酸化合成 1 个 ATP（GTP），这样每氧化 1 个乙酰基共产生 12 个 ATP。②三羧酸循环有 3 种关键酶，即柠檬酸合酶、异柠檬酸脱氢酶和 α-酮戊二酸脱氢酶系，其中异柠檬酸脱氢酶是最重要的调节酶。它们所催化的反应在生理条件下是不可逆的，所以整个三羧酸循环是不可逆的。③三羧酸循环本身不会改变其中间产物的总量，即不会消耗中间产物。不过，其他代谢会消耗三羧酸循环的中间产物，需要及时补充，三羧酸循环中间产物最基本的补充方式是由丙酮酸羧化生成草酰乙酸。

14. 三羧酸循环发生 4 次脱氢，其中两次同时脱羧：①异柠檬酸氧化脱羧生成 α-酮戊二酸：异柠檬酸 + NAD$^+$→α-酮戊二酸 + CO$_2$ + NADH + H$^+$。②α-酮戊二酸氧化脱羧生成琥珀酰 CoA：α-酮戊二酸 + NAD$^+$ + CoASH→琥珀酰 CoA + CO$_2$ + NADH + H$^+$。③琥珀酸脱氢生成延胡索酸：琥珀酸 + FAD →延胡索酸 + FADH$_2$。④苹果酸脱氢生成草酰乙酸：苹果酸 + NAD$^+$ → 草酰乙酸 + NADH + H$^+$。⑤4 次脱氢与氧化磷酸化偶联推动合成 11 个 ATP，两次脱羧实现将 1 个乙酰基降解产生两个 CO$_2$。

15.

	糖酵解	糖的有氧氧化
①条件	不需氧	需氧
②反应场所	细胞液	细胞液和线粒体
③终产物	乳酸	CO$_2$ 和 H$_2$O
④释能	少	多

16.

主要反应过程	递氢体	生成 ATP 数	
		底物水平磷酸化	氧化磷酸化
葡萄糖→6-磷酸葡萄糖		−1	
6-磷酸果糖→1,6-二磷酸果糖		−1	
3-磷酸甘油醛→1,3-二磷酸甘油酸	NAD$^+$		2×2
1,3-二磷酸甘油酸→3-磷酸甘油酸		1×2	
磷酸烯醇式丙酮酸→丙酮酸		1×2	
丙酮酸→乙酰 CoA	NAD$^+$		3×2
异柠檬酸→α-酮戊二酸	NAD$^+$		3×2
α-酮戊二酸→琥珀酰 CoA	NAD$^+$		3×2
琥珀酰 CoA→琥珀酸		1×2	
琥珀酸→延胡索酸	FAD		2×2
苹果酸→草酰乙酸	NAD$^+$		3×2
合计		36	

17. 生物氧化包括三个阶段，第二阶段就是三羧酸循环。三羧酸循环既是糖类、脂类和蛋白质分解代谢的共同途径，又是它们代谢联系的枢纽。

（1）三羧酸循环是糖类、脂类和蛋白质分解代谢的共同途径：糖分解成丙酮酸，然后氧化成乙酰 CoA 进入三羧酸循环；脂肪水解产生的甘油转化成磷酸二羟丙酮，进一步氧化成乙酰 CoA 进入三羧酸循环，脂肪酸经过 β 氧化分解成乙酰 CoA 进入三羧酸循环；氨基酸经过脱氨基生成 α-酮酸，进一步氧化成乙酰 CoA，进入三羧酸循环。总之，糖类、脂类和蛋白质都可以通过三羧酸循环彻底氧化成 CO$_2$ 和 H$_2$O。

（2）三羧酸循环是糖类、脂类和蛋白质代谢联系的枢纽：糖分解成乙酰 CoA，通过三羧酸循环合成柠檬酸，转运到细胞液，用于合成脂肪酸，并进一步合成脂肪；糖和甘油经过代谢生成草酰乙酸等三羧酸循环的中间产物，可以用于合成非必需氨基酸；氨基酸分解生成草酰乙酸等三羧酸循环的中间产物，可以用于合成糖和甘油。

18.

主要反应过程	递氢体	生成 ATP 数	
		底物水平磷酸化	氧化磷酸化
6-磷酸果糖→1,6-二磷酸果糖		−1	
3-磷酸甘油醛→1,3-二磷酸甘油酸	NAD$^+$		3×2
1,3-二磷酸甘油酸→3-磷酸甘油酸		1×2	
磷酸烯醇式丙酮酸→丙酮酸		1×2	
丙酮酸→乙酰 CoA	NAD$^+$		3×2
异柠檬酸→α-酮戊二酸	NAD$^+$		3×2
α-酮戊二酸→琥珀酰 CoA	NAD$^+$		3×2
琥珀酰 CoA→琥珀酸		1×2	
琥珀酸→延胡索酸	FAD		2×2
苹果酸→草酰乙酸	NAD$^+$		3×2
合计		39	

19. 磷酸戊糖途径生成的 5-磷酸核糖和 NADPH 是生命物质的合成原料。

（1）5-磷酸核糖：磷酸戊糖途径是体内利用葡萄糖生成 5-磷酸核糖的惟一途径，5-磷酸核糖是核苷酸的合成原料。

（2）NADPH：磷酸戊糖途径的另一重要意义是提供细胞代谢所需的 NADPH。NADPH 有以下生理功能：①为脂肪酸和胆固醇等物质的合成提供氢。②作为谷胱甘肽还原酶的辅酶，参与 GSSG 还原成 GSH 的反应。③参与肝脏内的生物转化。

20. 由单糖合成糖原的过程称为糖原合成。糖原合酶是催化糖原合成的关键酶，葡萄糖合成糖原的过程如下：①葡萄糖磷酸化生成 6-磷酸葡萄糖，这一步反应与糖酵解的第一步反应相同。②在磷酸葡萄糖变位酶的催化下，6-磷酸葡萄糖异构成 1-磷酸葡萄糖。③在 UDP-葡萄糖焦磷酸化酶的催化下，1-磷酸葡萄糖与 UTP 反应生成 UDP-葡萄糖。④在糖原合酶的催化下，UDP-葡萄糖的葡萄糖以 α-1,4-糖苷键连接于糖原的非还原端。

当糖链长度达到 11～12 个葡萄糖时，糖原分支酶将含有 6～7 个葡萄糖的糖链向还原端移位，或移至邻近的糖链上，并以 α-1,6-糖苷键连接，从而形成糖原分支。

21. 肝糖原分解是指肝糖原分解成葡萄糖的过程。糖原磷酸化酶是催化糖原分解的关键酶。肝糖原分解过程如下：①糖原磷酸化酶催化糖原非还原端的 α-1,4-糖苷键磷酸解，生成 1-磷酸葡萄糖。②磷酸葡萄糖变位酶催化 1-磷酸葡萄糖异构，生成 6-磷酸葡萄糖。③葡萄糖-6-磷酸酶催化 6-磷酸葡萄糖水解，生成葡萄糖，该反应不可逆。④当糖原磷酸解到距离 α-1,6-分支点还有四个葡萄糖时，由脱支酶催化脱去分支，然后继续由糖原磷酸化酶催化磷酸解，生成 1-磷酸葡萄糖。

22. 糖原的合成与分解是维持血糖正常水平的重要途径。

人的进食时间是间断的，所以机体必须储存一定量的糖以备不进食时的生理需要。糖原是糖的储存形式，进食后过多的糖可以在肝脏和肌肉组织中合成糖原储存起来，以免血糖浓度过高。当停食后，如果血糖浓度下降，肝糖原就会分解成葡萄糖释放入血液以补充血糖。

23. ①经糖酵解途径生成乳酸。②经糖的有氧氧化途径生成 CO_2 和 H_2O，并释放大量能量。③经磷酸戊糖途径生成 NADPH 和磷酸核糖。④经糖醛酸途径生成葡糖醛酸。

⑤经糖原合成途径合成糖原。⑥脱磷酸生成葡萄糖。

24. 乳酸通过糖异生合成葡萄糖，其反应过程如下：①L-乳酸脱氢酶催化乳酸脱氢生成丙酮酸。②丙酮酸经丙酮酸羧化支路生成磷酸烯醇式丙酮酸，然后逆糖酵解途径生成 1,6-二磷酸果糖。③1,6-二磷酸果糖由果糖-1,6-二磷酸酶催化生成 6-磷酸果糖，然后异构成 6-磷酸葡萄糖。④6-磷酸葡萄糖由葡萄糖-6-磷酸酶催化生成葡萄糖。

25. 丙氨酸转氨基生成丙酮酸。丙酮酸的生糖过程同 24 题②～④。

26. 草酰乙酸由磷酸烯醇式丙酮酸羧激酶催化生成磷酸烯醇式丙酮酸，接下来的过程同 24 题②～④。草酰乙酸生糖过程的关键酶有磷酸烯醇式丙酮酸羧激酶、果糖-1,6-二磷酸酶、葡萄糖-6-磷酸酶。

27. 糖异生主要在饥饿时、饱食高蛋白食物时或剧烈运动之后进行。①在饥饿时维持血糖水平的相对稳定：在空腹或饥饿时，用氨基酸和甘油等物质合成葡萄糖，以维持血糖水平的相对稳定，这对主要利用葡萄糖供能的组织来说具有重要意义。②参与食物氨基酸的转化与储存：大多数氨基酸经过脱氨基等分解代谢产生的 α-酮酸可以通过糖异生途径合成葡萄糖。因此，从食物消化吸收的氨基酸可以合成葡萄糖，并进一步合成糖原。③参与乳酸的回收利用：在某些生理和病理情况下，肌糖原分解生成大量乳酸。乳酸通过血液循环运到肝脏，再合成葡萄糖或糖原。这样可以回收乳酸，避免营养物质浪费，并防止发生代谢性酸中毒。

28. 空腹时血糖浓度低于 3.3mmol/L 称为低血糖。低血糖可以由某些生理或病理因素引起：①胰岛 β 细胞增生或癌变等导致胰岛素分泌过多。②垂体前叶或肾上腺皮质功能减退导致生长激素或糖皮质激素等对抗胰岛素的激素分泌不足。③严重的肝脏疾患导致肝糖原合成及糖异生作用降低，肝脏不能有效地调节血糖。④长时间饥饿。⑤持续的剧烈体力活动等。

29. 糖尿病患者除了表现为高血糖和糖尿之外，尚有"三多一少"的症状，即多食、多饮、多尿和体重减轻：①糖尿病患者的糖氧化供能途径发生障碍，机体所需能量不足，故患者饥饿多食。②多食进一步使血糖升高，血糖升高超过肾糖阈时出现糖尿，糖的大量排出必然带走大量水分，因而多尿。③多尿失水过多，血液高渗引起口渴，因而多饮。④由于糖氧化供能途径发生障碍，体内大量动员脂肪，严重时组织蛋白也要氧化供能，因而消耗多，身体逐渐消瘦，体重减轻。

30. 糖尿病患者会出现下列糖代谢紊乱：①糖酵解和有氧氧化减弱。②糖原合成减少。③糖原分解增加。④糖异生作用加强。⑤糖转化成脂肪减少。

31.

血糖浓度	正常人	糖尿病患者（胰岛素分泌不足）
空腹	正常	高于正常值
进食葡萄糖后	升高，在 1 小时内达到高峰，但不超过肾糖阈	急剧升高，并超过肾糖阈
进食葡萄糖 2～3 小时后	迅速降低，回落到正常水平	不能回落到空腹水平

第十章　脂类代谢

习题

一、选择题

（一）A型题

1. 脂库中的脂类是（　）P.136

    A. 胆固醇酯

    B. 甘油三酯

    C. 基本脂

    D. 磷脂酰胆碱

    E. 游离脂肪酸

*2. 体内储存的脂肪主要来自（　）P.136

    A. 氨基酸　　　B. 核酸

    C. 类脂　　　　D. 葡萄糖

    E. 酮体

3. 类脂的主要功能是（　）P.136

    A. 储存能量

    B. 是构成生物膜及神经组织的成分

    C. 是体液的主要成分

    D. 是遗传物质

    E. 提供能量

4. 小肠内乳化食物脂肪的物质主要来自（　）P.137

    A. 肝脏　　　　B. 十二指肠

    C. 胃　　　　　D. 小肠

    E. 胰腺

*5. 胆汁酸的主要作用是使脂肪（　）P.137

    A. 沉淀　　　　B. 溶解

    C. 乳化　　　　D. 形成复合物

    E. 悬浮

6. 血浆中脂类物质的运输形式是（　）P.138

    A. 核蛋白　　　B. 球蛋白

    C. 糖蛋白　　　D. 血红蛋白

    E. 脂蛋白

7. 血浆脂蛋白按密度由低到高的顺序是（　）P.139

    A. CM、VLDL、HDL、LDL

    B. CM、VLDL、LDL、HDL

    C. HDL、VLDL、LDL、CM

    D. LDL、HDL、VLDL、CM

    E. VLDL、HDL、LDL、CM

8. 低密度脂蛋白中的主要脂类是（　）P.139

    A. 胆固醇酯

    B. 甘油三酯

    C. 基本脂

    D. 磷脂酰胆碱

    E. 游离脂肪酸

*9. 高密度脂蛋白中含量最多的是（　）P.139

    A. 胆固醇　　　B. 蛋白质

    C. 甘油三酯　　D. 磷脂

    E. 游离脂肪酸

10. 转运外源性甘油三酯的主要是（　）P.140

A. CM   B. HDL

C. IDL   D. LDL

E. VLDL

*11. 激活脂蛋白脂酶的是（ ）P. 140

A. apoB   B. apoB-48

C. apoB-100   D. apoC-Ⅰ

E. apoC-Ⅱ

12. 转运内源性甘油三酯的主要是（ ）P. 141

A. CM   B. HDL

C. IDL   D. LDL

E. VLDL

*13. 正常人空腹血浆中含量最多的脂蛋白是（ ）P. 142

A. CM   B. HDL

C. LDL   D. VLDL

E. 脂肪酸 – 清蛋白复合物

14. 向肝外转运胆固醇的是（ ）P. 142

A. CM   B. HDL

C. IDL   D. LDL

E. VLDL

15. 向肝脏转运胆固醇的是（ ）P. 142

A. CM   B. HDL

C. IDL   D. LDL

E. VLDL

16. 催化水解体内储存的甘油三酯的是（ ）P. 142

A. 肝脂酶

B. 激素敏感性脂酶

C. 胰脂肪酶

D. 脂蛋白脂酶

E. 组织脂肪酶

17. 关于激素敏感性脂酶的错误叙述是（ ）P. 142

A. 催化水解储存的甘油三酯

B. 其所催化的反应是甘油三酯水解的限速步骤

C. 属于脂蛋白脂酶

D. 胰岛素可促使其去磷酸化而失活

E. 胰高血糖素可促使其磷酸化而激活

18. 能抑制甘油三酯分解的是（ ）P. 142

A. 甲状腺激素

B. 去甲肾上腺素

C. 肾上腺素

D. 生长激素

E. 胰岛素

19. 3-磷酸甘油生成时需要（ ）P. 143

A. 胆碱激酶

B. 甘油激酶

C. 磷脂酶

D. 乙酰 CoA 羧化酶

E. 脂酰 CoA 合成酶

*20. 脂肪大量动员时，血浆中运输脂肪酸的是（ ）P. 143

A. CM   B. HDL

C. LDL   D. VLDL

E. 清蛋白

21. 脂肪酸在线粒体内的主要氧化方式是（ ）P. 143

A. α 氧化   B. β 氧化

C. ω 氧化   D. 加氧

E. 脱氢

22. 只在线粒体内进行的是（ ）P. 143

A. 不饱和脂肪酸的氧化

B. 甘油的氧化

C. 葡萄糖的有氧氧化

D. 软脂酸的 β 氧化

E. 硬脂酸的氧化

23. 发生在线粒体内的是（ ）P. 120, 143

A. 电子传递和糖酵解

B. 电子传递和脂肪酸合成

C. 三羧酸循环和脂肪酸 β 氧化

D. 三羧酸循环和脂肪酸合成

E. 脂肪酸合成和分解

24. 脂肪酸活化需要（ ） P. 143

 A. CoASH   B. GTP

 C. NAD$^+$ D. NADP$^+$

 E. UTP

25. 脂肪酸氧化需要（ ） P. 143

 A. 胆碱激酶

 B. 甘油激酶

 C. 磷脂酶

 D. 乙酰 CoA 羧化酶

 E. 脂酰 CoA 合成酶

26. 携带脂肪酸通过线粒体内膜的是（ ） P. 143

 A. ACP   B. 清蛋白

 C. 肉碱   D. 载脂蛋白

 E. 脂蛋白

27. 脂肪酸 β 氧化发生于（ ） P. 143

 A. 内质网   B. 微粒体

 C. 细胞膜   D. 细胞液

 E. 线粒体

28. 脂酰 CoA 的 β 氧化反应包括（ ） P. 143

 A. 加水、脱氢、硫解、再加水

 B. 加水、脱氢、再加水、硫解

 C. 脱氢、加水、再脱氢、硫解

 D. 脱氢、加水、再脱氢、再加水

 E. 脱氢、脱水、再脱氢、硫解

29. 参与脂肪酸 β 氧化第一次脱氢反应的是（ ） P. 143

 A. CoA   B. FAD

 C. FMN   D. NAD$^+$

 E. NADP$^+$

30. 不参与脂肪酸 β 氧化的是（ ） P. 143，145

A. α, β-烯脂酰 CoA 水化酶

B. β-羟脂酰 CoA 脱氢酶

C. β-酮脂酰 CoA 硫解酶

D. β-酮脂酰 CoA 转移酶

E. 脂酰 CoA 脱氢酶

31. 脂肪酸在肝脏进行 β 氧化不直接生成（ ） P. 143

 A. FADH$_2$ B. H$_2$O

 C. NADH   D. 乙酰 CoA

 E. 脂酰 CoA

32. β-羟脂酰 CoA 脱氢酶的辅助因子是（ ） P. 144

 A. CoA   B. FAD

 C. FMN   D. NAD$^+$

 E. NADP$^+$

33. 脂肪酸 β 氧化不需要（ ） P. 144

 A. CoASH   B. FAD

 C. NAD$^+$ D. NADP$^+$

 E. 肉碱

34. 脂肪酸 β 氧化不生成（ ） P. 144

 A. FADH$_2$

 B. NADH

 C. 丙二酸单酰 CoA

 D. 乙酰 CoA

 E. 脂酰 CoA

35. 不以 FAD 为辅助因子的是（ ） P. 103，120，122，144

 A. β-羟脂酰 CoA 脱氢酶

 B. 二氢硫辛酸脱氢酶

 C. 琥珀酸脱氢酶

 D. 线粒体 3-磷酸甘油脱氢酶

 E. 脂酰 CoA 脱氢酶

*36. 一分子软脂酰 CoA 发生一次 β 氧化，产物经三羧酸循环和呼吸链彻底氧化，可净生成的 ATP 分子数是（ ） P. 145

 A. 12   B. 15

 C. 17   D. 23

 E. 36

37. 一分子软脂酸彻底氧化成 CO_2 和 H_2O 时可净生成的 ATP 分子数是 （ ）
P. 145

    A. 20   B. 30

    C. 38   D. 129

    E. 131

*38. 一分子硬脂酸彻底氧化成 CO_2 和 H_2O 时可净生成的 ATP 分子数是 （ ）
P. 145

    A. 96   B. 130

    C. 131   D. 146

    E. 147

*39. 糖原与脂肪分解不会生成 （ ）
P. 123，145

    A. ATP   B. CO_2

    C. H_2O D. H_2S

    E. NADH

40. 酮体合成于 （ ）P. 145

    A. 内质网   B. 微粒体

    C. 细胞膜   D. 细胞液

    E. 线粒体

41. 在线粒体内进行的是 （ ）P. 145

    A. 胆固醇合成

    B. 甘油三酯合成

    C. 磷脂合成

    D. 酮体合成

    E. 脂肪酸合成

42. 肝内生成乙酰乙酸的直接前体是 （ ）P. 145

    A. β-羟丁酸

    B. β-羟丁酰 CoA

    C. β-羟基-β-甲基戊二酸单酰 CoA

    D. 甲羟戊酸

    E. 乙酰乙酰 CoA

43. 不能利用酮体的是 （ ）P. 145

    A. 肝脏   B. 肌肉

    C. 脑   D. 肾脏

    E. 心肌

*44. 关于酮体的错误叙述是 （ ）
P. 145

    A. 合成酮体的酶系在线粒体内

    B. 酮体合成不消耗高能化合物

    C. 酮体中除丙酮外均是酸性物质

    D. 只能在肝内合成

    E. 只能在肝外组织利用

45. 关于酮体的错误叙述是 （ ）
P. 146

    A. 饥饿时酮体合成减少

    B. 糖尿病可导致血液中酮体积累

    C. 酮体包括丙酮、乙酰乙酸和 β-羟丁酸

    D. 酮体可以从尿液中排出

    E. 酮体是脂肪酸在肝内代谢的产物

46. 长期饥饿时尿液中会出现 （ ）
P. 146

    A. 丙酮酸   B. 胆红素

    C. 葡萄糖   D. 酮体

    E. 脂肪

*47. 脂肪动员增加，脂肪酸在肝内分解产生的乙酰 CoA 最易转化成 （ ）P. 146

    A. CO_2、H_2O

    B. 丙二酸单酰 CoA

    C. 胆固醇

    D. 胆汁酸

    E. 酮体

*48. 饥饿时肝酮体生成增强，为避免酮体引起酸中毒可补充 （ ）P. 146

    A. ATP   B. 苯丙氨酸

    C. 必需脂肪酸   D. 亮氨酸

    E. 葡萄糖

49. 软脂酸的合成场所是 （ ）P. 147

    A. 内质网   B. 微粒体

    C. 细胞膜   D. 细胞液

    E. 线粒体

50. 为软脂酸合成供氢的是 （ ）
P. 147

A. FADH$_2$ B. FMNH$_2$
C. NADH   D. NADPH
E. 二氢硫辛酸

51. 乙酰 CoA 需与哪种物质结合才能从线粒体转运到细胞液？（ ）P. 147

A. ACP   B. 草酰乙酸
C. 柠檬酸   D. 肉碱
E. 乙酰乙酸

52. 脂肪酸合成过程的关键酶是（ ）P. 148

A. β-酮脂酰 CoA 合酶
B. 肉碱酰基转移酶 I
C. 烯脂酰 CoA 水化酶
D. 乙酰 CoA 羧化酶
E. 脂酰 CoA 脱氢酶

*53. 对乙酰 CoA 羧化酶的错误叙述是（ ）P. 148，196，198

A. 存在于细胞液中
B. 是脂肪酸合成过程的关键酶
C. 受化学修饰调节，被磷酸化激活
D. 受柠檬酸激活
E. 受软脂酰 CoA 抑制

54. 对脂肪酸合成的错误叙述是（ ）P. 148

A. 合成过程消耗 ATP
B. 合成过程消耗大量 NADPH
C. 合成时脂肪酸分子的碳原子均由丙二酸单酰 CoA 提供
D. 生物素是参与合成的辅助因子
E. 脂肪酸合成酶系存在于细胞液中

55. 细胞液中脂肪酸合成酶系催化合成的最长脂肪酸碳链为（ ）P. 150

A. C$_{12}$ B. C$_{14}$
C. C$_{16}$ D. C$_{18}$
E. C$_{20}$

*56. 联系葡萄糖代谢与甘油代谢的是（ ）P. 150

A. 3-磷酸甘油醛
B. 3-磷酸甘油酸
C. 丙酮酸
D. 磷酸二羟丙酮
E. 磷酸烯醇式丙酮酸

*57. 在合成甘油三酯过程中最先生成（ ）P. 150

A. 甘油二酯   B. 甘油一酯
C. 磷脂酸   D. 溶血磷脂酸
E. 脂酰肉碱

*58. 乙酰 CoA 羧化酶的变构抑制剂是（ ）P. 150，196

A. cAMP   B. 柠檬酸
C. 软脂酰 CoA   D. 乙酰 CoA
E. 异柠檬酸

59. 催化水解磷脂酰胆碱分子内磷酸胆碱酯键的是（ ）P. 151

A. 磷脂酶 A$_1$ B. 磷脂酶 A$_2$
C. 磷脂酶 B   D. 磷脂酶 C
E. 磷脂酶 D

60. 催化水解磷脂酰胆碱分子内甘油 C-2 酯键的是（ ）P. 151

A. 磷脂酶 A$_1$ B. 磷脂酶 A$_2$
C. 磷脂酶 B   D. 磷脂酶 C
E. 磷脂酶 D

61. 磷脂酶 A$_2$ 催化磷脂酰胆碱水解生成（ ）P. 151

A. 甘油、脂肪酸和磷酸胆碱
B. 甘油二酯和磷酸胆碱
C. 磷脂酸和胆碱
D. 溶血磷脂酸、脂肪酸和胆碱
E. 溶血磷脂酰胆碱和脂肪酸

*62. 参与磷脂合成而不参与脂肪酸氧化的是（ ）P. 143，152

A. ATP   B. CTP
C. GTP   D. TTP
E. UTP

63. 合成磷脂酰胆碱所需的胆碱来自（ ）P. 152

A. ADP-胆碱　　B. CDP-胆碱

C. GDP-胆碱　　D. TDP-胆碱

E. UDP-胆碱

64. 与甘油三酯合成无关的是（　　）P. 150，152

A. 3-磷酸甘油

B. CDP-甘油二酯

C. 甘油二酯

D. 磷脂酸

E. 脂酰 CoA

65. 形成脂肪肝的原因之一是缺乏（　　）P. 152

A. 胆固醇　　B. 磷脂

C. 糖　　　　D. 酮体

E. 脂肪酸

66. 主要在内质网和细胞液内进行的是（　　）P. 153

A. 胆固醇合成

B. 甘油三酯分解

C. 甘油三酯合成

D. 脂肪酸合成

E. 脂肪酸氧化

*67. 脂肪酸分解产生的乙酰 CoA 的去路是（　　）P. 145，147，153

A. 合成胆固醇　　B. 合成酮体

C. 合成脂肪　　　D. 氧化供能

E. 以上都是

68. 催化胆固醇合成的关键酶是（　　）P. 154

A. HMG-CoA 合成酶

B. HMG-CoA 还原酶

C. HMG-CoA 裂解酶

D. 乙酰 CoA 羧化酶

E. 乙酰乙酸硫激酶

*69. 关于 HMG-CoA 还原酶的错误叙述是（　　）P. 154，198

A. 存在于内质网上

B. 磷酸化后活性增强

C. 其活性可被胆固醇反馈抑制

D. 是催化胆固醇合成的关键酶

E. 胰岛素能诱导其生成

*70. 血浆中胆固醇的酯化反应消耗（　　）P. 155

A. 甘油

B. 磷脂酰胆碱

C. 磷脂酰乙醇胺

D. 乙酰 CoA

E. 脂酰 CoA

71. 细胞内催化脂酰基转移至胆固醇生成胆固醇酯的是（　　）P. 155

A. ACAT　　B. AST

C. LCAT　　D. LDH

E. LPL

72. 下列物质不能代谢生成乙酰 CoA 的是（　　）P. 155

A. 胆固醇　　B. 磷脂

C. 葡萄糖　　D. 酮体

E. 脂肪酸

73. 可转化成胆汁酸的是（　　）P. 155

A. 胆固醇　　B. 胆红素

C. 类固醇激素　D. 磷脂

E. 维生素 D

（二）X 型题

1. 甘油三酯主要分布于（　　）P. 136

A. 肠系膜　　B. 大网膜

C. 脑　　　　D. 内脏周围

E. 皮下

2. 脂肪的主要生理功能是（　　）P. 136

A. 储存和提供能量

B. 催化作用

C. 构成生物膜

D. 固定和保护内脏

E. 遗传作用

3. 类脂的主要生理功能是（　　）P. 136

A. 构成生物膜

B. 合成活性物质

C. 提供能量

D. 维持体温

E. 协助脂溶性维生素吸收

4. 脂类的生理功能有（　　）P. 136

  A. 固定内脏

  B. 调节酸碱平衡

  C. 维持体温

  D. 氧化供能

  E. 脂溶性维生素的溶剂

5. 在肠道中消化脂类的有（　　）P. 137

  A. ACP-酰基转移酶

  B. 胆固醇酯酶

  C. 磷脂酶 A_2

  D. 羧化酶

  E. 胰脂肪酶

6. 血脂包括（　　）P. 138

  A. 胆固醇　　B. 胆汁酸

  C. 甘油三酯　　D. 磷脂

  E. 乙酰 CoA

*7. 血脂的去路主要有（　　）P. 138

  A. 合成酮体

  B. 进入脂库储存

  C. 氧化供能

  D. 转化成肾上腺素

  E. 转化成糖

8. 血浆脂蛋白含有（　　）P. 139

  A. CoASH　　B. 甘油三酯

  C. 清蛋白　　D. 酮体

  E. 载脂蛋白

9. 载脂蛋白的主要功能是（　　）P. 140

  A. 促进脂类的分解

  B. 促进脂类的合成

  C. 促进脂类的消化吸收

  D. 与脂类物质结合

  E. 转运脂类物质

10. 关于 CM（　　）P. 140

  A. 所含甘油三酯被 LPL 水解

  B. 由肝细胞合成

C. 主要转运胆固醇

D. 转运内源性甘油三酯

E. 转运外源性甘油三酯

*11. 脂蛋白脂酶水解（　　）P. 140

  A. CM 中的甘油三酯

  B. LDL 和 HDL 中的甘油三酯

  C. VLDL 中的甘油三酯

  D. 肝细胞内的甘油三酯

  E. 脂肪细胞内的甘油三酯

*12. HDL 的特点是（　　）P. 142

  A. 含 apoA、C、E

  B. 磷脂含量比其他血浆脂蛋白多

  C. 向肝脏转运胆固醇

  D. 主要含甘油三酯

  E. 主要在肝细胞内合成

13. 参与转运甘油三酯的是（　　）P. 140，142

  A. CM　　　　B. HDL

  C. IDL　　　　D. LDL

  E. VLDL

14. 在肝细胞内合成的脂蛋白有（　　）P. 140，142

  A. CM　　　　B. HDL

  C. IDL　　　　D. LDL

  E. VLDL

15. 能激活激素敏感性脂酶的是（　　）P. 142

  A. 去甲肾上腺素

  B. 肾上腺素

  C. 生长激素

  D. 胰岛素

  E. 胰高血糖素

16. 与甘油氧化有关的是（　　）P. 143

  A. ATP　　　　B. NAD^+

  C. 甘油激酶　　D. 胰脂肪酶

  E. 脂酰 CoA 脱氢酶

17. 催化生成 3-磷酸甘油的有（　　）P. 143

A. 3-磷酸甘油脱氢酶

  B. 甘油激酶

  C. 磷脂酶

  D. 乙酰 CoA 羧化酶

  E. 脂酰 CoA 合成酶

18. 脂肪酸穿过线粒体内膜需要（　　）P. 143

  A. 硫解酶

  B. 肉碱

  C. 肉碱酰基转移酶

  D. 脂肪酶

  E. 脂酰 CoA 合成酶

19. 脂肪酸 β 氧化需要（　　）P. 143

  A. CoASH　　　B. FAD

  C. FMN　　　　D. NAD$^+$

  E. NADP$^+$

*20. 与脂肪酸氧化有关的是（　　）P. 143

  A. FAD　　　　B. FMN

  C. NAD$^+$　　　D. 肉碱

  E. 脂酰 CoA 脱氢酶

*21. 关于脂肪酸氧化（　　）P. 143

  A. β 氧化过程包括脱氢、加水、还原、硫解

  B. 除了脂酰 CoA 合成酶之外，其余的酶都属于线粒体酶

  C. 还原过程涉及 NADP$^+$

  D. 生成的乙酰 CoA 可进一步氧化

  E. 脂肪酸仅需一次活化，共消耗两个高能磷酸键

22. 属于酮体的是（　　）P. 145

  A. β-羟丙酸　　　B. β-羟丁酸

  C. 丙酮酸　　　　D. 丁烯二酸

  E. 乙酰乙酸

23. 参与酮体合成的是（　　）P. 145

  A. HMG-CoA 合成酶

  B. HMG-CoA 还原酶

  C. HMG-CoA 裂解酶

  D. HMG-CoA 水解酶

  E. HMG-CoA 氧化酶

24. 关于酮体（　　）P. 145

  A. 包括乙酰乙酸、β-羟丁酸和丙酮

  B. 包括乙酰乙酸、β-羟丁酸和丙酮酸

  C. 过多可从尿液中排出

  D. 是肝脏输出能源的重要方式

  E. 在糖尿病未控制的患者体内水平升高

*25. 在人体内葡萄糖代谢通常不会转化成（　　）P. 145

  A. 丙氨酸　　　　B. 胆固醇

  C. 维生素　　　　D. 乙酰乙酸

  E. 脂肪酸

26. 酮体合成增加常见于（　　）P. 146

  A. 高脂低糖膳食

  B. 饥饿

  C. 输注葡萄糖

  D. 糖尿病

  E. 注射胰岛素之后

27. 脂肪酸合成需要（　　）P. 147

  A. ACP　　　　　B. NAD$^+$

  C. 肉碱　　　　　D. 维生素 B$_6$

  E. 乙酰 CoA

*28. 下列物质代谢能生成乙酰 CoA 的是（　　）P. 144，147

  A. β-羟基-β-甲基戊二酸单酰 CoA

  B. 丁酰 CoA

  C. 柠檬酸

  D. 乙酰乙酰 CoA

  E. 脂酰 CoA

29. 甘油三酯的合成原料是（　　）P. 150

  A. 3-磷酸甘油　　B. CDP-胆碱

  C. HMG-CoA　　　D. UTP

  E. 脂酰 CoA

30. 直接参与磷脂酰胆碱合成的是

（　）P. 152

    A. ATP
             B. CTP

    C. 胆碱
           D. 甘油二酯

    E. 乙醇胺

31. 胆固醇的生理功能有 （　） P. 153

    A. 构成生物膜

    B. 合成胆汁酸

    C. 生成类固醇激素

    D. 氧化供能

    E. 转化成维生素

32. 直接参与胆固醇合成的是 （　）
P. 153

    A. ATP
             B. NADH

    C. NADPH
        D. 丙二酸单酰 CoA

    E. 乙酰 CoA

33. 以乙酰 CoA 为原料合成的是 （　）
P. 147，153

    A. 胆固醇
        B. 胆红素

    C. 甘油三酯
      D. 磷脂

    E. 脂肪酸

34. 乙酰 CoA 的代谢途径有 （　）
P. 120，145，147，153

    A. 合成胆固醇

    B. 合成脂肪酸

    C. 进入三羧酸循环

    D. 生成糖

    E. 生成酮体

35. 酮体和胆固醇合成都需要 （　）
P. 146，153

    A. HMG-CoA

    B. HMG-CoA 合成酶

    C. HMG-CoA 还原酶

    D. HMG-CoA 裂解酶

    E. 乙酰乙酸

36. 胆固醇能转化成 （　） P. 156

    A. 胆红素
        B. 胆碱

    C. 胆汁酸
       D. 类固醇激素

    E. 尿素

二、填空题

1. 脂肪组织分布在皮下、腹腔大网膜、肠系膜和 （　） 等，这些部位称为 （　）。P. 136

2. 脂库的功能是储存脂肪，脂肪主要作为储能物质，所以称为 （　） 脂，其量因人而异，并且受多种因素影响而改变，所以称为 （　） 脂。P. 136

3. 脂类不溶于水，必须被 （　） 乳化成 （　） 才能被脂酶消化。P. 137

4. 消化脂类的酶来自 （　），主要有 （　）、磷脂酶 A_2 和胆固醇酯酶等。P. 137

*5. 胰脂肪酶水解甘油三酯 （　） 位和 （　） 位的酯键，生成脂肪酸和甘油一酯。P. 137

6. 磷脂酶 A_2 水解甘油磷脂 （　） 位的酯键，生成脂肪酸和 （　）。P. 137

7. 甘油一酯、长链脂肪酸、溶血磷脂和胆固醇等与胆汁酸形成微团，被肠黏膜细胞吸收后 （　），然后 （　），通过淋巴进入血液循环。P. 137

8. 血脂的主要来源有食物脂类消化吸收、（　）、（　）。P. 138

9. 血脂的主要去路有氧化供能、（　）、（　）、转化成其他物质。P. 138

10. 用电泳法分离血浆脂蛋白，按其泳动速度由快至慢可分为 α 脂蛋白、（　）、（　） 和乳糜微粒。P. 138

11. 中密度脂蛋白是 （　） 在血浆中代谢的中间产物，又称为 （　）。P. 139

12. 载脂蛋白的主要功能是 （　） 及 （　） 脂类，此外不同载脂蛋白还有其特殊功能。P. 140

13. 各种血浆脂蛋白的基本结构相似，即近似于球形，由疏水性较强的 （　） 和 （　） 形成脂核。P. 140

14. 各种血浆脂蛋白的基本结构相似，

即近似于球形，表面覆盖的磷脂、胆固醇和载脂蛋白以（　）与脂核结合，（　）朝外。P.140

15. CM 形成于（　），功能是转运（　）。P.140

*16. 食物脂类被消化吸收后，在小肠黏膜细胞内形成（　），通过淋巴进入血液，从 HDL 获得 apoC 和 apoE，形成（　）。P.140

*17. 在循血液循环流过脂肪组织和心肌等组织时，毛细血管内皮细胞表面的（　）被成熟 CM 的（　）激活，水解 CM 的甘油三酯。P.140

18. VLDL 形成于（　），功能是转运（　）。P.141

19. LDL 是在（　）由 VLDL 转化而来的，功能是（　）。P.142

*20. LDL 的代谢主要是通过与（　）结合后进入（　），并在溶酶体内被水解，释放出的游离胆固醇被细胞利用。P.142

21. HDL 主要形成于（　），功能是（　）。P.142

22. HDL 表面有磷脂酰胆碱胆固醇酰基转移酶，它催化胆固醇与（　）发生酰基转移反应，生成（　）和胆固醇酯。P.142

23. （　）能将来自肝外组织、其他血浆脂蛋白以及动脉壁中的胆固醇逆向转运到肝脏进行转化或排出体外，减少胆固醇在肝外组织的沉积，因而有对抗（　）形成的作用。P.142

24. 肝脏、肾脏和小肠等富含甘油激酶，可以吸收甘油，并且将其磷酸化生成（　），然后脱氢生成（　）。P.142

25. 脂肪动员释放的脂肪酸被组织细胞吸收后，先活化成（　），然后由（　）转运进入线粒体，经过 β 氧化分解成乙酰 CoA。P.143

26. 脂肪酸氧化分解前必须先活化，由位于线粒体外膜上的（　）催化生成脂酰 CoA，产生的焦磷酸则（　）。P.143

27. 在脂肪酸氧化过程中，脂肪酸活化产生的脂肪酰 CoA 由（　）携带通过（　）。P.143

28. 参与 β 氧化过程的两种辅助因子依次为（　）和（　）。P.143

29. 1 分子碳原子数为 2n 的脂肪酸经过（　）次 β 氧化生成（　）分子乙酰 CoA。P.145

30. 在肝细胞线粒体内，β-羟基-β-甲基戊二酸单酰 CoA 由 HMG-CoA 裂解酶催化裂解，生成（　）和（　）。P.145

*31. 在肝外组织线粒体内，乙酰乙酸由（　）催化与（　）反应，活化成乙酰乙酰 CoA。P.145

*32. 酮体是水溶性小分子，容易透过毛细血管壁，被肝外组织特别是（　）、肾脏和骨骼肌吸收利用。饥饿时血糖水平下降，（　）也可以利用酮体。P.145

33. 在长期饥饿时，酮体合成增加，超过肝外组织利用酮体的能力，导致血液中酮体积累，称为（　），此时尿液中也会出现酮体，称为（　）。P.146

34. 脂肪酸是在肝脏、乳腺和脂肪组织等的（　）中合成的。肝脏是人体内脂肪酸合成最活跃的场所，其合成能力较脂肪组织大（　）倍。P.147

35. （　）和 NADPH 是脂肪酸的合成原料，其中 NADPH 主要来自（　）途径。P.147

36. 在线粒体内，（　）与草酰乙酸缩合生成柠檬酸，然后转运到细胞液中，用于合成脂肪酸和（　）。P.147

37. 乙酰 CoA 羧化成（　）是合成脂肪酸的第一步反应，催化该反应的乙酰 CoA 羧化酶以（　）为辅助因子，是催化脂肪酸合成的关键酶。P.148

38. 脂肪酸合成酶系由一种酰基载体蛋白和六种酶构成,其中有两种是转移酶,它们是( )转移酶和( )转移酶。P. 148

39. 脂肪酸合成酶系由一种酰基载体蛋白和六种酶构成,其中有两种是还原酶,它们是( )还原酶和( )还原酶。P. 148

40. 脂肪酸合成酶系催化 1 分子乙酰 CoA 与( )分子丙二酸单酰 CoA 合成 1 分子软脂酸,乙酰 CoA 的二碳单位位于软脂酸的( )端。P. 148

*41. 脂肪酸合成酶系主要催化合成软脂酸,更长的脂肪酸是由其他酶系催化软脂酸进一步延长合成的,延长反应在肝细胞的( )和( )内进行。P. 150

42. 合成甘油三酯所需的 3-磷酸甘油主要来自( ),由( )还原生成。P. 150

*43. 完成甘油三酯的合成过程:3-磷酸甘油→( )→( )→甘油二酯→甘油三酯。P. 151

44. ( )和( )是人体内含量最多的甘油磷脂。P. 151

45. 催化水解甘油磷脂的磷酸酯键的酶是( )和( )。P. 151

*46. 磷脂酰胆碱和磷脂酰乙醇胺主要通过( )途径合成,磷脂酰丝氨酸、磷脂酰肌醇和心磷脂主要通过( )途径合成。P. 152

47. 肝脏是合成甘油三酯最活跃的场所,合成后进一步与( )结合形成( )向肝外组织转运。P. 152

48. 形成脂肪肝的两个直接原因是( )过多和( )发生障碍。P. 152

49. 人体含有胆固醇约 140g,广泛分布于全身各组织中,其中约 1/4 在( )和( )中。P. 153

50. 除了脑组织和( )之外,人体各组织都可以合成胆固醇,其中肝脏的合成能力最强,占全身胆固醇合成总量的

( )%。P. 153

51. 胆固醇的合成场所是细胞液和( ),合成原料是乙酰 CoA,此外还需要( )供氢。P. 153

52. 合成胆固醇所需的乙酰 CoA 和( )主要来自糖的有氧氧化,( )主要来自磷酸戊糖途径。P. 153

*53. ( )是酮体合成和胆固醇合成共同的中间产物,是由( )分子乙酰 CoA 合成的。P. 145, 154

*54. 位于( )上的 HMG-CoA 还原酶催化的反应是( )的关键反应。P. 154

55. 胆固醇在细胞内酯化所需的酰基来自( ),在血浆中酯化所需的酰基来自( )。P. 155

56. 胆固醇在细胞内酯化由( )胆固醇酰基转移酶催化,在血浆中酯化由( )胆固醇酰基转移酶催化。P. 155

57. 胆汁酸在肝脏与( )或( )缩合,生成结合胆汁酸,汇入胆汁,排至肠道,参与脂类的消化吸收。P. 155

58. 胆固醇在肾上腺皮质转化成( )激素,在卵巢和睾丸等转化成( )激素。P. 156

59. 类固醇激素主要在肝脏内灭活,转化成易于排泄的形式,其中大部分随( )排泄,少部分随( )排泄。P. 156

60. 在肝脏及肠黏膜细胞内,胆固醇可以转化成( )。后者储存于( ),经过紫外线照射后转化成维生素 D_3。P. 156

三、分子结构

*1. 肉碱 P. 144

*2. HMG-CoA P. 146

3. 乙酰乙酸 P. 146

4. β-羟丁酸 P. 146

5. 丙酮 P. 146

6. 丙二酸单酰 CoA P. 148

22. 试述胆固醇酯化过程及所需的酶。
P. 155

23. 胆固醇能转化成哪些物质？P. 155

📖 参考答案

一、选择题

（一）A 型题

1. B　2. D　3. B　4. A　5. C　6. E

7. B　8. A　9. B　10. A　11. E　12. E

13. C　14. D　15. B　16. B　17. C　18. E

19. B　20. E　21. B　22. D　23. C　24. A

25. E　26. C　27. E　28. C　29. B　30. D

31. B　32. D　33. D　34. C　35. A　36. C

37. D　38. D　39. D　40. E　41. D　42. C

43. A　44. B　45. A　46. C　47. B　48. E

49. D　50. D　51. B　52. D　53. C　54. C

55. C　56. D　57. D　58. C　59. E　60. B

61. E　62. B　63. B　64. B　65. B　66. A

67. E　68. B　69. B　70. B　71. A　72. A

73. A

（二）X 型题

1. ABDE　2. AD　3. ABE　4. ACDE

5. BCE　6. ABCD　7. BC　8. BE　9. DE

10. AE　11. AC　12. ABCE　13. AE　14. BE

15. ABCE　16. ABC　17. AB　18. BCE

19. BD　20. ACDE　21. DE　22. BE　23. AC

24. ACDE　25. CD　26. ABD　27. AE

28. ABCDE　29. AE　30. ABCD　31. ABCE

32. ACE　33. AE　34. ABCE　35. AB

36. CD

二、填空题

1. 内脏周围；脂库

2. 储存；可变

3. 胆汁酸；微团

4. 胰腺；胰脂肪酶

5. C-1；C-3

6. C-2；溶血磷脂

7. 重新酯化；与载脂蛋白结合形成 CM

8. 体内合成脂类；脂库动员释放

9. 进入脂库储存；构成生物膜

10. 前 β 脂蛋白；β 脂蛋白

11. VLDL；VLDL 残体

12. 结合；转运

13. 甘油三酯；胆固醇酯

14. 疏水基团；亲水基团

15. 小肠黏膜；来自食物的外源性甘油三酯

16. 新生 CM；成熟 CM

17. 脂蛋白脂酶；apoC-II

18. 肝脏；肝脏合成的内源性甘油三酯

19. 血浆中；从肝脏向肝外组织转运胆固醇

20. LDL 受体；肝细胞或肝外组织细胞

21. 肝脏；从肝外组织向肝脏转运胆固醇

22. 磷脂酰胆碱；溶血磷脂酰胆碱

23. HDL；动脉粥样硬化

24. 3-磷酸甘油；磷酸二羟丙酮

25. 脂酰 CoA；肉碱

26. 脂酰 CoA 合成酶；由焦磷酸酶水解

27. 肉碱；线粒体内膜

28. FAD；NAD^+

29. $n-1$；n

30. 乙酰乙酸；乙酰 CoA

31. β-酮脂酰 CoA 转移酶；琥珀酰 CoA

32. 心脏；脑组织

33. 酮血症；酮尿症

34. 细胞液；8~9

35. 乙酰 CoA；磷酸戊糖

36. 乙酰 CoA；胆固醇

37. 丙二酸单酰 CoA；生物素

38. 乙酰 CoA – ACP 酰基；丙二酸单酰

CoA – ACP

39. β-酮脂酰-ACP；烯脂酰-ACP
40. 7；ω
41. 内质网；线粒体
42. 糖代谢；磷酸二羟丙酮
43. 溶血磷脂酸；磷脂酸
44. 磷脂酰胆碱；磷脂酰乙醇胺
45. 磷脂酶 C；磷脂酶 D
46. 甘油二酯；CDP-甘油二酯
47. 载脂蛋白；VLDL
48. 甘油三酯合成；VLDL 形成
49. 脑组织；神经组织

50. 成熟红细胞；80
51. 内质网；NADPH
52. ATP；NADPH
53. HMG-CoA；3
54. 滑面内质网；胆固醇合成
55. 脂酰 CoA；磷脂酰胆碱
56. 脂酰 CoA；磷脂酰胆碱
57. 甘氨酸；牛磺酸
58. 肾上腺皮质；性
59. 尿液；胆汁
60. 7-脱氢胆固醇；皮下

三、分子结构

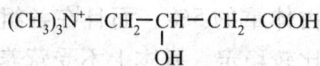

肉碱

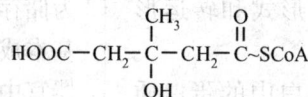

HMG-CoA

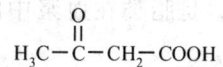

乙酰乙酸

$H_3C-CH-CH_2-COOH$
       |
      OH

β-羟丁酸

$H_3C-\overset{O}{\overset{\|}{C}}-CH_3$

丙酮

$HOOC-CH_2-\overset{O}{\overset{\|}{C}}\sim SCoA$

丙二酸单酰 CoA

四、化学反应

（一）写出下列代谢的总反应

1. 软脂酸 + ATP + $7H_2O$ + 7FAD + $7NAD^+$ + 8CoA = 8 乙酰 CoA + $7FADH_2$ + 7NADH + $7H^+$ + AMP + PPi

2. 2 乙酰 CoA + H_2O = 乙酰乙酸 + CoA

3. 乙酰乙酸 + 琥珀酰 CoA + CoA = 2 乙酰 CoA + 琥珀酸

4. 乙酰 CoA + 7 丙二酸单酰 CoA + $14NADPH$ + $14H^+$ = 软脂酸 + $7CO_2$ + $6H_2O$ + 8CoA + $14NADP^+$

5. 3 脂肪酸 + 甘油 + 7ATP + $4H_2O$ = 甘油三酯 + 7ADP + 7Pi

（二）写出下列酶催化的反应

1. 甘油 + ATP = 3-磷酸甘油 + ADP

2. 脂肪酸 + CoA + ATP = 脂酰 CoA + AMP + PPi

3. 胆固醇 + 脂酰 CoA = 胆固醇酯 + CoA

4. 胆固醇 + 磷脂酰胆碱 = 胆固醇酯 + 溶血磷脂酰胆碱

（三）写出下列代谢的关键反应

1. 甘油三酯 + H_2O = 脂肪酸 + 甘油二酯

2. 乙酰 CoA + CO_2 + H_2O + ATP = 丙二酸单酰 CoA + ADP + Pi

3. HMG-CoA + 2NADPH + $2H^+$ = 甲羟戊酸 + $2NADP^+$ + CoA

五、名词解释

1. 可变脂：脂肪组织储存脂的量受营养状况、运动、神经和激素等多种因素影响而改变，所以称为可变脂。

2. 基本脂：类脂是构成生物膜的基本成分，在各组织器官中的含量比较稳定，基本上不受营养状况和活动状况的影响，所以称为基本脂。

3. 血脂：血浆中的脂类。

4. 胰脂肪酶：胰腺分泌的一种脂肪酶，在小肠水解食物甘油三酯的 C-1 和 C-3 位酯键，生成脂肪酸和甘油一酯。

5. 血浆脂蛋白：由脂类与载脂蛋白构成，是脂类在血浆中的存在形式和转运形式。

6. 载脂蛋白：血浆脂蛋白中的蛋白质成分。

7. CM：即乳糜微粒，一种血浆脂蛋白，形成于小肠黏膜，功能是转运来自食物的外源性甘油三酯。

8. 脂蛋白脂酶：位于毛细血管内皮细胞表面，催化 CM、VLDL 的甘油三酯水解生成脂肪酸和甘油。

9. VLDL：即极低密度脂蛋白，一种血浆脂蛋白，形成于肝脏，功能是转运肝脏合成的内源性甘油三酯。

10. 脂肪动员：脂肪细胞内的甘油三酯被脂肪酶水解生成甘油和脂肪酸，释放入血，供给全身各组织氧化利用，这一过程称为脂肪动员。

11. 激素敏感性脂酶：位于脂肪细胞内的一种脂肪酶，是催化脂肪动员的关键酶，其活性受多种激素的调节。

12. β 氧化：脂肪酸分解代谢途径之一，脂肪酸通过该途径氧化降解成乙酰 CoA，反应主要发生在 β 碳原子上。

13. 酮体：乙酰乙酸、β-羟丁酸和丙酮的统称，是脂肪酸分解代谢的正常产物。

14. 脂肪肝：脂肪在肝脏内积累过多形成脂肪肝，这时肝脏被脂肪细胞所浸渗，形成非功能性脂肪组织。

15. HMG-CoA 还原酶：位于滑面内质网上，催化 NADPH 还原 HMG-CoA 生成甲羟戊酸，是催化胆固醇合成的关键酶。

六、问答题

1. 脂类包括脂肪和类脂，它们的组成和结构不相同，在体内的分布也不尽相同。①脂肪是脂肪组织的主要成分，脂肪组织分布在皮下、腹腔大网膜、肠系膜和内脏周围等，这些部位称为脂库。脂库储存的脂肪称为储存脂、可变脂。②类脂是构成生物膜的基本成分，约占体重的 5%，而且在各组织器官中的含量比较稳定，基本上不受营养状况和活动状况的影响，所以称为基本脂、固定脂。

2. 脂类包括脂肪和类脂，它们的组成和结构不相同，生理功能也不尽相同。①脂肪是机体最重要的能源。脂肪氧化供能多，所占细胞空间小，是一种理想的供能和储能物质。②脂肪不易导热，皮下脂肪可以防止热量散失而维持体温。③内脏周围的脂肪可以减少器官之间的摩擦，保护和固定内脏，缓冲机械性冲击。④食物脂肪既提供必需脂肪酸，又作为溶剂促进脂溶性维生素的吸收和转运。⑤类脂是构成生物膜的重要成分，占膜重量的 50% 以上。⑥胆固醇可以转化成胆汁酸、维生素 D 和类固醇激素等。

3. 不同血浆脂蛋白的形成场所不同，功能不同，代谢过程也不同：①CM 形成于小肠黏膜，功能是转运来自食物的甘油三酯。②VLDL 形成于肝脏，功能是转运肝脏合成的甘油三酯。③LDL 是在血浆中由 VLDL 转化而来的，功能是从肝脏向肝外组织转运胆固醇。④HDL 主要形成于肝脏，少量形成于小肠，功能是从肝外组织向肝脏转运胆固醇。

4. CM 形成于小肠黏膜，功能是转运来自食物的外源性甘油三酯：①食物脂类被消化吸收后，在小肠黏膜细胞内形成新生 CM。②新生 CM 通过淋巴进入血液，从 HDL 获得 apoC 和 apoE，形成成熟 CM。③在循血液循环流过脂肪组织和心肌、骨骼肌、哺乳期的乳腺等组织时，成熟 CM 的 apoC-II 激活毛细血管内皮细胞表面的脂蛋白脂酶。脂蛋白脂酶催化 CM 的甘油三酯水解生成脂肪酸和甘油，脂肪酸被组织吸收利用。④随着甘油三酯的不断水解，CM 逐渐变小，成为富含 apoB-48、apoE 和胆固醇的 CM 残体。⑤CM 残体流向肝脏，与肝细胞膜 apoE 受体结合，被肝细胞摄取降解。

5. VLDL 形成于肝脏，功能是转运肝脏合成的内源性甘油三酯。VLDL 代谢与 CM 类似：①新生 VLDL 进入血液，从 HDL 获得 apoC 和 apoE，形成成熟 VLDL。②脂蛋白脂酶催化成熟 VLDL 的甘油三酯水解生成脂肪酸和甘油，脂肪酸被组织吸收利用。③随着甘油三酯的不断水解，VLDL 颗粒逐渐变小，密度逐渐增大，转化成 IDL。④多数 IDL 被肝细胞摄取。⑤其余 IDL 的甘油三酯继续被脂蛋白脂酶水解，这些 IDL 最后成为富含胆固醇、胆固醇酯和 apoB-100 的 LDL。

6. LDL 是在血浆中由 VLDL 转化而来的，功能是从肝脏向肝外组织转运胆固醇。LDL 的代谢主要是通过与 LDL 受体结合后进入肝细胞或肝外组织细胞，并在溶酶体内被水解，释放出的游离胆固醇被细胞利用。

7. HDL 主要形成于肝脏，少量形成于小肠，功能是从肝外组织向肝脏转运胆固醇。①新生 HDL 为圆盘状磷脂双层结构，表面有 LCAT。②HDL 进入血液后，LCAT 催化来自 CM、VLDL 和肝外组织细胞的胆固醇与磷脂酰胆碱发生酰基转移反应，生成溶血磷脂酰胆碱和胆固醇酯。胆固醇酯进入 HDL 脂核，使其体积逐渐增大，成为球形成熟 HDL。③成熟 HDL 被肝细胞摄取降解，其中一部分胆固醇转化成胆汁酸。

8. ①脂肪细胞内的甘油三酯被水解生成甘油和脂肪酸，释放入血，供给全身各组织氧化利用，这一过程称为脂肪动员。②催化脂肪动员的关键酶是 HSL，其活性受多种激素的调节。③肾上腺素、去甲肾上腺素、胰高血糖素和生长激素等能激活 HSL，促进脂肪动员。④胰岛素、前列腺素和雌二醇等能抑制 HSL，阻抑脂肪动员。

9. 脂肪酸氧化有多条途径，其中最主要的是 β 氧化：①脂肪酸由位于线粒体外膜上的脂酰 CoA 合成酶催化活化成脂酰 CoA。②脂酰 CoA 以肉碱为载体转运进入线粒体。需要肉碱酰基转移酶 I、肉碱酰基转移酶 II 催化。③脂酰 CoA 接下来的氧化过程包括脱氢、加水、再脱氢和硫解四步反应，最终降解成乙酰 CoA，由脂酰 CoA 脱氢酶、α,β-烯脂酰 CoA 水化酶、β-羟脂酰 CoA 脱氢酶、β-酮脂酰 CoA 硫解酶催化。

10. ①1 分子 14 碳的脂肪酸经 6 次 β 氧化生成 7 乙酰 CoA、$6FADH_2$ 和 6NADH。它们继续代谢可生成 ATP 数：$7 \times 12 + 6 \times 2 + 6 \times 3 = 114$ ATP。②1 分子 14 碳的脂肪酸活化时消耗 2ATP。③1 分子 14 碳的脂肪酸彻底氧化净生成 112ATP。

11. ①1 分子硬脂酰甘油三酯中含有 3 分子硬脂酸。②1 分子硬脂酸经 8 次 β 氧化生成 9 乙酰 CoA、$8FADH_2$ 和 8NADH。它们继续代谢可生成 ATP 数：$9 \times 12 + 8 \times 2 + 8 \times 3 = 148$ ATP。③1 分子硬脂酸活化时消耗 2ATP。④1 分子硬脂酸彻底氧化净生成 146ATP。⑤3 分子硬脂酸彻底氧化净生成 438ATP。

12. 酮体包括乙酰乙酸、β-羟丁酸和丙酮，以乙酰 CoA 为原料在肝脏线粒体内合成：①两分子乙酰 CoA 由硫解酶催化缩合，生成乙酰乙酰 CoA。②乙酰乙酰 CoA 由 HMG-CoA 合酶催化与一分子乙酰 CoA 缩合，生成 HMG-CoA。③HMG-CoA 由 HMG-CoA 裂解酶催化裂解，生成乙酰乙酸和乙酰 CoA。④乙酰乙酸由 β-羟丁酸脱氢酶催化还原，生成 β-羟丁酸。⑤乙酰乙酸由乙酰乙酸脱羧酶催化脱羧，生成丙酮。

13.①酮体包括乙酰乙酸、β-羟丁酸和丙酮，以乙酰 CoA 为原料在肝脏线粒体内合成。②乙酰乙酸和 β-羟丁酸通过血液循环运送到肝外组织，在线粒体内被氧化分解；丙酮不能被利用，主要随尿液排出体外。当血浆中酮体水平异常升高时，丙酮也可以由肺呼出。③酮体是脂肪酸分解代谢的正常产物，是乙酰 CoA 的转运形式。④肝脏的 β 氧化能力最强，可以为其他组织代加工，把脂肪酸氧化成乙酰 CoA。不过，乙酰 CoA 不能直接透过细胞膜进行转运，必须转化成可以转运的形式。⑤酮体是水溶性小分子，容易透过毛细血管壁，被肝外组织特别是心脏、肾脏和骨骼肌吸收利用。⑥饥饿时血糖水平下降，脑组织也可以利用酮体。

14.①除了从食物摄取之外，脂肪酸主要在体内合成。②乙酰 CoA 和 NADPH 是脂肪酸的合成原料：糖类、脂类和蛋白质分解代谢均可以产生乙酰 CoA，NADPH 主要来自磷酸戊糖途径。③脂肪酸合成还需要 ATP、生物素、CO_2 和 Mn^{2+} 或 Mg^{2+} 等。④脂肪酸是在肝脏、乳腺和脂肪组织等的细胞液中合成的。⑤肝脏是人体内脂肪酸合成最活跃的场所，其合成能力较脂肪组织大 8 ~ 9 倍。

15.①酮体是乙酰 CoA 从肝脏向肝外转运的形式，通过酮体的合成和利用过程进行，为肝外组织供能。②柠檬酸是乙酰 CoA 从线粒体向细胞液转运的形式，通过柠檬酸穿梭进行，用于合成脂肪酸和胆固醇。

16.①葡萄糖经过有氧氧化途径可生成乙酰 CoA，葡萄糖经过磷酸戊糖途径可生成 NADPH。乙酰 CoA 和 NADPH 可用来合成脂肪酸。②糖代谢可产生 ATP，ATP 可将脂肪酸活化成脂酰 CoA。③葡萄糖在酵解途径中产生的磷酸二羟丙酮可还原成 3-磷酸甘油。④3-磷酸甘油可与 3 分子脂酰 CoA 缩合，生成甘油三酯。

17. 脂肪酸 β 氧化与软脂酸合成有着根本区别，这有利于对两个代谢进行调控。

	脂肪酸 β 氧化	软脂酸合成
代谢场所	线粒体	细胞液
运输载体	肉碱	草酰乙酸
酰基载体	CoA	CoA、ACP
递氢体	FAD、NAD^+	NADPH
烯脂酰双键构型	反式	反式
羟脂酰构型	L	D
是否需要 CO_2	−	+
是否需要柠檬酸	−	+
是否需要生物素	−	+

18.（1）甘油既是脂肪动员和食物甘油三酯消化吸收的产物，又是合成脂肪的原料。

（2）甘油溶于水，可以直接通过血液循环转运。

（3）肝脏、肾脏和小肠等富含甘油激酶，可以吸收甘油，并且将其磷酸化生成 3-磷酸甘油，然后进入以下代谢：①脱氢生成磷酸二羟丙酮，通过糖代谢途径分解或合成葡萄糖等其他物质。②用于合成甘油三酯。

（4）骨骼肌和脂肪细胞内缺乏甘油激酶，所以它们不能利用甘油。

（5）脂肪细胞合成甘油三酯所需的 3-磷酸甘油主要来自糖代谢，由磷酸二羟丙酮还原生成。

19. 脂肪动员是指脂肪细胞内的甘油三酯被水解生成甘油和脂肪酸，释放入血，供给全身各组织氧化利用。甘油和脂肪酸是脂肪动员的产物。

甘油和脂肪酸是甘油三酯的合成原料，但甘油和脂肪酸必须先活化成 3-磷酸甘油和脂酰 CoA 才能用于合成甘油三酯。由脂肪酸和甘油合成 1 分子甘油三酯要消耗 7 分子 ATP。

20. 肝脏是合成甘油三酯最活跃的场所，合成后进一步与载脂蛋白结合形成 VLDL 向肝外组织转运。形成脂肪肝的两个直接原因是甘油三酯合成过多和 VLDL 形成发生障碍：①肝脏甘油三酯合成过多：常见于甘油三酯或糖的摄入量过多以及脂肪动员加强。②VLDL 形成发生障碍：VLDL 所含磷脂对甘油三酯的转运起重要作用。磷脂摄入不足或合成发生障碍都会导致 VLDL 的形成比甘油三酯的合成慢，使肝脏合成的甘油三酯不能及时输出，积累形成脂肪肝。

21. 因为胆碱是磷脂酰胆碱的合成原料，而磷脂酰胆碱具有协助甘油三酯运输的作用。当其合成量不足时，在肝内合成的甘油三酯外运发生障碍，造成甘油三酯在肝脏堆积而形成脂肪肝。因此，胆碱具有抗脂肪肝的作用，可用于防治脂肪肝。

22. 胆固醇酯是胆固醇的储存形式和运输形式。胆固醇有两种酯化方式：①在细胞内，胆固醇由脂酰 CoA 胆固醇酰基转移酶催化从脂酰 CoA 获得一个酰基，生成胆固醇酯。②在血浆中，胆固醇由磷脂酰胆碱胆固醇酰基转移酶催化从磷脂酰胆碱获得一个酰基，生成胆固醇酯。

23. 胆固醇在人体内不能分解成 CO_2 和 H_2O，但可以转化成具有重要生物活性的物质：①在肝脏中转化成胆汁酸。②在肾上腺皮质中转化成肾上腺皮质激素，在卵巢和睾丸等性腺中转化成性激素。③在肝脏和肠黏膜细胞内转化成 7-脱氢胆固醇（维生素 D 原）。后者储存于皮下，经过紫外线照射后转化成维生素 D_3。

第十一章 蛋白质的分解代谢

一、选择题

（一）A型题

1. 氮总平衡常见于（　　）P. 160
   A. 长时间饥饿
   B. 儿童、孕妇
   C. 健康成年人
   D. 康复期病人
   E. 消耗性疾病

2. 氮负平衡常见于（　　）P. 160
   A. 长时间饥饿
   B. 大量失血
   C. 大面积烧伤
   D. 消耗性疾病
   E. 以上都可能

3. 下列哪类氨基酸都是必需氨基酸?（　　）P. 161
   A. 芳香族氨基酸
   B. 含硫氨基酸
   C. 碱性氨基酸
   D. 支链氨基酸
   E. 脂肪族氨基酸

4. 不含必需氨基酸的是（　　）P. 161
   A. 芳香族氨基酸
   B. 含硫氨基酸
   C. 碱性氨基酸

D. 酸性氨基酸
E. 支链氨基酸

5. 对儿童为必需氨基酸而对成人为非必需氨基酸的是（　　）P. 162
   A. 苯丙氨酸、苏氨酸
   B. 甲硫氨酸、苏氨酸
   C. 精氨酸、组氨酸
   D. 亮氨酸、异亮氨酸
   E. 色氨酸、缬氨酸

6. 哪组是非必需氨基酸?（　　）P. 162
   A. 苯丙氨酸和赖氨酸
   B. 谷氨酸和脯氨酸
   C. 甲硫氨酸和色氨酸
   D. 亮氨酸和异亮氨酸
   E. 苏氨酸和缬氨酸

7. 蛋白质的互补作用是指（　　）P. 162
   A. 不同的蛋白质混合食用以提高营养价值
   B. 糖类、脂类和蛋白质混合食用以提高营养价值
   C. 糖类和蛋白质混合食用以提高营养价值
   D. 糖类和脂类混合食用以提高营养价值
   E. 脂类和蛋白质混合食用以提高营养价值

8. 胰蛋白酶水解（　　）P. 163
   A. 芳香族氨基酸的羧基形成的肽键
   B. 碱性氨基酸的羧基形成的肽键
   C. 酸性氨基酸的羧基形成的肽键

D. 位于羧基末端的碱性氨基酸形成的肽键

E. 脂肪族氨基酸的羧基形成的肽键

9. 被肠激酶激活的是（ ）P. 163

　　A. 糜蛋白酶原

　　B. 羧肽酶原

　　C. 弹性蛋白酶原

　　D. 胃蛋白酶原

　　E. 胰蛋白酶原

10. 赖氨酸的脱羧产物是（ ）P. 164

　　A. 多巴胺　　　　B. 腐胺

　　C. 酪胺　　　　　D. 尸胺

　　E. 组胺

11. 腐败生成苯酚的是（ ）P. 165

　　A. 赖氨酸　　　　B. 酪氨酸

　　C. 色氨酸　　　　D. 苏氨酸

　　E. 组氨酸

12. 腐败生成吲哚的是（ ）P. 165

　　A. 半胱氨酸　　　B. 精氨酸

　　C. 酪氨酸　　　　D. 鸟氨酸

　　E. 色氨酸

13. 氨基酸最主要的脱氨基方式是（ ）P. 166

　　A. 还原脱氨基反应

　　B. 联合脱氨基作用

　　C. 氧化脱氨基作用

　　D. 直接脱氨基

　　E. 转氨基反应

14. 氨基转移酶的辅基中含有（ ）P. 166

　　A. 维生素 B_1　　　B. 维生素 B_2

　　C. 维生素 B_6　　　D. 维生素 B_{12}

　　E. 维生素 PP

15. 下列叙述错误的是（ ）P. 166

　　A. 氨基酸的吸收是主动转运过程

　　B. 氨基酸脱氨基的主要方式是联合脱氨基作用

　　C. 氨基酸脱氨基生成 α-酮酸和 NH_3

D. 氨基酸脱羧基生成胺和 CO_2

E. 转氨基反应是所有氨基酸共有的代谢

16. 可经转氨基反应生成谷氨酸的是（ ）P. 167

　　A. α-酮戊二酸　　B. 草酰乙酸

　　C. 琥珀酸　　　　D. 苹果酸

　　E. 延胡索酸

*17. 三羧酸循环某一中间产物可经转氨基反应生成（ ）P. 167

　　A. Ala　　　　　B. Arg

　　C. Glu　　　　　D. Lys

　　E. Ser

18. 天冬氨酸氨基转移酶在哪种组织中活性最高？（ ）P. 167

　　A. 肺　　　　　B. 肝脏

　　C. 脑　　　　　D. 肾脏

　　E. 心脏

19. 丙氨酸氨基转移酶在哪种组织中活性最高？（ ）P. 167

　　A. 肺　　　　　B. 肝脏

　　C. 脑　　　　　D. 肾脏

　　E. 心脏

20. 血清中酶活性增高的主要原因通常是（ ）P. 167

　　A. 酶由尿液中排除减少

　　B. 体内代谢降低，使酶的降解减少

　　C. 细胞内外某些酶被激活

　　D. 细胞受损使细胞内酶释放入血

　　E. 在某些器官中酶蛋白的合成增加

21. 测定哪种酶的活性可以辅助诊断急性肝炎？（ ）P. 167

　　A. ALT　　　　　B. AST

　　C. FAD　　　　　D. MAO

　　E. NAD

22. 肝细胞内能直接进行氧化脱氨基作用的是（ ）P. 167

　　A. 丙氨酸　　　　B. 谷氨酸

C. 丝氨酸　　　　D. 天冬氨酸

E. 缬氨酸

23. 催化谷氨酸氧化脱氨基的是（　　）
P.167

A. L-谷氨酸酶

B. L-谷氨酸脱氨酶

C. L-谷氨酸脱氢酶

D. L-氨基酸氧化酶

E. L-谷氨酸转氨酶

24. 催化 α-酮戊二酸和 NH_3 生成相应含氮化合物的是（　　）P.167

A. γ-谷氨酰转肽酶

B. L-谷氨酸脱氢酶

C. L-谷氨酰胺合成酶

D. 丙氨酸氨基转移酶

E. 天冬氨酸氨基转移酶

25. L-谷氨酸脱氢酶的辅酶是（　　）
P.167

A. CoA　　　　B. FAD

C. FMN　　　　D. NAD

E. TPP

26. 天冬氨酸可由三羧酸循环的哪种中间产物直接生成？（　　）P.168

A. α-酮戊二酸　　B. 草酰乙酸

C. 琥珀酸　　　　D. 苹果酸

E. 延胡索酸

27. 天冬氨酸经联合脱氨基作用生成
（　　）P.168

A. α-酮戊二酸　　B. CO_2

C. NH_3　　　　D. 草酰乙酸

E. 谷氨酸

28. 在下列与氨基酸代谢有关的途径中，哪个对氨基酸的分解和合成都起着主要作用？（　　）P.168

A. 丙氨酸–葡萄糖循环

B. 甲硫氨酸循环

C. 联合脱氨基作用

D. 鸟氨酸循环

E. 嘌呤核苷酸循环

*29. 与联合脱氨基作用无关的是
（　　）P.168

A. α-酮戊二酸

B. L-谷氨酸脱氢酶

C. NAD

D. 氨基转移酶

E. 脯氨酸

30. 人体内氨的主要代谢去路是（　　）
P.169

A. 合成非必需氨基酸

B. 合成谷氨酰胺

C. 合成嘧啶碱

D. 合成尿素

E. 合成嘌呤碱

31. 脑中氨的主要代谢去路是（　　）
P.169

A. 合成必需氨基酸

B. 合成谷氨酰胺

C. 合成含氮碱

D. 合成尿素

E. 扩散入血

*32. 丙氨酸–葡萄糖循环的作用除转运氨之外尚可（　　）P.129，169

A. 促进氨基酸生糖

B. 促进氨基酸氧化供能

C. 促进氨基酸转化成脂肪

D. 促进非必需氨基酸的合成

E. 促进鸟氨酸循环

33. 哪种物质的合成过程仅在肝脏进行？（　　）P.170

A. 胆固醇　　　　B. 尿素

C. 糖原　　　　　D. 血浆蛋白

E. 脂肪酸

34. 尿素合成途径第一步反应的产物是
（　　）P.170

A. 氨甲酰磷酸　　B. 瓜氨酸

C. 精氨酸　　　　D. 鸟氨酸

E. 天冬氨酸

35. 合成尿素所需的第二个氮原子由哪种氨基酸直接提供？（ ）P. 171
　　A. 谷氨酰胺　　　　B. 瓜氨酸
　　C. 精氨酸　　　　　D. 鸟氨酸
　　E. 天冬氨酸

*36. 鸟氨酸循环与三羧酸循环通过哪种中间产物的代谢相联系？（ ）P. 171
　　A. 草酰乙酸　　　　B. 瓜氨酸
　　C. 琥珀酸　　　　　D. 天冬氨酸
　　E. 延胡索酸

37. 鸟氨酸循环的细胞定位是（ ）P. 172
　　A. 内质网和细胞液
　　B. 微粒体和线粒体
　　C. 细胞液和微粒体
　　D. 线粒体和内质网
　　E. 线粒体和细胞液

38. 血氨升高的主要原因是（ ）P. 172
　　A. 蛋白质摄入过多
　　B. 肝功能障碍
　　C. 碱性肥皂水灌肠
　　D. 脑功能障碍
　　E. 肾功能障碍

39. 高血氨症导致脑功能障碍的生化机制是氨增高会（ ）P. 172
　　A. 大量消耗脑中 α-酮戊二酸
　　B. 升高脑中 pH
　　C. 升高脑中尿素浓度
　　D. 抑制脑中酶活性
　　E. 直接抑制脑中呼吸链

40. 氨中毒的根本原因是（ ）P. 172
　　A. 氨基酸分解代谢增强
　　B. 肠道吸收氨过多
　　C. 肝损伤不能合成尿素
　　D. 合成谷氨酰胺减少
　　E. 肾功能衰竭导致氨排出障碍

41. 哪个不是 α-酮酸的代谢途径？（ ）P. 172
　　A. 彻底氧化分解，生成 CO_2 和 H_2O
　　B. 还原氨基化，合成非必需氨基酸
　　C. 转化成某些必需氨基酸
　　D. 转化成糖或酮体
　　E. 转化成脂类物质

42. α-酮酸的代谢去路不包括（ ）P. 172
　　A. 合成非必需氨基酸
　　B. 进入三羧酸循环
　　C. 转化成胺类
　　D. 转化成糖
　　E. 转化成脂肪

43. 仅使尿酮体增加的是（ ）P. 173
　　A. 谷氨酸和天冬氨酸
　　B. 精氨酸和异亮氨酸
　　C. 赖氨酸和亮氨酸
　　D. 酪氨酸和苏氨酸
　　E. 丝氨酸和缬氨酸

44. 单纯蛋白质代谢的最终产物是（ ）P. 173
　　A. CO_2、H_2O、NH_3、肌酸
　　B. CO_2、H_2O、NH_3、尿黑酸
　　C. CO_2、H_2O、NH_3、尿酸
　　D. CO_2、H_2O、尿素
　　E. CO_2、H_2O、尿酸

45. 与下列氨基酸相应的 α-酮酸，哪种是三羧酸循环的中间产物？（ ）P. 173
　　A. 丙氨酸　　　　　B. 谷氨酸
　　C. 赖氨酸　　　　　D. 鸟氨酸
　　E. 缬氨酸

46. 谷氨酸脱羧基反应需要哪种物质作为辅助因子？（ ）P. 173
　　A. NAD　　　　　　B. NADP
　　C. 磷酸吡哆胺　　　D. 磷酸吡哆醇
　　E. 磷酸吡哆醛

47. 磷酸吡哆醛参与（ ）P. 173

A. 羟化反应

B. 脱硫化氢反应

C. 脱氢反应

D. 脱水反应

E. 脱羧反应

48. 能直接生成 γ-氨基丁酸的是 （　　） P. 173

　　A. 半胱氨酸　　　B. 谷氨酸

　　C. 酪氨酸　　　　D. 鸟氨酸

　　E. 色氨酸

49. 与过敏反应有关的是 （　　） P. 174

　　A. 5-羟色胺　　　B. γ-氨基丁酸

　　C. 多胺　　　　　D. 牛磺酸

　　E. 组胺

50. 代谢生成牛磺酸的是 （　　） P. 174

　　A. 半胱氨酸　　　B. 甘氨酸

　　C. 谷氨酸　　　　D. 甲硫氨酸

　　E. 天冬氨酸

51. 参与形成结合胆汁酸的是 （　　）

P. 174，269

　　A. 5-羟色胺　　　B. γ-氨基丁酸

　　C. 多胺　　　　　D. 牛磺酸

　　E. 组胺

52. 能生成多胺的是 （　　） P. 174

　　A. 半胱氨酸　　　B. 谷氨酸

　　C. 酪氨酸　　　　D. 鸟氨酸

　　E. 色氨酸

53. 促进细胞增殖的是 （　　） P. 174

　　A. 5-羟色胺　　　B. γ-氨基丁酸

　　C. 多胺　　　　　D. 牛磺酸

　　E. 组胺

54. 脱羧基生成腐胺的是 （　　） P. 175

　　A. 苯丙氨酸　　　B. 酪氨酸

　　C. 鸟氨酸　　　　D. 苏氨酸

　　E. 组氨酸

55. 能提供一碳单位的是 （　　） P. 175

　　A. 苯丙氨酸　　　B. 谷氨酸

　　C. 酪氨酸　　　　D. 丝氨酸

E. 天冬氨酸

56. N^5-CH_3-FH_4可以 （　　） P. 177

　　A. 提供甲基合成 dTMP

　　B. 通过甲硫氨酸循环提供甲基，参
　　　与重要甲基化合物的合成

　　C. 转化成 N^5, N^{10}-CH_2-FH_4

　　D. 转化成 N^5, N^{10}-CH = FH_4

　　E. 转化成 N^{10}-CHO-FH_4

57. 活性甲基供体是 （　　） P. 177

　　A. S-腺苷甲硫氨酸

　　B. 半胱氨酸

　　C. 胱氨酸

　　D. 甲硫氨酸

　　E. 同型半胱氨酸

58. 下列叙述错误的是 （　　） P. 177

　　A. S-腺苷同型半胱氨酸是甲硫氨酸
　　　循环的中间产物

　　B. 甲硫氨酸循环是耗能过程

　　C. 甲硫氨酸循环需要维生素 B_{12} 及
　　　叶酸参加

　　D. 甲硫氨酸循环与机体内很多合成
　　　代谢有关

　　E. 经甲硫氨酸循环可合成甲硫氨
　　　酸，故甲硫氨酸是非必需氨基酸

59. 产生活性硫酸根的是 （　　） P. 178

　　A. 半胱氨酸　　　B. 甘氨酸

　　C. 谷氨酸　　　　D. 酪氨酸

　　E. 色氨酸

60. 芳香族氨基酸是 （　　） P. 178

　　A. 半胱氨酸、胱氨酸和甲硫氨酸

　　B. 苯丙氨酸、酪氨酸和色氨酸

　　C. 谷氨酸和天冬氨酸

　　D. 精氨酸、赖氨酸和组氨酸

　　E. 亮氨酸、缬氨酸和异亮氨酸

61. 苯丙酮酸尿症患者缺乏 （　　）

P. 179

　　A. 苯丙氨酸羟化酶

　　B. 多巴胺羟化酶

C. 酪氨酸酶

D. 酪氨酸羟化酶

E. 酪氨酸转氨酶

62. 白化病患者先天性缺乏（ ） P. 180

    A. 苯丙氨酸羟化酶

    B. 对羟苯丙氨酸氧化酶

    C. 酪氨酸酶

    D. 酪氨酸转氨酶

    E. 尿黑酸氧化酶

63. 生成儿茶酚胺的是（ ） P. 180

    A. 丙氨酸　　　　B. 谷氨酸

    C. 甲硫氨酸　　　D. 酪氨酸

    E. 色氨酸

（二）X 型题

1. 哪些是必需氨基酸？（ ） P. 161

    A. 甲硫氨酸　　　B. 赖氨酸

    C. 酪氨酸　　　　D. 亮氨酸

    E. 丝氨酸

2. 哪些是内肽酶？（ ） P. 163

    A. 氨肽酶　　　　B. 糜蛋白酶

    C. 羧肽酶 B　　　D. 弹性蛋白酶

    E. 胰蛋白酶

3. 氨基酸的腐败产物有（ ） P. 164

    A. CH_4　　　　B. H_2S

    C. 胺　　　　　　D. 酚

    E. 吲哚

4. 氨基酸的一般代谢是指（ ） P. 165

    A. 合成活性物质

    B. 合成组织蛋白

    C. 脱氨基代谢

    D. 脱羧基代谢

    E. 转氨基反应

5. 氨基酸的主要去路有（ ） P. 165

    A. 合成组织蛋白

    B. 生成胺类

    C. 脱氨基成 α-酮酸

    D. 氧化分解

    E. 转化成嘌呤、嘧啶等

6. 必需氨基酸用于（ ） P. 165

    A. 合成蛋白质

    B. 合成非必需氨基酸

    C. 合成谷胱甘肽

    D. 合成激素

    E. 合成维生素

7. 不产生游离氨的是（ ） P. 166

    A. ALT 催化的反应

    B. 联合脱氨基作用

    C. 嘌呤核苷酸循环

    D. 氧化脱氨基作用

    E. 转氨基反应

8. 能产生游离氨的是（ ） P. 166

    A. 联合脱氨基作用

    B. 嘌呤核苷酸循环

    C. 天冬氨酸的直接脱氨基作用

    D. 氧化脱氨基作用

    E. 转氨基反应

*9. 能直接生成草酰乙酸的有（ ） P. 122，129，168

    A. 丙酮酸　　　　B. 苹果酸

    C. 乳酸　　　　　D. 天冬氨酸

    E. 脂肪酸

10. 肝内联合脱氨基作用是将哪些反应联合起来进行的？（ ） P. 168

    A. 谷氨酸的氧化脱氨基

    B. 脱氨基

    C. 脱水脱氨基

    D. 直接脱氨基

    E. 转氨基

11. 参与联合脱氨基作用的是（ ） P. 168

    A. FAD　　　　　B. NAD

    C. TPP　　　　　D. 磷酸吡哆醛

    E. 生物素

*12. 对联合脱氨基作用的正确叙述是（ ） P. 168

A. 不需要任何辅助因子

B. 可以在各组织中进行

C. 逆过程可以合成非必需氨基酸

D. 是产生游离氨的主要方式

E. 需要消耗高能化合物

*13. 血氨可以来自（ ）P.169

A. 氨基酸的脱氨基作用

B. 胺的氧化分解

C. 蛋白质的腐败

D. 碱性尿

E. 肾小管细胞内谷氨酰胺分解

14. 氨的代谢去路有（ ）P.169

A. 合成部分必需氨基酸

B. 合成非必需氨基酸

C. 合成谷氨酰胺

D. 合成尿素

E. 合成尿酸

15. 转运血氨的主要是（ ）P.169

A. 丙氨酸　　　B. 谷氨酸

C. 谷氨酰胺　　E. 天冬氨酸

E. 天冬酰胺

*16. 消耗 ATP 的是（ ）P.170

A. NH_3→氨甲酰磷酸

B. 瓜氨酸→精氨酸代琥珀酸

C. 精氨酸→鸟氨酸

D. 精氨酸代琥珀酸→精氨酸

E. 鸟氨酸→瓜氨酸

17. 参与鸟氨酸循环的是（ ）P.172

A. 丙氨酸

B. 瓜氨酸

C. 精氨酸代琥珀酸

D. 磷脂酰乙醇胺

E. 异柠檬酸

18. 合成尿素的氮来自（ ）P.172

A. 氨分子　　　B. 瓜氨酸

C. 精氨酸　　　E. 鸟氨酸

E. 天冬氨酸

19. 参与鸟氨酸循环的有（ ）P.172

A. 谷氨酰胺　　　B. 瓜氨酸

C. 精氨酸　　　　D. 赖氨酸

E. 鸟氨酸

*20. 经转氨基反应后可进入糖代谢途径的是（ ）P.173

A. 丙氨酸　　　B. 谷氨酸

C. 赖氨酸　　　D. 亮氨酸

E. 天冬氨酸

21. 色氨酸代谢可生成（ ）P.174

A. 5-羟色胺　　B. 泛酸

C. 牛磺酸　　　D. 褪黑激素

E. 一碳单位

22. 属于一碳单位的有（ ）P.175

A. —CH_3　　　B. —CH = NH

C. —CH_2—　　D. —CHO

E. CO_2

23. 提供一碳单位的有（ ）P.175

A. 甘氨酸　　　B. 亮氨酸

C. 色氨酸　　　D. 丝氨酸

E. 组氨酸

24. 由活性甲基合成的有（ ）P.177

A. 胆碱

B. 胍乙酸

C. 肌酸

D. 去甲肾上腺素

E. 乙醇胺

25. 影响一碳单位代谢的有（ ）P.177

A. B_6　　　　　B. B_{12}

C. 泛酸　　　　D. 生物素

E. 叶酸

26. 关于甲硫氨酸循环的错误叙述是（ ）P.177

A. 不需要辅助因子参与

B. 甲硫氨酸能直接提供甲基

C. 可以提供活性甲基

D. 可以再生甲硫氨酸

E. 可以再生四氢叶酸

27. S-腺苷甲硫氨酸的重要作用是（ ）
P. 177

    A. 补充甲硫氨酸

    B. 提供甲基

    C. 提供腺苷

    D. 再生四氢叶酸

    E. 转化成半胱氨酸

28. 半胱氨酸的代谢物是（ ） P. 178

    A. PAPS   B. 丙酮酸

    C. 甘氨酸   D. 谷胱甘肽

    E. 牛磺酸

29. 酪氨酸代谢可以生成（ ） P. 179

    A. 苯丙氨酸   B. 黑色素

    C. 甲状腺激素   D. 延胡索酸

    E. 乙酰乙酸

二、填空题

1. 氮负平衡是指摄入氮（ ）排出氮，表示体内蛋白质的分解代谢（ ）合成代谢。P. 160

2. 成人每人每天至少需要补充（ ）g 食物蛋白才能维持氮总平衡，这就是蛋白质的（ ）。P. 161

3. 食物蛋白营养价值的高低主要取决于其必需氨基酸含量的高低及所含必需氨基酸的（ ）和（ ）是否与人体对必需氨基酸的需求一致。P. 161

4. 胃黏膜主细胞分泌的（ ）由胃黏膜壁细胞分泌的胃酸激活成（ ）。P. 162

5. 胰腺分泌的内肽酶包括胰蛋白酶、（ ）和（ ）等。P. 163

6. 胰腺分泌的外肽酶主要有（ ）和（ ）。P. 163

7. 肠黏膜细胞分泌的蛋白酶根据水解特异性的不同分为（ ）和（ ）。P. 164

8. 肠激酶位于（ ）表面，在（ ）作用下可以大量释入肠液。P. 164

9. 肠黏膜、肾小管上皮和肌肉等的细胞膜上均存在着转运氨基酸的（ ），能够在耗能、需（ ）的条件下将氨基酸主动吸收到细胞内。P. 164

10. 在氨基酸的主动吸收过程中，负责转运脯氨酸、羟脯氨酸和甘氨酸的载体蛋白称为（ ）和（ ）载体。P. 164

11. 在肠道内，氨基酸受肠道菌作用发生脱羧反应，生成相应的胺类，如赖氨酸脱羧基生成（ ），苯丙氨酸脱羧基生成（ ）。P. 164

12. 转氨基反应过程只（ ），不（ ）。P. 166

13. 转氨基反应需要维生素 B_6 的活性形式——（ ）和（ ）作为氨基转移酶的辅助因子协助转氨基。P. 166

14. 大多数氨基酸都可以通过转氨基反应将 α-氨基转移给（ ），生成（ ）和相应的 α-酮酸。P. 166

15. 在正常情况下，氨基转移酶主要存在于组织细胞内，尤以在心脏和（ ）内活性最高，而在（ ）中活性很低。P. 167

16. L-谷氨酸脱氢酶是以（ ）为辅酶的不需氧脱氢酶，所产生的（ ）可以通过氧化磷酸化推动合成 ATP。P. 167

17. 少数氨基酸可以通过其他非氧化脱氨基作用进行脱氨基，例如（ ）可以进行脱水脱氨基，生成丙酮酸；（ ）可以进行裂解脱氨基，生成延胡索酸。P. 168

18. 临床上对高血氨病人禁用碱性肥皂水灌肠，对肝硬化产生腹水的病人不宜使用（ ）利尿药，以免造成（ ）。P. 169

19. 谷氨酰胺合成酶催化谷氨酸和（ ）合成谷氨酰胺，反应消耗（ ）。P. 169

20. 1932 年，德国学者（ ）研究发现，在有氧条件下将大鼠肝切片与铵盐保温数小时可以合成（ ）。P. 170

21. 1932 年，德国学者 Krebs 和 Hense-

leit 研究发现，（　）、（　）和精氨酸都能促进尿素的合成，但它们的量并不减少。P. 170

22. 在肝细胞（　）内，氨甲酰磷酸合成酶 I 催化 NH_3、CO_2 和（　）合成氨甲酰磷酸。P. 170

23. 在肝（　）中，精氨酸由精氨酸酶催化水解，生成尿素和（　）。P. 171

24. 肝功能严重受损时尿素合成发生障碍，会导致（　），大量的 NH_3 进入脑组织，与脑细胞内的 α-酮戊二酸结合生成谷氨酸，并进一步生成（　）。P. 172

25. 生糖氨基酸通过分解代谢生成的丙酮酸、草酰乙酸、（　）、（　）、延胡索酸可以生糖。P. 173

26. γ-氨基丁酸是一种重要的（　）神经递质，由（　）脱羧基生成。P. 174

27. 5-羟色胺由色氨酸通过羟化和脱羧基生成。在松果体，5-羟色胺通过乙酰化和甲基化等反应生成（　）。在外周，5-羟色胺是一种强烈的（　）。P. 174

28. 组胺由组氨酸脱羧基生成，是一种强烈的血管舒张剂，能够（　）毛细血管通透性，引起血压（　）。P. 174

29. 牛磺酸由（　）氧化和脱羧基生成。在（　）内，牛磺酸参与合成结合胆汁酸。P. 174

30. 在由四氢叶酸携带的一碳单位中，甲基是最不活泼的，以至于它无法直接提供给甲基受体，必须通过（　）进一步活化，转化成足够活泼的（　）。P. 176

31. 氨基酸分解产生的一碳单位由四氢叶酸携带和转运，参与嘌呤碱基和嘧啶碱基的合成，其中嘌呤环的 C-2 和 C-8 由（　）四氢叶酸提供，脱氧胸苷酸的 5-甲基由（　）四氢叶酸提供。P. 176，184，187

32. 甲硫氨酸循环是甲硫氨酸供出甲基后生成同型半胱氨酸、同型半胱氨酸获得甲基再生甲硫氨酸的过程，有（　）、（　）等辅助因子和 ATP 参与。P. 177

33. SAM 供出甲基后生成（　）氨酸，后者进一步脱去腺苷，生成（　）氨酸。P. 177

34. 胍乙酸获得（　）提供的甲基后生成（　）。P. 177

35. 半胱氨酸既可以氧化脱羧基生成（　）和 CO_2，又可以氧化脱氨基生成（　）、NH_3 和 H_2S。P. 178

36. PAPS 性质活泼，所含的（　）可以用于合成硫酸软骨素、硫酸角质素和肝素等黏多糖，进而与蛋白质结合，形成（　）。P. 178

37. 苯丙氨酸羟化酶是一种（　）酶，需要（　）作为辅助因子。P. 178

38. 当机体缺乏苯丙氨酸羟化酶时，苯丙氨酸不能羟化成酪氨酸，只能通过转氨基反应生成（　），后者在血液中积累，并随尿液排出，临床上称此为（　）。P. 179

39. 甲状腺激素是甲状腺分泌的激素的统称，包括（　）和（　），后者又称为甲状腺素。P. 179

40. 婴幼儿缺乏甲状腺激素时，中枢神经系统发育发生障碍，长骨生长停滞，表现出反应迟钝和身材矮小等特征，称为（　），属于（　）病。P. 179

*41. 碘缺乏病是机体缺碘所表现的一组疾病的总称。缺碘多具有（　），缺碘会影响甲状腺激素的合成，结果促甲状腺素不断刺激甲状腺，引起甲状腺组织增生、肿大，发生（　）。P. 179

42. 先天性缺乏（　）的患者因黑色素合成发生障碍，致使毛发、皮肤等缺少色素而呈白色，称为（　）。P. 180

43. 儿茶酚胺是重要的生物活性物质，其中多巴胺和（　）是神经递质，多巴胺生成不足是（　）发生的重要原因。P. 180

*20. 半胱氨酸代谢可产生哪些物质？它们有何生理功能？P. 174，177

参考答案

一、选择题

（一）A 型题

1. C　2. E　3. D　4. D　5. C　6. B
7. A　8. B　9. E　10. D　11. B　12. E
13. B　14. C　15. E　16. A　17. C　18. E
19. B　20. D　21. A　22. B　23. C　24. B
25. D　26. B　27. D　28. C　29. E　30. D
31. B　32. A　33. B　34. A　35. E　36. E
37. E　38. B　39. A　40. C　41. C　42. C
43. C　44. D　45. B　46. E　47. E　48. B
49. E　50. A　51. D　52. D　53. C　54. C
55. D　56. B　57. A　58. E　59. A　60. B
61. A　62. C　63. D

（二）X 型题

1. ABD　2. BDE　3. ABCDE　4. CD
5. ABCDE　6. ABDE　7. AE　8. ABCD
9. ABD　10. AE　11. BD　12. CD
13. ABCD　14. BCD　15. AC　16. AB
17. BC　18. AE　19. BCE　20. ABE
21. ADE　22. ABCD　23. ACDE　24. AC
25. BE　26. AB　27. BD　28. ABDE
29. BCDE

二、填空题

1. 少于；多于
2. 30～50；最低生理需要量
3. 种类；比例
4. 胃蛋白酶原；胃蛋白酶
5. 糜蛋白酶；弹性蛋白酶
6. 羧肽酶 A；羧肽酶 B
7. 肠激酶；寡肽酶
8. 肠黏膜细胞纹状缘；胆汁酸
9. 载体蛋白；Na^+
10. 亚氨基酸；甘氨酸
11. 尸胺；苯乙胺
12. 发生氨基转移；产生游离的 NH_3
13. 磷酸吡哆醛；磷酸吡哆胺
14. α-酮戊二酸；谷氨酸
15. 肝脏；血清
16. NAD^+；NADH
17. 丝氨酸；天冬氨酸
18. 碱性；血氨升高
19. NH_3；ATP
20. Krebs 和 Henseleit；尿素
21. 鸟氨酸；瓜氨酸
22. 线粒体；ATP
23. 细胞液；鸟氨酸
24. 血氨升高；谷氨酰胺
25. α-酮戊二酸；琥珀酰 CoA
26. 抑制性；谷氨酸
27. 褪黑激素；血管收缩剂
28. 增加；下降
29. 半胱氨酸；肝细胞
30. 甲硫氨酸循环；S-腺苷甲硫氨酸
31. N^{10}-甲酰基；N^5, N^{10}-甲烯基
32. 四氢叶酸；维生素 B_{12}
33. S-腺苷同型半胱；同型半胱
34. SAM；肌酸
35. 牛磺酸；丙酮酸
36. 活性硫酸根；蛋白聚糖
37. 加单氧；四氢生物蝶呤
38. 苯丙酮酸；苯丙酮酸尿症
39. 三碘甲腺原氨酸；四碘甲腺原氨酸
40. 呆小症；碘缺乏
41. 地区性；地方性甲状腺肿
42. 酪氨酸酶；白化病
43. 去甲肾上腺素；Parkinson's 病

三、分子结构

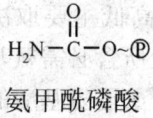
氨甲酰磷酸

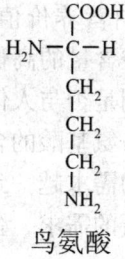
鸟氨酸

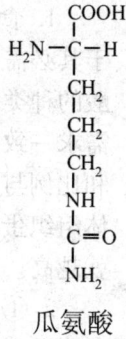
瓜氨酸

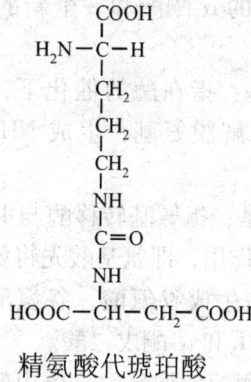
精氨酸代琥珀酸

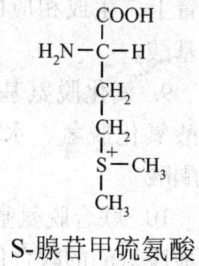
S-腺苷甲硫氨酸

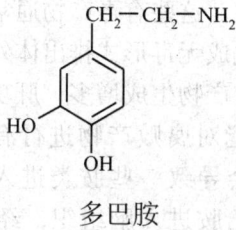
多巴胺

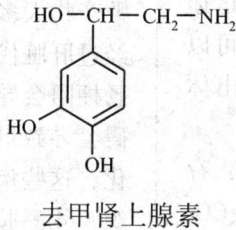
去甲肾上腺素

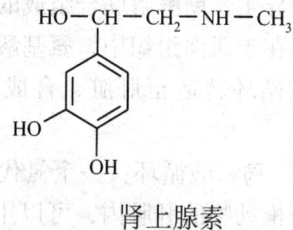
肾上腺素

四、化学反应

1. 丙氨酸 + α-酮戊二酸 = 丙酮酸 + 谷氨酸

2. 谷氨酸 + NAD^+ + H_2O = α-酮戊二酸 + NH_3 + NADH + H^+

3. 天冬氨酸 + α-酮戊二酸 = 草酰乙酸 + 谷氨酸

4. 谷氨酸 + NH_3 + ATP = 谷氨酰胺 + ADP + Pi

5. 苯丙氨酸 + O_2 + NADPH + H^+ = 酪氨酸 + $NADP^+$ + H_2O

五、名词解释

1. 氮平衡：摄入氮与排出氮之间的平衡关系，它反映出体内蛋白质的代谢状况。

2. 必需氨基酸：脊椎动物体内需要而自身又不能合成、必须由食物供给的一组标准氨基酸。

3. 蛋白质的互补作用：将不同种类营养价值较低的蛋白质混合食用，可以相互补充所缺少的必需氨基酸，从而提高其营养价值，称为蛋白质的互补作用。

4. 内肽酶：一类蛋白酶，包括胰蛋白酶、糜蛋白酶和弹性蛋白酶等，可以催化水解肽链的非末端肽键，水解产物是寡肽。

5. 外肽酶：一类蛋白酶，包括羧肽酶A和羧肽酶B，可以催化水解肽链的末端肽键，水解产物是氨基酸。

6. 肠激酶：一种蛋白酶，位于肠黏膜细胞纹状缘表面，在胆汁酸作用下大量释入肠液，可以将胰蛋白酶原激活成胰蛋白酶。

7. 腐败：在胃肠道内的消化过程中，未被消化的食物蛋白和未被吸收的消化产物在大肠下部受肠道菌作用，产生一系列对人体有害的物质，如胺类、酚类、吲哚类、H_2S、NH_3 和 CH_4 等，这一过程称为腐败。

8. 转氨基：指由氨基转移酶催化，将氨基酸的 α-氨基转移到一个 α-酮酸的羰基位置上，生成相应的 α-酮酸和一个新的 α-氨基酸。

9. 氧化脱氨基：指在酶的催化下，氨基酸氧化脱氢、水解脱氨基，生成 NH_3 和 α-酮酸。

10. 联合脱氨基：指氨基转移酶与 L-谷氨酸脱氢酶的联合作用，即氨基酸先将氨基转移给 α-酮戊二酸生成谷氨酸，谷氨酸再氧化脱氨基生成 NH_3 和 α-酮戊二酸。

11. 丙氨酸-葡萄糖循环：一个由转氨基、糖异生、糖酵解联合组成的氨的转运途径，存在于肌肉组织中，氨基酸的氨基可以通过该循环转运至肝脏，合成尿素排出体外。

12. 鸟氨酸循环：一个氮代谢途径，存在于脊椎动物的肝脏内，可以用氨基和 CO_2 合成尿素，排出体外。

13. 生糖氨基酸：这些氨基酸经过脱氨基生成的 α-酮酸可以通过糖异生途径合成葡萄糖。

14. 生酮氨基酸：亮氨酸和赖氨酸经过脱氨基生成的 α-酮酸仅能使尿酮体增加，称为生酮氨基酸。

15. 多胺：亚精胺和精胺的统称，由鸟氨酸和甲硫氨酸通过脱羧基等反应生成。

16. 一碳单位：有些氨基酸在分解代谢过程中可以产生含有一个碳原子的活性基团，称为一碳单位。

17. SAM：即 S-腺苷甲硫氨酸，又称为活性甲硫氨酸，由甲硫氨酸腺苷转移酶催化甲硫氨酸与 ATP 反应生成，分子内所含的甲基称为活性甲基，是一碳单位。

18. 儿茶酚胺：多巴胺、去甲肾上腺素和肾上腺素的统称，由酪氨酸代谢生成。

六、问答题

1. 食物蛋白营养价值的高低主要取决于其必需氨基酸含量的高低及所含必需氨基酸的种类和比例是否与人体对必需氨基酸的需求一致。必需氨基酸的含量越高而且种类和比例与人体的需求越一致，就越能满足人体组织蛋白更新的需求，蛋白质的营养价值就越高。

2. ①在肠道内，氨基酸受肠道菌作用发生脱羧反应，生成相应的胺类。包括酪氨酸生成酪胺，苯丙氨酸生成苯乙胺。②胺类腐败产物大多有毒性。这些有毒产物通常需要经过肝脏代谢转化成无毒形式排出体外。③肠梗阻会导致腐败产物生成增多，肝功能障碍会导致肝脏不能对腐败产物进行有效转化，这些疾患均会导致一些胺类进入脑组织。④酪胺和苯乙胺进入脑组织，经过 β-羟化酶作用，分别转化成 β-羟酪胺和苯乙醇胺，其结构类似于儿茶酚胺，故称为假神经递质。⑤假神经递质并不能传递兴奋，反而竞争性抑制儿茶酚胺传递兴奋，导致大脑功能障碍，发生深度抑制而昏迷，临床上称为肝性脑昏迷，简称肝昏迷，这就是肝昏迷的假神经递质学说。

3. ①分布于全身的游离氨基酸统称为氨基酸代谢库。②氨基酸代谢库氨基酸的 3 个来源：食物蛋白消化吸收，组织蛋白降解，机体利用 α-酮酸和 NH_3 合成非必需氨基酸。③氨基酸代谢库氨基酸的 4 条去路：主要是合成组织蛋白，脱氨基生成 α-酮酸和 NH_3，脱羧基生成胺类和 CO_2，通过特殊代谢途径生成一些重要的生物活性物质。④氨基酸代谢库内氨基酸的来源和去路通常形成动态平衡，以适应生理需要。

4. 氨基酸可以通过转氨基反应、氧化脱氨基作用、联合脱氨基作用及其他脱氨基作用进行脱氨基，其中联合脱氨基作用是最主要的脱氨基方式。

（1）转氨基是指由氨基转移酶催化，将氨基酸的 α-氨基转移到一个 α-酮酸的羧基位置上，生成相应的 α-酮酸和一个新的 α-氨基酸。该反应过程只发生氨基转移，不产生游离的 NH_3。

（2）氧化脱氨基是指在酶的催化下，氨基酸氧化脱氢、水解脱氨基，生成 NH_3 和 α-酮酸。其中 L-谷氨酸脱氢酶分布广、活性高，所催化反应的逆反应是合成谷氨酸的反应。

（3）联合脱氨基是氨基酸在氨基转移酶的催化下将氨基转移给 α-酮戊二酸生成谷氨酸，谷氨酸在 L-谷氨酸脱氢酶的催化下氧化脱氨基。联合脱氨基主要在肝脏和肾脏中进行，是体内大多数氨基酸脱氨基的主要途径，其逆过程是合成非必需氨基酸的主要途径。

（4）肌肉组织可以通过嘌呤核苷酸循环将氨基酸脱氨基。该循环消耗高能化合物。

（5）少数氨基酸可以通过其他非氧化脱氨基方式脱氨基，例如丝氨酸的脱水脱氨基，天冬氨酸的裂解脱氨基。

5. 不会。因为机体可以利用丙氨酸合成天冬氨酸：①丙氨酸脱氨基生成丙酮酸；②丙酮酸羧化生成草酰乙酸；③草酰乙酸转氨基生成天冬氨酸。

6. 氨基酸氧化脱氨基是指氨基酸在酶的催化下氧化脱氢、水解脱氨基，生成 NH_3 和 α-酮酸。

催化氧化脱氨基的酶有 L-谷氨酸脱氢酶和氨基酸氧化酶，其中 L-谷氨酸脱氢酶具有以下特点：①分布广、活性高，能催化 L-谷氨酸氧化脱氨基生成 NH_3 和 α-酮戊二酸。②是以 NAD^+（或 $NADP^+$）为辅酶的不需氧脱氢酶，所产生的 NADH 可以通过氧化磷酸化推动合成 ATP。③所催化的反应

可逆，其逆反应是细胞内合成谷氨酸的反应。④是一种变构酶，其活性受 ADP、GTP 等物质的变构调节。

7. ①在氨基转移酶（以磷酸吡哆醛为辅助因子）的催化下，氨基酸可以将氨基转移给 α-酮戊二酸，生成谷氨酸，②谷氨酸由 L-谷氨酸脱氢酶（以 NAD^+ 为辅助因子）催化氧化脱氨基，生成氨。③氨基转移酶与 L-谷氨酸脱氢酶联合作用称为联合脱氨基，可将多数氨基酸脱氨基。④联合脱氨基作用过程是可逆的，其逆过程是体内合成非必需氨基酸的主要途径。⑤氨基转移酶和 L-谷氨酸脱氢酶在体内普遍存在，所以联合脱氨基是大多数氨基酸脱氨基的主要途径。

8. ①丙氨酸经联合脱氨基生成丙酮酸、氨和 NADH。NADH 通过氧化磷酸化推动合成 3ATP。②丙酮酸进入线粒体，氧化脱羧生成乙酰 CoA 和 NADH。NADH 通过氧化磷酸化推动合成 3ATP。③乙酰 CoA 进入三羧酸循环彻底氧化，通过底物水平磷酸化和氧化磷酸化推动合成 12ATP。④1 分子丙氨酸彻底氧化共产生 18 分子 ATP。

9.（1）来源：①氨基酸脱氨基产生 NH_3。②胺类物质氧化产生 NH_3。③肠道内的腐败作用和尿素分解产生 NH_3。

（2）去路：①在肝脏合成尿素，通过肾脏排出体外。②合成非必需氨基酸和嘌呤碱基、嘧啶碱基等含氮物质。③部分由谷氨酰胺转运至肾脏，水解产生 NH_3，与 H^+ 结合成 NH_4^+，排出体外。

10. ①肝外组织代谢产生的 NH_3 多数转运至肝脏合成尿素。NH_3 有毒，不能直接通过血液循环转运，而是以谷氨酰胺和丙氨酸的形式来转运。②谷氨酰胺合成酶催化谷氨酸和 NH_3 合成谷氨酰胺，反应消耗 ATP。③谷氨酰胺是中性无毒分子，易溶于水，在脑组织内合成后可以通过血液循环转运至肝脏

和肾脏，由谷氨酰胺酶催化水解成谷氨酸和 NH_3。④在肝脏，NH_3 用于合成其他含氮化合物，或合成尿素，通过肾脏排出体外；在肾脏，NH_3 与 H^+ 结合成 NH_4^+，随尿液排出体外。⑤脑组织通过合成谷氨酰胺运输 NH_3，这在防止 NH_3 对脑的毒性作用方面起着重要作用。临床上治疗氨中毒时常口服或静脉滴注谷氨酸钠盐，以解除氨毒和降血氨。

11. （1）鸟氨酸循环过程分四步：①在肝细胞线粒体内，NH_3、CO_2 和 ATP 合成氨甲酰磷酸。②氨甲酰磷酸与鸟氨酸缩合，生成瓜氨酸。③瓜氨酸由线粒体内膜上的载体转运至细胞液中，与天冬氨酸缩合，生成精氨酸代琥珀酸，然后裂解，生成精氨酸和延胡索酸。④精氨酸水解生成尿素，通过血液循环转运至肾脏，随尿液排出体外。

（2）鸟氨酸循环意义：NH_3 是含氮化合物分解产生的有毒物质，尿素是 NH_3 的主要排泄形式。

12. NH_3 具有毒性，脑组织对 NH_3 尤为敏感。肝功能严重受损时尿素合成发生障碍，会导致血氨升高，称为高血氨症。血氨升高时大量的 NH_3 进入脑组织，与脑细胞内的 α-酮戊二酸结合生成谷氨酸，并进一步生成谷氨酰胺，结果是：①大量消耗 NADH 和 ATP 等能源物质；②大量消耗 α-酮戊二酸，使三羧酸循环速度降低，影响 ATP 的合成，使脑组织供能不足；③大量消耗谷氨酸，而谷氨酸是神经递质。能量及神经递质严重缺乏会影响到脑功能直至昏迷，临床上称为氨中毒或肝昏迷，这就是肝昏迷的氨中毒学说。

13. γ-氨基丁酸由谷氨酸脱羧基生成，脱羧反应由 L-谷氨酸脱羧酶催化，该酶在脑组织中活性最高，所以脑组织中 γ-氨基丁酸含量最高。生理功能：γ-氨基丁酸是一种重要的抑制性神经递质，其生成不足会引起中枢神经系统的过度兴奋。

14. 5-羟色胺由色氨酸通过羟化和脱羧基生成，在神经系统、胃肠道、血小板和乳腺等组织均能生成。生理功能：①在脑内，5-羟色胺属于抑制性神经递质，与调节睡眠、体温和镇痛等有关。②在松果体，5-羟色胺通过乙酰化和甲基化等反应生成褪黑激素。褪黑激素的分泌有昼夜节律和季节性节律，与机体的神经内分泌及免疫调节功能有密切关系。③在外周，5-羟色胺是一种强烈的血管收缩剂。

15. 组胺由组氨酸脱羧基生成，主要存在于呼吸道、消化道和皮肤等组织的肥大细胞内，在血液中浓度很低。过敏反应时肥大细胞会大量释放组胺。生理功能：①组胺是一种强烈的血管舒张剂，能够增加毛细血管通透性，引起血压下降。②组胺可以使支气管平滑肌痉挛，发生哮喘。③组胺可以刺激胃酸和胃蛋白酶分泌，常用于研究胃功能。④组胺是一种中枢神经递质，与控制觉醒和睡眠、调节情感和记忆等功能有关。

16. 多胺是亚精胺和精胺的统称，由鸟氨酸和甲硫氨酸通过脱羧基等反应生成。生理功能：多胺是调节细胞生长的重要物质，可以促进细胞增殖。

17. ①有些氨基酸在分解代谢过程中可以产生含有一个碳原子的活性基团，称为一碳单位。涉及一碳单位转移和利用的代谢称为一碳单位代谢。②一碳单位代谢与核酸代谢关系密切。氨基酸分解产生的一碳单位由四氢叶酸携带和转运，参与嘌呤碱基和嘧啶碱基的合成。③N^5-甲基四氢叶酸通过甲硫氨酸循环为生物合成提供活性甲基。

18. 甲硫氨酸循环是甲硫氨酸供出甲基后生成同型半胱氨酸、同型半胱氨酸获得甲基再生甲硫氨酸的过程：①甲硫氨酸与 ATP 反应，生成活性甲硫氨酸 SAM。②SAM 可以为甲基化反应提供活性甲基。SAM 供出甲基后生成 S-腺苷同型半胱氨酸。③S-腺苷同型半胱氨酸脱去腺苷，生成同型半胱氨酸。④同型半胱氨酸从 N^5-甲基四氢叶酸获得甲基，重新生成甲硫氨酸，完成甲硫氨酸循环。

甲硫氨酸循环的生理意义：①甲硫氨酸循环提供活性甲基，用于合成许多重要的甲基化合物。②N^5-甲基四氢叶酸通过甲硫氨酸循环供出甲基，使四氢叶酸得到再生，参与其他一碳单位代谢。

19. 维生素 B_{12} 是 N^5-甲基四氢叶酸甲基转移酶的辅助因子。当缺乏维生素 B_{12} 时，N^5-甲基四氢叶酸的甲基不能转移出去，既影响 SAM 的生成，又影响四氢叶酸的再生，进而影响一碳单位代谢，导致核酸合成减慢，细胞分裂速度下降。因此，维生素 B_{12} 不足会出现类似于叶酸缺乏的症状——巨幼红细胞性贫血。

20. ①半胱氨酸氧化脱羧基生成牛磺酸。在肝细胞内，牛磺酸参与合成结合胆汁酸。牛磺酸在脑组织中含量较多，可能起抑制性神经递质作用。②半胱氨酸氧化分解产生活性硫酸根 PAPS，用于合成硫酸软骨素、硫酸角质素和肝素等黏多糖。在生物转化过程中，PAPS 参与解毒。③半胱氨酸与谷氨酸、甘氨酸合成谷胱甘肽（GSH）。GSH 既是机体内重要的抗氧化剂，又参与生物转化。

第十二章 核苷酸代谢

习题

一、选择题

（一）A型题

1. 进行嘌呤核苷酸从头合成的主要器官是（　　）P.184

　　A. 肝脏　　　　　B. 脑

　　C. 肾脏　　　　　D. 小肠

　　E. 胸腺

2. 合成核苷酸所需的5-磷酸核糖来自（　　）P.184

　　A. 补救途径

　　B. 从头合成途径

　　C. 磷酸戊糖途径

　　D. 糖的有氧氧化途径

　　E. 糖酵解途径

3. 嘌呤核苷酸从头合成不需要（　　）P.184

　　A. CO_2　　　　　B. 甘氨酸

　　C. 谷氨酸　　　　D. 天冬氨酸

　　E. 一碳单位

4. 嘌呤核苷酸从头合成途径先合成（　　）P.184

　　A. AMP　　　　　B. GMP

　　C. IMP　　　　　D. UMP

　　E. XMP

5. 关于核苷酸从头合成途径（　　）

P.184

　　A. 氨甲酰磷酸为合成嘌呤环提供氨甲酰基

　　B. 次黄嘌呤－鸟嘌呤磷酸核糖转移酶催化 IMP 转化成 AMP

　　C. 合成过程中不会产生游离嘌呤碱

　　D. 嘌呤环的氮原子来自氨基酸的 α-氨基

　　E. 由 IMP 合成 AMP 和 GMP 需由 ATP 供能

6. 最直接联系核苷酸合成与糖代谢的是（　　）P.184

　　A. 1,6-二磷酸葡萄糖

　　B. 1-磷酸葡萄糖

　　C. 5-磷酸核糖

　　D. 6-磷酸葡萄糖

　　E. 葡萄糖

*7. 从头合成 IMP/UMP 需要（　　）P.185

　　A. 5-磷酸核糖　　　B. 氨甲酰磷酸

　　C. 甘氨酸　　　　　D. 甲硫氨酸

　　E. 一碳单位

8. 嘧啶核苷酸从头合成的特点是（　　）P.185

　　A. FH_4 提供一碳单位

　　B. 甘氨酸完整地掺入

　　C. 谷氨酸提供氮原子

　　D. 先合成氨甲酰磷酸

　　E. 在 5-磷酸核糖上合成碱基

*9. 来自谷氨酰胺酰胺基的是（　　）

P. 185
  A. TMP 的两个成环氮原子
  B. UMP 的两个成环氮原子
  C. 嘧啶环的两个成环氮原子
  D. 嘌呤环的两个成环氮原子
  E. 腺嘌呤的氨基

10. 嘧啶核苷酸从头合成途径先合成
（　　）P. 185
  A. CMP   B. TMP
  C. UDP   D. UMP
  E. UTP

11. 在嘧啶核苷酸合成代谢中，合成氨甲酰磷酸的场所是（　　）P. 185
  A. 溶酶体   B. 微粒体
  C. 细胞核   D. 细胞液
  E. 线粒体

*12. 不消耗 5-磷酸核糖焦磷酸的是
（　　）P. 186
  A. 次黄嘌呤转化成 IMP
  B. 从头合成 dTMP
  C. 合成乳清酸
  D. 鸟嘌呤转化成 GMP
  E. 腺嘌呤转化成 AMP

*13. 关于嘧啶核苷酸合成（　　）
P. 186
  A. CMP 是其他嘧啶核苷酸的前体
  B. 二氢乳清酸脱氢酶是关键酶
  C. 利用线粒体内的氨甲酰磷酸合成酶
  D. 嘧啶环上只有一个成环碳原子来自 CO_2
  E. 游离的氨是氨甲酰磷酸合成酶的底物

14. 合成 dTMP 的直接前体是（　　）
P. 187
  A. dCDP   B. dCMP
  C. dUDP   D. dUMP
  E. TMP

15. 由 dUMP 转化成 dTMP 的反应需要
（　　）P. 187
  A. N^5, N^{10}-甲烯基四氢叶酸
  B. N^5-甲基四氢叶酸
  C. N^5-甲酰基四氢叶酸
  D. N^5-亚胺甲基四氢叶酸
  E. N^{10}-甲基四氢叶酸

16. 只能进行核苷酸补救合成的是
（　　）P. 187
  A. 肝脏   B. 脑
  C. 脾脏   D. 肾脏
  E. 小肠

17. 脱氧核苷酸的生成方式是（　　）
P. 187
  A. 在核糖水平上还原
  B. 在核苷水平上还原
  C. 在一磷酸核苷水平上还原
  D. 在二磷酸核苷水平上还原
  E. 在三磷酸核苷水平上还原

18. 在人体内，嘌呤碱基代谢的最终产物是（　　）P. 188
  A. β-氨基酸   B. 尿囊素
  C. 尿素   D. 尿酸
  E. 乳清酸

19. 催化生成尿酸的是（　　）P. 188
  A. 核苷酸酶
  B. 黄嘌呤氧化酶
  C. 鸟嘌呤脱氨酶
  D. 尿酸氧化酶
  E. 腺苷脱氨酶

20. 别嘌呤醇抑制（　　）P. 189
  A. 核苷酸酶
  B. 黄嘌呤氧化酶
  C. 鸟嘌呤酶
  D. 尿酸酶
  E. 腺苷脱氨酶

21. 关于嘧啶分解代谢（　　）P. 189
  A. 产生 NH_3、CO_2 和 α-氨基酸

B. 产生 NH_3、CO_2 和 β-氨基酸

C. 产生尿酸

D. 代谢异常可导致痛风症

E. 需要黄嘌呤氧化酶

22. 分解产生 β-氨基异丁酸的核苷酸是 （ ） P. 189

A. AMP   B. CMP

C. IMP   D. TMP

E. UMP

23. 氮杂丝氨酸干扰核苷酸合成，因为它是哪种化合物的类似物？（ ） P. 189

A. 甘氨酸   B. 谷氨酰胺

C. 丝氨酸   D. 天冬氨酸

E. 天冬酰胺

*24. 5-氟尿嘧啶抗癌作用的机制是 （ ） P. 189

A. 合成错误的 DNA

B. 抑制二氢叶酸还原酶

C. 抑制尿嘧啶合成

D. 抑制胸苷酸合成

E. 抑制胸腺嘧啶合成

*25. 阿糖胞苷为抗肿瘤药物，作用机制是抑制 （ ） P. 190

A. 氨甲酰基转移酶

B. 二氢乳清酸脱氢酶

C. 二氢叶酸还原酶

D. 核糖核苷酸还原酶

E. 胸苷酸合成酶

（二）X 型题

1. 嘌呤环的成环原子来自 （ ） P. 184

A. CO_2 B. 甘氨酸

C. 谷氨酰胺   D. 天冬氨酸

E. 一碳单位

2. 嘧啶环的成环原子来自 （ ） P. 185

A. CO_2 B. 甘氨酸

C. 谷氨酰胺   D. 天冬氨酸

E. 一碳单位

3. 用氨甲酰磷酸合成的有 （ ）

P. 170，187

A. 胆汁酸   B. 嘧啶核苷酸

C. 尿素   D. 尿酸

E. 嘌呤核苷酸

*4. 属于酶和底物关系的是 （ ） P. 188

A. 核苷   B. 核苷酸

C. 核苷酸酶   D. 核酸

E. 磷酸核糖转移酶

*5. 分解生成尿酸的是 （ ） P. 188

A. AMP   B. GMP

C. IMP   D. UMP

E. XMP

6. 引起痛风症的原因是 （ ） P. 189

A. 核苷酸排泄障碍

B. 核酸大量分解

C. 核酸大量摄入

D. 嘧啶类代谢酶缺陷

E. 嘌呤类代谢酶缺陷

7. 嘧啶碱基分解代谢的终产物是 （ ） P. 189

A. β-氨基丁酸

B. β-氨基异丁酸

C. β-丙氨酸

D. β-甲基丁酸

E. β-羟丁酸

8. 6-巯基嘌呤核苷酸不抑制 （ ） P. 189

A. IMP→AMP

B. IMP→GMP

C. PRPP 酰胺转移酶

D. 嘧啶磷酸核糖转移酶

E. 嘌呤磷酸核糖转移酶

二、填空题

1. 体内有两条核苷酸合成途径：（ ）和 （ ）。P. 184

2. 体内可以进行核苷酸从头合成的器

官包括肝脏、（　　）和（　　），其中最主要的是肝脏。P.184

3. 嘌呤核苷酸的从头合成过程较为复杂，反应分两个阶段在（　　）中进行：首先合成（　　），然后再合成腺苷酸和鸟苷酸。P.184

*4. 在从头合成途径中，IMP 从（　　）获得氨基生成 AMP，同时消耗高能化合物（　　）。P.184

*5. 在从头合成途径中，IMP 氧化成（　　），然后从（　　）获得氨基，生成 GMP。P.184

*6. 与嘌呤核苷酸的从头合成途径不同，嘧啶核苷酸的从头合成途径是先合成（　　），再与（　　）缩合合成 UMP。P.185

7. 嘧啶核苷酸的从头合成途径分为两个阶段：首先合成（　　），然后再合成（　　）和 dTMP。P.185

8. 在（　　）中，（　　）和 CO_2 在氨甲酰磷酸合成酶 II 的催化下合成氨甲酰磷酸，用于合成嘧啶核苷酸。P.185

9. 用于合成尿素的氨甲酰磷酸是在肝细胞（　　）内利用 NH_3 等由氨甲酰磷酸合成酶 I 催化合成的，而用于合成嘧啶的氨甲酰磷酸则是在（　　）中利用谷氨酰胺等由氨甲酰磷酸合成酶 II 催化合成的。P.187

*10. CTP 是由尿苷酸在三磷酸核苷水平上反应生成的，即 UTP 由（　　）催化氨基化生成 CTP，由（　　）提供氨基。P.187

*11. dTMP 是由尿苷酸在一磷酸脱氧核苷水平上反应生成的，即 dUMP 由（　　）催化合成 dTMP，由（　　）提供一碳单位。P.187

12. （　　）和（　　）等组织缺乏从头合成核苷酸的酶系，只能进行核苷酸的补救合成。P.187

13. （　　）是核苷酸的还原产物，还原反应在（　　）水平上进行。P.187

14. 在人体内，（　　）由黄嘌呤氧化酶催化氧化生成黄嘌呤，黄嘌呤由黄嘌呤氧化酶催化氧化生成（　　），随尿液排出体外。P.188

15. 嘌呤核苷酸的分解代谢主要在（　　）和（　　）中进行，黄嘌呤氧化酶在这些组织中活性较强。P.189

16. 临床上常用与次黄嘌呤结构相似的（　　）竞争性抑制（　　）活性，从而抑制尿酸的生成。P.189

17. 胞嘧啶脱氨基生成（　　）后，还原并水解开环，生成 NH_3、CO_2 和（　　）。P.189

18. 嘌呤核苷酸的抗代谢物是（　　）、（　　）和嘌呤碱基的类似物，它们主要通过竞争性抑制作用抑制嘌呤核苷酸的合成。P.189

19. 氨基蝶呤和氨甲蝶呤是（　　）类似物，能竞争性地抑制（　　）活性。P.189

*20. 5-FU 是嘧啶碱基类似物，转化成（　　）和（　　）后，能够抑制 dTMP 的合成，从而抑制 DNA 的合成。P.189

*三、分子结构

1. PRPP　P.185
2. IMP　P.185
3. 尿酸　P.188

四、名词解释

1. 核苷酸的从头合成途径　P.184
2. 核苷酸的补救途径　P.184
3. 痛风症　P.189
4. 抗代谢物　P.189
5. 6-MP　P.189
6. 5-FU　P.189

五、问答题

1. 嘌呤核苷酸的从头合成过程有何特点？P. 184

2. 嘧啶核苷酸的从头合成过程有何特点？P. 185

＊3. 氨基蝶呤、别嘌呤醇药物作用的生化机制是什么？P. 189

＊4. 5-FU、6-MP 药物作用的生化机制是什么？P. 189

参考答案

一、选择题

（一）A 型题

1. A　2. C　3. C　4. C　5. C　6. C

7. A　8. D　9. D　10. D　11. D　12. C

13. D　14. D　15. A　16. B　17. D　18. D

19. B　20. B　21. B　22. D　23. B　24. D

25. D

（二）X 型题

1. ABCDE　2. ACD　3. BC　4. BC

5. ABCE　6. ABCE　7. BC　8. CD

二、填空题

1. 从头合成途径；补救途径

2. 小肠；胸腺

3. 细胞液；肌苷酸

4. 天冬氨酸；GTP

5. XMP；谷氨酰胺

6. 嘧啶环；5-磷酸核糖焦磷酸

7. UMP；CTP

8. 细胞液；谷氨酰胺、ATP

9. 线粒体；细胞液

10. CTP 合成酶；谷氨酰胺

11. TMP 合成酶；N^5, N^{10}-甲烯基四氢叶酸

12. 脑；骨髓

13. 脱氧核苷酸；二磷酸核苷

14. 次黄嘌呤；尿酸

15. 肝脏；小肠

16. 别嘌呤醇；黄嘌呤氧化酶

17. 尿嘧啶；β-丙氨酸

18. 叶酸；氨基酸

19. 叶酸；二氢叶酸还原酶

20. 一磷酸脱氧氟尿嘧啶核苷；三磷酸氟尿嘧啶核苷

三、分子结构

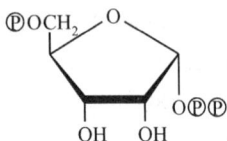

PRPP

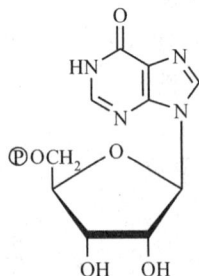

IMP

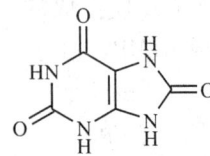

尿酸

四、名词解释

1. 核苷酸的从头合成途径：即机体利用5-磷酸核糖、氨基酸、一碳单位和 CO_2 通过连续的酶促反应合成核苷酸。

2. 核苷酸的补救途径：即机体直接利用碱基、通过简单反应合成核苷酸。

3. 痛风症：血液尿酸因浓度过高而形成尿酸盐晶体，沉积于关节和软骨组织而导致痛风症。

4. 抗代谢物：在化学结构上与正常代谢物相似、能竞争性拮抗正常代谢的物质。抗代谢物大多数属于竞争性抑制剂，它们与正常代谢物竞争酶的活性中心，抑制酶活性，导致正常代谢不能进行，最终抑制核酸和蛋白质的合成。

5. 6-MP：即 6-巯基嘌呤，次黄嘌呤的结构类似物，可以抑制 AMP、GMP 的从头合成及补救合成。

6. 5-FU：即 5-氟尿嘧啶，嘧啶的结构类似物，可以抑制 dTMP 的合成。

五、问答题

1. 嘌呤核苷酸的从头合成过程有两个主要特点：①嘌呤碱基的成环原子分别来自谷氨酰胺、天冬氨酸、甘氨酸、一碳单位和 CO_2。②嘌呤环是在 5-磷酸核糖焦磷酸分子上逐步形成的。

2. 嘧啶核苷酸的从头合成过程有两个主要特点：①嘧啶环的成环原子来自谷氨酰胺、天冬氨酸和 CO_2。②与嘌呤核苷酸的从头合成途径不同，嘧啶核苷酸的从头合成途径是先合成嘧啶环，再与 5-磷酸核糖焦磷酸缩合生成 UMP。

3. ①氨基蝶呤是叶酸类似物，能竞争性地抑制二氢叶酸还原酶，从而抑制四氢叶酸的合成，使嘌呤核苷酸合成过程中提供嘌呤环 C-8 和 C-2 的一碳单位得不到供应。②别嘌呤醇为黄嘌呤氧化酶抑制剂，抑制尿酸生成。

4. ①5-氟尿嘧啶（5-FU）是嘧啶碱基类似物。5-FU 本身并无活性，但转化成一磷酸脱氧氟尿嘧啶核苷和三磷酸氟尿嘧啶核苷后，能够抑制 dTMP 合成，从而抑制 DNA 合成；或以假底物形式掺入 RNA 分子内，影响 RNA 的功能。②6-巯基嘌呤（6-MP）是次黄嘌呤类似物，作用机制之一是通过磷酸核糖化生成 6-巯基嘌呤核苷酸，抑制由 IMP 合成 AMP 和 GMP。6-MP 还能通过竞争性抑制作用直接影响次黄嘌呤－鸟嘌呤磷酸核糖转移酶，从而抑制嘌呤核苷酸的补救合成。

第十三章 代谢调节

习题

一、选择题

（一）A型题

1. 在静息状态下，血糖的主要利用部位是（　） P.192
    A. 肝脏   B. 肌肉
    C. 脑   D. 肾脏
    E. 脂肪组织

2. 关于物质代谢的错误叙述是（　） P.192
    A. 大脑主要以葡萄糖供能
    B. 肝脏是能进行糖异生的惟一器官
    C. 肝脏是物质代谢的枢纽
    D. 红细胞由糖酵解途径供能
    E. 心脏分解葡萄糖以有氧氧化为主

3. 关于糖类、脂类和氨基酸代谢的错误叙述是（　） P.192
    A. 当摄入大量脂类物质时，脂类可异生成糖
    B. 当摄入糖量超过体内消耗时，过多的糖可转化成脂肪
    C. 三羧酸循环是糖类、脂类、氨基酸分解代谢的共同途径
    D. 乙酰 CoA 是糖类、脂类、氨基酸分解代谢共同的中间产物
    E. 脂肪酸不能转化成氨基酸

4. 磷酸二羟丙酮是哪两种物质代谢的结合点？（　） P.192
    A. 糖、氨基酸   B. 糖、胆固醇
    C. 糖、甘油   D. 糖、核酸
    E. 糖、脂肪酸

5. 关于糖类、脂类代谢的错误叙述是（　） P.192
    A. 甘油可异生成糖
    B. 糖代谢产生的乙酰 CoA 可作为脂肪酸的合成原料
    C. 脂肪分解代谢的顺利进行有赖于糖代谢的正常进行
    D. 脂肪酸分解产生的乙酰 CoA 可经三羧酸循环异生成糖
    E. 脂肪酸合成所需的 NADPH 主要来自磷酸戊糖途径

6. 蛋白质的哪种营养作用可被糖或脂肪代替？（　） P.165，177，192
    A. 构成组织结构的材料
    B. 维持组织蛋白的更新
    C. 修补损伤组织
    D. 氧化供能
    E. 执行各种特殊功能

7. 在动物体内不会发生（　） P.194
    A. 氨基酸转化成糖
    B. 甘油转化成糖
    C. 糖转化成氨基酸
    D. 糖转化成脂肪
    E. 脂肪转化成氨基酸

8. 不在线粒体内进行的是（　） P.195

A. 呼吸链　　　B. 三羧酸循环
C. 糖酵解途径　　D. 氧化磷酸化
E. 脂肪酸 β 氧化

9. 对关键酶的错误叙述是（　）P.195
　　A. 常催化代谢途径的第一步反应
　　B. 活性最高，因此对整个代谢起决
　　　　定作用
　　C. 若代谢物有几个代谢途径，则在
　　　　分支点的第一个反应常由关键酶
　　　　催化
　　D. 受激素调节的酶常是关键酶
　　E. 所催化的反应常是不可逆的

*10. 能激活磷酸果糖激酶 1 的是
（　）P.196
　　A. ADP↓　　　　B. AMP↓
　　C. AMP↑　　　　D. ATP↑
　　E. ATP/ADP↑

*11. 当肝细胞内 ATP 供应充足时，哪
一项叙述是错误的？（　）P.196
　　A. 丙酮酸激酶被抑制
　　B. 丙酮酸羧化酶被抑制
　　C. 磷酸果糖激酶 1 被抑制
　　D. 三羧酸循环被抑制
　　E. 糖异生增强

12. 变构酶与变构剂结合的部位称为
（　）P.196
　　A. 必需亚基　　B. 催化亚基
　　C. 活性中心　　D. 结合亚基
　　E. 调节亚基

*13. 关于酶的变构调节（　）P.196
　　A. 变构调节使调节亚基磷酸化
　　B. 变构调节是不可逆的
　　C. 变构调节是一种共价调节
　　D. 其动力学不符合米氏方程
　　E. 所有变构酶都有调节亚基和催化
　　　　亚基

14. ATP 对磷酸果糖激酶 1 的调节作用
是（　）P.196

A. 变构激活　　　B. 变构抑制
C. 共价激活　　　D. 共价抑制
E. 化学修饰调节

*15. 在变构调节中（　）P.196
　　A. 变构酶必须经磷酸化修饰才有活
　　　　性
　　B. 变构酶的动力学特点是酶促反应
　　　　速度与底物浓度关系曲线不是双
　　　　曲线
　　C. 变构抑制与非竞争性抑制相同
　　D. 变构抑制与竞争性抑制相同
　　E. 所有变构酶都有调节亚基和催化
　　　　亚基

*16. 关于变构调节的错误叙述是
（　）P.196
　　A. 变构剂通常是小分子代谢物
　　B. 变构剂通常与酶活性中心以外的
　　　　特定部位结合
　　C. 变构酶常由两个以上亚基构成
　　D. 变构调节具有放大效应
　　E. 代谢途径的终产物通常是该途径
　　　　上游变构酶的抑制剂

17. 在能量代谢中可作为变构抑制剂的
是（　）P.196
　　A. ADP　　　　B. AMP
　　C. ATP　　　　D. FAD
　　E. NAD⁺

*18. 磷酸果糖激酶 1 是糖酵解途径中
的关键酶，对其调节的正确描述是（　）
P.196
　　A. 1,6-二磷酸果糖是其抑制剂
　　B. 2,6-二磷酸果糖是其激活剂
　　C. 2,6-二磷酸果糖与 1,6-二磷酸果
　　　　糖都是其催化反应的产物
　　D. ATP 是其底物，不会对其产生抑
　　　　制作用
　　E. 柠檬酸是其激活剂

19. 关于变构调节的不正确叙述是

（　）P. 197
A. 变构酶大多是多亚基蛋白质
B. 变构酶的调节部位与催化部位可位于不同亚基上
C. 变构酶也可被化学修饰
D. 变构酶与变构剂结合后导致酶蛋白一级结构改变
E. 变构酶与变构剂以非共价键结合

*20. 关于化学修饰调节的错误叙述是
（　）P. 197
A. 催化修饰的酶受激素等因素的调节
B. 化学修饰调节的方式包括酶蛋白的磷酸化和去磷酸化
C. 化学修饰调节一般不消耗能量
D. 受调节的酶一般都有活性和非活性两种形式
E. 受调节酶的活性形式和非活性形式在不同酶催化下可以转化

21. 关于化学修饰调节的错误叙述是
（　）P. 197
A. 使酶蛋白发生共价键变化
B. 使酶活性改变
C. 是一种酶促反应
D. 有放大效应
E. 与酶的变构无关

22. 关于化学修饰调节的错误叙述是
（　）P. 198
A. 被修饰的酶发生共价键变化
B. 化学修饰调节有放大效应
C. 磷酸化修饰时，磷酸基团的供体是 ATP
D. 酶蛋白的去磷酸化由蛋白磷酸酶催化
E. 酶蛋白经磷酸化修饰后被激活

23. 催化酶蛋白磷酸化的是（　）
P. 198
A. 蛋白激酶　　　B. 蛋白磷酸酶

C. 蛋白酶　　　　D. 磷蛋白酶
E. 磷酸化酶

24. 关于酶含量的调节哪一项是错误的？（　）P. 198
A. 产物常可阻抑酶的合成
B. 底物常可诱导酶的合成
C. 激素或药物也可诱导某些酶的合成
D. 属于快速调节
E. 属于细胞水平的调节

25. 在代谢调节中，能使酶蛋白量增加的是（　）P. 198
A. 变构剂　　　　B. 激活剂
C. 抑制剂　　　　D. 诱导物
E. 阻抑物

26. 摄入较多胆固醇后肝内 HMG-CoA 还原酶水平降低，这是由于胆固醇对酶的（　）P. 198
A. 变构抑制　　　B. 化学修饰
C. 抑制作用　　　D. 诱导合成
E. 阻抑合成

*27. 关于 G 蛋白的错误叙述是（　）
P. 200
A. cAMP – 蛋白激酶途径中的 G 蛋白至少有 G_s 和 G_i 两种
B. $G_\alpha \cdot GTP$ 水解成 $G_\alpha \cdot GDP$ 后失活
C. G_α 与 GTP 结合后即与 $G_{\beta\gamma}$ 分离
D. G 蛋白可激活蛋白激酶 A
E. 三聚体 G 蛋白由 G_α、G_β 和 G_γ 三个亚基组成

28. 激素诱导 cAMP 合成的过程是
（　）P. 200
A. 激素 – 受体复合物活化 G 蛋白，由 G 蛋白激活腺苷酸环化酶
B. 激素 – 受体复合物激活腺苷酸环化酶
C. 激素活化受体，受体再激活腺苷酸环化酶

D. 激素直接激活腺苷酸环化酶

E. 激素直接抑制磷酸二酯酶

29. 能使细胞内 cAMP 合成增加的是
（　）P. 200

A. 蛋白激酶 C

B. 蛋白激酶 G

C. 钙调蛋白依赖性蛋白激酶

D. 磷酸二酯酶

E. 腺苷酸环化酶

*30. 催化水解 cAMP 的是 （　）
P. 201

A. 磷酸二酯酶

B. 磷酸化酶激酶

C. 磷酸酶

D. 磷脂酶

E. 腺苷酸环化酶

31. 不属于第二信使的是 （　）P. 201

A. Ca^{2+}　　　　B. cAMP

C. cGMP　　　　D. NO

E. 甘油二酯

32. cAMP 的作用是激活 （　）P. 201

A. 蛋白激酶

B. 磷酸化酶 b 激酶

C. 硫激酶

D. 硫解酶

E. 葡萄糖激酶

*33. 当血液中肾上腺素水平升高时，
错误的一项是 （　）P. 201

A. 肌肉细胞内 cAMP 含量增加，激
活蛋白激酶

B. 肾上腺素进入细胞，与受体结合

C. 糖原合酶磷酸化失活

D. 通过酶促化学修饰激活磷酸化酶

E. 细胞膜上的腺苷酸环化酶被激活

34. 肾上腺素调节肝细胞糖代谢是
（　）P. 201

A. 属于酶的变构激活

B. 属于酶的变构抑制

C. 属于酶的化学修饰调节

D. 通过细胞膜受体

E. 通过细胞内受体

35. 磷脂酰肌醇二磷酸经磷脂酶 C 作用
后的产物是 （　）P. 202

A. 甘油二酯、磷酸肌醇、焦磷酸

B. 甘油二酯、三磷酸肌醇

C. 磷酸甘油、脂肪酸、二磷酸肌醇

D. 磷脂酸、二磷酸肌醇

E. 溶血磷脂酰肌醇、脂肪酸

36. 在代谢调节中，与 Ca^{2+} 没有直接关
系的是 （　）P. 202

A. cAMP　　　　B. DAG

C. IP_3　　　　D. 蛋白激酶 C

E. 钙调蛋白

37. 能直接激活蛋白激酶 C 的是 （　）
P. 202

A. cAMP　　　　B. cGMP

C. DAG　　　　D. IP_3

E. 钙调蛋白

*38. 三磷酸肌醇的作用是 （　）
P. 202

A. 促进 Ca^{2+} 与钙调蛋白结合

B. 促进甘油二酯生成

C. 促进内质网 Ca^{2+} 释放

D. 使细胞膜 Ca^{2+} 通道开放

E. 直接激活蛋白激酶 C

*39. 能增加细胞液 Ca^{2+} 浓度的是
（　）P. 202

A. cAMP　　　　B. cGMP

C. DAG　　　　D. IP_3

E. 钙调蛋白

40. 关于 Ca^{2+} 的错误叙述是 （　）
P. 202

A. Ca^{2+} 能激活钙调蛋白依赖性蛋白
激酶

B. Ca^{2+} 能配合 DAG 激活蛋白激酶 C

C. IP_3 可促使内质网 Ca^{2+} 释入细胞液

D. 细胞外 Ca^{2+} 不能进入细胞内

E. 细胞外 Ca^{2+} 浓度远大于细胞内

41. 通过细胞内受体起调节作用的是（　）P. 203

    A. 蛋白质激素　　B. 儿茶酚胺

    C. 类固醇激素　　D. 生长因子

    E. 肽类激素

42. 关于饥饿时的代谢变化哪一项是错误的？（　）P. 205

    A. 糖异生加强

    B. 酮体合成加强

    C. 胰岛素分泌增加

    D. 胰高血糖素分泌增加

    E. 脂肪动员加强

43. 饥饿 1~3 天时，肝脏糖异生的主要原料是（　）P. 205

    A. 氨基酸　　　　B. 丙酮酸

    C. 甘油　　　　　D. 乳酸

    E. 酮体

44. 长期饥饿时大脑的主要能量来源是（　）P. 205

    A. 氨基酸　　　　B. 甘油

    C. 葡萄糖　　　　D. 糖原

    E. 酮体

45. 关于应激状态下血液成分的变化，下列哪一项是错误的？（　）P. 205

    A. 氨基酸增加

    B. 葡萄糖增加

    C. 肾上腺素增加

    D. 胰岛素增加

    E. 胰高血糖素增加

（二）X 型题

1. 正常代谢条件下人体的主要供能物质是（　）P. 192

    A. 蛋白质　　　　B. 核酸

    C. 糖类　　　　　D. 维生素

    E. 脂类

2. 在细胞液中进行的代谢是（　）P. 195

    A. 磷酸戊糖途径

    B. 糖酵解途径

    C. 酮体合成

    D. 氧化磷酸化

    E. 脂肪酸合成

3. 属于快速调节的是（　）P. 195

    A. 酶蛋白变构

    B. 酶蛋白合成诱导

    C. 酶蛋白合成阻抑

    D. 酶蛋白化学修饰

    E. 酶蛋白降解

*4. 受 ATP 抑制的酶是（　）P. 196

    A. 丙酮酸激酶

    B. 磷酸果糖激酶 1

    C. 柠檬酸合酶

    D. 糖原合酶

    E. 糖原磷酸化酶

*5. 可作为变构剂的有（　）P. 196

    A. ATP　　　　　B. 代谢中间产物

    C. 代谢终产物　　D. 第二信使

    E. 酶的底物

6. 6-磷酸葡萄糖浓度提高可以（　）P. 197

    A. 促进糖原分解

    B. 促进糖原合成

    C. 使葡萄糖主要进入糖原合成

    D. 抑制糖原分解

    E. 抑制糖原合成

*7. 变构调节与化学修饰调节的共同点是（　）P. 198

    A. 是快速调节

    B. 调节后酶的含量增加

    C. 调节是可逆的

    D. 有放大效应

    E. 有共价键改变

*8. 通过细胞膜受体发挥调节作用的是（　）P. 199

A. 雌激素
B. 甲状腺激素
C. 肾上腺皮质激素
D. 肾上腺素
E. 胰高血糖素

*9. 激素受体可位于（　）P.199

A. 核糖体　　　　B. 内质网
C. 细胞核　　　　D. 细胞膜
E. 细胞液

*10. 属于变构调节的是（　）P.196，201

A. cAMP 激活蛋白激酶 A
B. HMG-CoA 还原酶浓度增高
C. 蛋白激酶激活糖原合酶
D. 酶原激活
E. 柠檬酸激活乙酰 CoA 羧化酶

11. 关于蛋白激酶 A 的正确叙述是（　）P.201

A. cAMP 是它的激活剂
B. cGMP 是它的激活剂
C. G 蛋白是它的激活剂
D. 可催化酶蛋白磷酸化
E. 可催化酶蛋白去磷酸化

*12. 与肽类激素作用有关的是（　）P.201

A. 蛋白激酶
B. 硫激酶
C. 腺苷酸环化酶
D. 腺苷酸激酶
E. 腺苷酸转移酶

*13. 关于类固醇激素的作用（　）P.203

A. 是通过第二信使
B. 是通过细胞膜受体
C. 是通过细胞内受体
D. 调节关键酶基因表达
E. 影响关键酶磷酸化

*14. 关于类固醇激素的作用（　）

P.203
A. 不通过第二信使
B. 调节酶含量
C. 通过变构调节改变酶活性
D. 通过化学修饰调节改变酶活性
E. 通过细胞内受体起作用

*15. 与代谢调节有关的是（　）P.205

A. 激素　　　　B. 神经活动
C. 受体　　　　D. 下丘脑
E. 腺垂体

二、填空题

1. 不同组织器官以不同物质为主要能量来源，心脏能量来源依次为（　）、乳酸、游离脂肪酸和（　），以有氧氧化为主。P.192

2. 糖代谢与脂类代谢的结合点主要是（　）和（　）。P.192

3. （　）催化的（　）反应是氨基酸代谢与糖代谢的重要结合点。P.193

4. 除了（　）和（　）之外，其他非必需氨基酸的合成均由糖代谢的中间产物提供碳骨架。P.193

5. 核苷酸是不可缺少的生命物质，主要由糖和氨基酸合成，其中（　）通过磷酸戊糖途径转化成（　）。P.194

6. 高等动物体内存在着三个层次的调节机制，即（　）的代谢调节、（　）的代谢调节和整体水平的代谢调节。P.194

7. 只在线粒体内进行的脂代谢途径是（　）和（　）。P.195

8. 关键酶所催化的反应通常位于代谢途径的（　），或者是（　）。P.195

9. 控制糖原代谢的关键酶是（　）和（　）。P.195

10. 催化糖的有氧氧化的两种多酶体系是（　）和（　）。P.195

143

11. 关键酶的调节包括（　　）和（　　）两种方式。P.195

12. 改变酶蛋白的结构就可以改变其活性。改变结构可以通过酶蛋白的（　　）和（　　）来实现。P.196

13. 蛋白激酶A在（　　）状态下无催化活性，（　　）后才被激活。P.196

14. 变构剂与（　　）以（　　）键结合，改变酶蛋白构象，从而改变其活性。P.196

15. （　　）是催化脂肪酸合成的关键酶，软脂酰CoA是该酶的（　　）。P.197

16. 6-磷酸葡萄糖一方面（　　）己糖激酶，另一方面（　　）糖原合酶。P.197

17. （　　）和（　　）是最常见的化学修饰调节方式。P.197

18. 化学修饰调节过程是一个酶促反应过程，（　　）催化酶蛋白磷酸化，（　　）催化酶蛋白去磷酸化。P.198

19. 许多关键酶可以受变构和化学修饰双重调节，例如糖原磷酸化酶b，一方面受变构调节，被AMP变构（　　）；另一方面受化学修饰调节，去磷酸化时活性（　　）。P.198

20. （　　）所需的时间较长，其调节效应通常要经过（　　）甚至几天才能表现出来，是一种慢速调节方式。P.198

21. 糖皮质激素能（　　）糖异生途径关键酶的合成，使糖异生速度（　　）。P.198

22. 激素可以根据受体定位分为两大类：一类激素的受体位于（　　），包括蛋白质激素、肽类激素和儿茶酚胺等；另一类激素的受体位于（　　），包括类固醇激素和甲状腺激素等。P.199

23. cAMP–蛋白激酶A途径以改变靶细胞内（　　）浓度和（　　）活性为基本特征。P.200

24. 三聚体G蛋白有两种状态：一种是α亚基与β、γ亚基结合，并且与（　　）结合；另一种是α亚基与β、γ亚基解离，但与（　　）结合。P.200

25. （　　）最早发现（　　）并提出第二信使学说，因此于1971年获得诺贝尔生理学或医学奖。P.201

26. 抑制（　　）或激活（　　）会降低cAMP浓度。P.201

27. Ca^{2+}是细胞内重要的第二信使，通过浓度变化转导信号。当受到一定信号刺激时，（　　）或（　　）的Ca^{2+}可以进入细胞液，使细胞液Ca^{2+}浓度急剧升高。P.202

28. 在Ca^{2+}–蛋白激酶C途径中，细胞膜上的对磷脂酰肌醇二磷酸具有特异性的磷脂酶C催化磷脂酰肌醇二磷酸水解生成（　　）和（　　）。P.202

29. 类固醇激素、1, 25-$(OH)_2$-D_3和甲状腺激素的受体位于细胞内，其中糖皮质激素受体位于（　　），其余激素受体位于（　　）。P.203

30. 中枢神经系统调节整体代谢，一方面是通过（　　）直接影响体内各器官的功能，另一方面是通过（　　）控制内分泌腺，使激素的分泌保持协调和相对平衡。P.204

三、名词解释

1. 酶的变构调节　P.196
2. 变构效应剂　P.196
3. 酶的化学修饰调节　P.197
4. 酶蛋白的磷酸化　P.197
5. 酶蛋白的去磷酸化　P.197
6. 蛋白激酶　P.198
7. 诱导物　P.198
8. 阻抑物　P.198
9. 受体　P.199
10. G蛋白　P.200
11. 腺苷酸环化酶　P.200
12. 第二信使　P.201
13. cAMP　P.201

四、问答题

*1. 糖代谢和脂类代谢是通过哪些反应联系起来的？P. 192

2. 乙酰 CoA 的来源、去路有哪些？P. 193

*3. 说明氨基酸代谢与糖代谢的关系。P. 193

*4. 试述葡萄糖转化成天冬氨酸的过程。P. 193

*5. 试述谷氨酸转化成脂肪的过程。P. 193

6. 丙酮酸在动物体内可转化成哪些物质？指出相关代谢途径名称。P. 193

7. 列表说明糖代谢途径在细胞内的分布。P. 195

8. 列表说明脂类代谢途径在细胞内的分布。P. 195

*9. 列表说明糖代谢途径的关键酶。P. 195

*10. 简述关键酶及其特点。P. 195

*11. 简述关键酶活性的调节方式。P. 195

*12. 试述变构调节的机制和特点。P. 196

13. 简述酶的化学修饰调节及其特点。P. 197

14. 试比较变构调节和化学修饰调节的异同点。P. 199

15. 试述 cAMP – 蛋白激酶途径中 G 蛋白的组成及作用机制。P. 200

16. 肾上腺素是如何调节糖原代谢的？P. 201

*17. 试述 Ca^{2+} 在细胞代谢调节中的作用。P. 202

18. 以糖皮质激素调节肝细胞糖异生为例简述类固醇激素发挥作用的过程。P. 203

19. 简述激素通过细胞膜受体和细胞内受体调节的区别。P. 199，203

参考答案

一、选择题

（一）A 型题

1. C　2. B　3. A　4. C　5. D　6. D
7. E　8. C　9. B　10. C　11. B　12. E
13. D　14. B　15. B　16. D　17. C　18. B
19. D　20. C　21. E　22. E　23. A　24. D
25. D　26. E　27. D　28. A　29. E　30. A
31. D　32. A　33. B　34. D　35. B　36. A
37. C　38. C　39. D　40. D　41. C　42. C
43. A　44. E　45. D

（二）X 型题

1. CE　2. ABE　3. AD　4. ABCE
5. ABCDE　6. BCD　7. AC　8. DE　9. CDE
10. AE　11. AD　12. AC　13. CD　14. ABE
15. ABCDE

二、填空题

1. 酮体；葡萄糖

2. 乙酰 CoA；磷酸二羟丙酮

3. 氨基转移酶；转氨基

4. 酪氨酸；组氨酸

5. 葡萄糖；5-磷酸核糖

6. 细胞水平；激素水平

7. 脂肪酸 β 氧化；酮体代谢

8. 上游；代谢分支上的第一步反应

9. 糖原合酶；糖原磷酸化酶

10. 丙酮酸脱氢酶系；α-酮戊二酸脱氢酶系

11. 结构调节；数量调节

12. 变构；化学修饰

13. 异四聚体；解聚

14. 调节亚基或调节部位；非共价

15. 乙酰 CoA 羧化酶；变构抑制剂

16. 变构抑制；变构激活

17. 磷酸化；去磷酸化

18. 蛋白激酶；蛋白磷酸酶

19. 激活；降低

20. 改变酶蛋白数量；几小时

21. 诱导；加快

22. 细胞膜上；细胞内

23. cAMP；蛋白激酶 A

24. GDP；GTP

25. Sutherland；cAMP

26. 腺苷酸环化酶；磷酸二酯酶

27. 储存库内；细胞外液

28. 甘油二酯；三磷酸肌醇

29. 细胞液中；细胞核内

30. 神经活动；神经－体液途径

三、名词解释

1. 酶的变构调节：变构剂与酶蛋白活性中心之外的某一部位以非共价键结合，改变酶蛋白构象，从而改变其活性，这种调节称为酶的变构调节。

2. 变构效应剂：简称变构剂，即能对变构酶进行变构调节的物质，其中增加酶活性的称为变构激活剂，降低酶活性的称为变构抑制剂。

3. 酶的化学修饰调节：通过酶促反应使酶蛋白以共价键结合某种特定基团，或脱去该特定基团，导致酶蛋白构象改变，酶活性也随之改变，这种调节称为酶的化学修饰调节。

4. 酶蛋白的磷酸化：在蛋白激酶的催化下，酶蛋白中丝氨酸、苏氨酸或酪氨酸的羟基与磷酸基团以酯键结合，称为磷酸化。

5. 酶蛋白的去磷酸化：在蛋白磷酸酶的催化下，磷酸化酶蛋白脱去磷酸基团，称为去磷酸化。

6. 蛋白激酶：蛋白激酶催化 ATP（或其他三磷酸核苷）与特定蛋白质发生磷酸化反应，从而改变蛋白质的活性或其他性质。

7. 诱导物：诱导酶蛋白基因表达的物质。

8. 阻抑物：阻抑酶蛋白基因表达的物质。

9. 受体：位于细胞膜或细胞内的一类蛋白质大分子，可以与特定配体结合而改变结构，从而改变活性，调节细胞代谢。

10. G 蛋白：即鸟苷酸结合蛋白，是在细胞内普遍存在的一个功能蛋白家族。

11. 腺苷酸环化酶：一种催化 ATP 合成 cAMP 的酶，属于膜内在蛋白质，其活性中心位于胞质面。

12. 第二信使：作用于细胞膜受体的外部信号（第一信使）本身不进入细胞，而是通过受体改变细胞内特定成分的浓度，进而产生调节效应，这种特定成分就是第二信使。

13. cAMP：即 3′,5′-环腺苷酸，一种第二信使，由腺苷酸环化酶催化合成。

四、问答题

1. 糖和脂类都可以氧化分解并为生命活动供能。糖可以提供总能量的 70%，脂肪则提供约 25%。不同组织在不同代谢条件下对营养物质的利用不尽相同，表现在：①不同组织器官以不同物质为主要能量来源。②糖供应不足时，脂肪动员加强。

糖代谢与脂类代谢的结合点主要是乙酰 CoA 和磷酸二羟丙酮。糖代谢产生的乙酰 CoA 可以合成脂肪酸和胆固醇，糖代谢产生的磷酸二羟丙酮可以还原生成 3-磷酸甘油，所以从食物摄取的糖可以生成脂肪酸和 3-磷酸甘油，进而合成脂肪，进入脂库。

脂肪水解生成甘油和脂肪酸。甘油可以合成葡萄糖。脂肪酸经过 β 氧化降解成乙酰 CoA，乙酰 CoA 可以通过三羧酸循环彻底氧化，也可以在肝脏合成酮体，但不能通过糖异生途径合成葡萄糖，所以糖可以转化成脂肪，而脂肪中只有甘油可以转化成糖。

2. （1）来源：①糖分解：1 分子葡萄糖通过糖酵解和丙酮酸氧化脱羧生成 2 分子乙酰 CoA。②脂肪酸分解：1 分子软脂酸通过 β 氧化生成 8 分子乙酰 CoA。③氨基酸分解：氨基酸脱氨基生成的 α-酮酸可以进一步分解生成乙酰 CoA。

（2）去路：①合成脂肪酸：8 分子乙酰 CoA 可以合成 1 分子软脂酸。②合成胆固醇：18 分子乙酰 CoA 可以合成 1 分子胆固醇。③合成酮体：2 分子乙酰 CoA 可以合成 1 分子乙酰乙酸。④进入三羧酸循环彻底分解：1 分子乙酰 CoA 通过三羧酸循环分解，产生 1 分子 ATP（GTP），给出 4 个电子对。

3. 氨基转移酶催化的转氨基反应是氨基酸代谢与糖代谢的重要结合点。一方面，糖代谢产生的 α-酮酸经过转氨基可以生成非必需氨基酸，如丙酮酸生成丙氨酸。除了酪氨酸和组氨酸之外，其他非必需氨基酸的合成均由糖代谢的中间产物提供碳骨架。另一方面，氨基酸脱氨基生成的 α-酮酸多数可以异生成糖，它们是机体饥饿或摄取较多食物蛋白时糖异生的主要原料。

4. ①葡萄糖在细胞液中经糖酵解途径生成丙酮酸。②丙酮酸进入线粒体，在丙酮酸羧化酶的催化下生成草酰乙酸。③草酰乙酸经天冬氨酸氨基转移酶催化生成天冬氨酸。

5. ①谷氨酸氧化脱氨基生成 α-酮戊二酸，α-酮戊二酸经三羧酸循环转化成草酰乙酸。②草酰乙酸经糖异生途径生成磷酸二羟丙酮，再还原成 3-磷酸甘油。③草酰乙酸脱羧转化成丙酮酸，丙酮酸氧化脱羧生成乙酰 CoA，再合成脂肪酸。④3-磷酸甘油和脂肪酸合成脂肪。

6.

代谢途径或反应	产物	进一步代谢	产物	参考教材内容
转氨基	丙氨酸			166
无氧酵解	乳酸			117
羧化	草酰乙酸	糖异生	葡萄糖	129
		转氨基	天冬氨酸	166
氧化脱羧	乙酰 CoA	三羧酸循环	$CO_2 + H_2O$	120
		脂肪酸合成	脂肪酸	147
		胆固醇合成	胆固醇	153

7.

代谢途径	分布
糖酵解途径	细胞液
磷酸戊糖途径	细胞液
糖原合成	细胞液
糖异生	线粒体、细胞液
三羧酸循环	线粒体

8.

代谢途径	分布
脂肪酸合成	细胞液
磷脂合成	内质网
胆固醇合成	细胞液和内质网
脂肪酸 β 氧化	线粒体
酮体代谢	线粒体

9.

代谢途径	关键酶
酶糖酵解途径	己糖激酶、磷酸果糖激酶1、丙酮酸激酶
三羧酸循环	柠檬酸合酶、异柠檬酸脱氢酶、α-酮戊二酸脱氢酶系
糖原分解	糖原磷酸化酶
糖原合成	糖原合酶
糖异生	丙酮酸羧化酶、磷酸烯醇式丙酮酸羧激酶、果糖1,6-二磷酸酶、葡萄糖-6-磷酸酶

10. 关键酶是可以控制整个代谢途径速度的酶。①关键酶所催化的反应通常位于代谢途径的上游，或者是代谢分支上的第一步反应。②关键酶所催化反应的速度在代谢途

径中最慢，所以控制着整个代谢途径的代谢速度。③关键酶所催化的反应多数是不可逆反应。④关键酶是调节酶，其活性受多种因素调节。

11. 关键酶的活性有两种调节方式：①结构调节，即改变酶的结构，从而改变其活性。这种调节方式产生效应快，又称为快速调节。②数量调节，即改变酶的数量，从而改变其总活性。这种调节方式产生效应慢，又称为迟缓调节。

12. （1）多数变构酶都由多亚基构成，所以存在四级结构。变构调节常表现为亚基的解聚和聚合。

（2）多亚基变构酶的亚基根据功能分为两类：一类亚基含有活性中心，负责催化反应，这类亚基称为催化亚基；另一类亚基能与变构剂结合，结合后引起酶蛋白变构、解聚或聚合，从而改变酶活性，这类亚基称为调节亚基。不过，也有一些变构酶的底物和变构剂与同一个亚基结合，只是结合的部位不同，这些部位分别称为催化部位和调节部位。

（3）变构酶有两种典型构象，一种适宜与底物结合并催化反应，是高活性构象；另一种则相反，是低活性或无活性构象。变构剂通过与变构酶结合或解离来改变其构象，从而调节其活性。

（4）变构剂与调节亚基（或调节部位）是以非共价键结合的，所以两者的结合程度取决于变构剂的浓度，只要变构剂浓度改变，结合程度就会改变，变构酶活性也随之改变。

（5）变构调节快速短暂，一般在数秒钟或数分钟内完成，即只要变构剂浓度改变，则变构酶活性立刻改变。

13. 通过酶促反应使酶蛋白以共价键结合某种特定基团，或脱去该特定基团，导致酶蛋白构象改变，酶活性也随之改变，这种调节称为酶的化学修饰调节，化学修饰是一种重要的快速调节方式。①化学修饰调节过程是一个酶促反应过程，蛋白激酶催化酶蛋白磷酸化，蛋白磷酸酶催化酶蛋白去磷酸化。②化学修饰是一种酶对另一种酶的修饰，所以化学修饰调节有放大效应。③化学修饰调节效率高而耗能少，只消耗少量 ATP 即可快速高效地实现调节。

14. ①调节物质不同。变构剂多为小分子；化学修饰调节的调节物是蛋白激酶/蛋白磷酸酶。②酶结构变化不同。变构调节是非共价结合变构剂而改变酶蛋白构象；化学修饰调节是共价结合某一基团而改变酶蛋白构象。③作用特点及生理意义不同。变构调节无放大效应，仅使底物有效利用；化学修饰调节有放大效应，可以应激。

15. ①G 蛋白即鸟苷酸结合蛋白，是在细胞内普遍存在的一个功能蛋白家族，其中有一类位于细胞膜胞质面，由 α、β、γ 三个亚基构成，称为三聚体 G 蛋白。②三聚体 G 蛋白有两种状态：一种是 α 亚基与 β、γ 亚基结合，并且与 GDP 结合成 $G_\alpha \cdot GDP$，$G_\alpha \cdot GDP$ 没有活性；另一种是 α 亚基与 β、γ 亚基解离，但与 GTP 结合成 $G_\alpha \cdot GTP$，$G_\alpha \cdot GTP$ 有活性。③当激素与细胞膜受体结合形成激素－受体复合物时，复合物使无活性三聚体 G 蛋白 α 亚基释放 GDP，结合 GTP。$G_\alpha \cdot GTP$ 与 β、γ 亚基分离而激活。④不同信号转导途径三聚体 G 蛋白的功能不同。⑤在 cAMP－蛋白激酶 A 途径中，$G_\alpha \cdot GTP$ 的功能是激活或抑制腺苷酸环化酶。

16. 肾上腺素对糖原代谢的调节作用是：①血糖浓度降低刺激肾上腺素分泌，随血液到达肝细胞，与细胞膜上特异性 β 肾上腺素能受体结合，活化 G 蛋白。②G 蛋白激活腺苷酸环化酶，催化 ATP 环化成 cAMP。③作为第二信使，cAMP 激活蛋白激酶 A。④蛋白激酶 A 可催化磷酸化酶 b 激酶磷酸化而激活，后者再催化无活性的磷酸化酶 b 磷酸化形成有活性的磷酸化酶 a，加速肝糖原分解。⑤蛋白激酶 A 还磷酸化抑制糖原合酶，抑制肝糖原合成。⑥总之，肾上腺素能促进肝糖原分解，抑制肝糖原合成，使血糖升高。

17. Ca^{2+} 是细胞内重要的第二信使，和 cAMP 一样，通过浓度变化转导信号。Ca^{2+} 直接参与的转导途径有两个：一个是 Ca^{2+} - 蛋白激酶 C 途径，另一个是钙调蛋白依赖性蛋白激酶途径，两个途径的开始阶段是共同的：①由激素 - 受体复合物激活的 G_q 激活位于细胞膜胞质面的对磷脂酰肌醇二磷酸具有特异性的磷脂酶 C，催化磷脂酰肌醇二磷酸水解生成甘油二酯和三磷酸肌醇。②三磷酸肌醇与内质网膜上的 IP_3 门控 Ca^{2+} 通道结合。③Ca^{2+} 通道开启，内质网腔 Ca^{2+} 流出，导致细胞液 Ca^{2+} 浓度急剧升高。

Ca^{2+} 既可以与甘油二酯共同激活细胞液中的蛋白激酶 C，也可以与钙调蛋白结合，共同激活钙调蛋白依赖性蛋白激酶，它们分别催化多种功能蛋白及关键酶磷酸化，产生生物效应。

18. 类固醇激素、1, 25-(OH)$_2$-D$_3$ 和甲状腺激素的受体位于细胞内，其中糖皮质激素受体位于细胞液中，其余激素受体位于细胞核内。

糖皮质激素调节肝细胞糖异生机制：糖皮质激素透过肝细胞膜进入细胞液，与糖皮质激素受体结合，形成激素 - 受体复合物。复合物穿过核孔进入细胞核，与 DNA 的激素应答元件结合，促进糖异生途径关键酶基因的表达，使酶蛋白的数量增加，糖异生速度加快。

19. ①受体在细胞膜上的激素（膜受体激素）不进入细胞，而受体在细胞内的激素必须进入细胞。②膜受体激素通过第二信使将信息传至细胞内，多通过使关键酶或蛋白质磷酸化/脱磷酸最终表现生物效应。而受体在细胞内的激素以激素 - 受体复合物形式直接影响关键酶或功能蛋白质基因的表达，不需第二信使。

第十四章 核酸的生物合成

![习题]

一、选择题

（一）A型题

*1. 基因组代表一个细胞或生物体的（ ）P. 207

    A. 部分遗传信息

    B. 非转录序列

    C. 可转录序列

    D. 全部遗传信息

    E. 以上都不是

2. 将脱氧核苷酸序列信息转化成互补脱氧核苷酸序列信息的过程是（ ）P. 208

    A. 翻译　　　　B. 复制

    C. 复制和转录　D. 逆转录

    E. 转录

3. 符合复制特点的是（ ）P. 208

    A. DNA→DNA　　B. DNA→RNA

    C. RNA→cDNA　　D. RNA→DNA

    E. RNA→蛋白质

*4. 利用电子显微镜观察原核生物和真核生物DNA的复制过程，都能看到伸展成叉状的复制现象，其可能的原因是（ ）P. 209

    A. DNA双链被解旋酶解开

    B. DNA有多个复制起点

    C. 单向复制所致

    D. 属于连接冈崎片段时的中间体

    E. 拓扑酶发挥作用形成的中间体

*5. 冈崎片段的合成是由于（ ）P. 209

    A. DNA连接酶缺失

    B. RNA引物合成不足

    C. 后随链合成方向与其模板的解链方向相反

    D. 拓扑酶的作用

    E. 真核生物DNA有多个复制起点

*6. 关于DNA复制的错误叙述是（ ）P. 209

    A. 不需RNA指导的DNA聚合酶

    B. 属于半保留复制

    C. 需DNA指导的DNA聚合酶

    D. 需RNA指导的RNA聚合酶

    E. 需两股DNA分别作为模板

*7. 关于DNA复制的错误叙述是（ ）P. 209

    A. DNA聚合酶需 NAD^+ 或ATP才有活性

    B. 单链DNA结合蛋白保护DNA模板

    C. 单链DNA结合蛋白维持DNA模板单链状态

    D. 解旋酶负责DNA解链

    E. 引物酶以DNA为模板合成RNA引物

8. DNA半保留复制不需要（ ）P. 209

    A. DNA聚合酶

B. DNA 连接酶

C. 氨酰 tRNA 合成酶

D. 冈崎片段

E. 引物酶

9. 关于大肠杆菌 DNA 聚合酶Ⅰ、Ⅱ、Ⅲ（ ）P. 210

　　A. DNA 聚合酶Ⅰ含 7 种亚基

　　B. DNA 聚合酶Ⅰ含量最多，活性最高

　　C. DNA 聚合酶Ⅱ对复制中的错误进行校对

　　D. DNA 聚合酶Ⅲ是在复制延长阶段起主要作用的酶

　　E. DNA 聚合酶Ⅲ有 5′→3′外切酶活性，因而能进行切口平移

10. DNA 的合成原料是（ ）P. 210

　　A. ADP、GDP、CDP、UDP

　　B. ATP、GTP、CTP、UTP

　　C. dADP、dGDP、dCDP、dTDP

　　D. dAMP、dGMP、dCMP、dTMP

　　E. dATP、dGTP、dCTP、dTTP

　*11. 在 DNA 合成时不消耗的高能化合物是（ ）P. 210

　　A. cGMP　　　　　B. dGTP

　　C. GDP　　　　　D. GMP

　　E. GTP

12. DNA 的合成方向是（ ）P. 210

　　A. 3′→5′　　　　B. 5′→3′

　　C. C→N　　　　D. N→C

　　E. 从左到右

13. 有外切酶活性、能除去 RNA 引物、在 DNA 复制发生错误时起修复作用的主要酶是（ ）P. 210

　　A. DNA 聚合酶Ⅰ

　　B. DNA 聚合酶Ⅲ

　　C. RNA 聚合酶

　　D. 解旋酶

　　E. 逆转录酶

14. 真核生物 DNA 复制特点不包括（ ）P. 211

　　A. 半保留复制

　　B. 半不连续复制

　　C. 冈崎片段长度与原核生物的不同

　　D. 有多个复制起点

　　E. 主要是 DNA 聚合酶 α、β 参与复制延长

*15. DNA 聚合酶催化的反应不包括（ ）P. 212

　　A. 催化 DNA 延长中 3′-羟基与 dNTP 的 5′-磷酸基反应

　　B. 催化合成引物

　　C. 催化引物的 3′-羟基与 dNTP 的 5′-磷酸基反应

　　D. 切除错配的核苷酸

　　E. 切除引物或损伤的 DNA 片段

16. 关于拓扑酶的正确叙述是（ ）P. 212

　　A. 参与识别复制起点

　　B. 复制时参与 DNA 解链

　　C. 松解 DNA 解链时形成的超螺旋

　　D. 稳定已解开的 DNA 单链

　　E. 只在复制起始时起作用

17. 能切断和连接 DNA 链的酶是（ ）P. 212

　　A. DNA 聚合酶　　B. 光解酶

　　C. 解旋酶　　　　D. 连接酶

　　E. 拓扑酶

*18. 关于 RNA 引物的错误叙述是（ ）P. 212

　　A. 为 DNA 复制提供 3′-OH

　　B. 以 DNA 为模板合成

　　C. 以 NTP 为原料合成

　　D. 由 RNA 指导的 DNA 聚合酶催化合成

　　E. 在复制结束前被切除

*19. 关于 DNA 连接酶（ ）P. 212

A. 不参与 DNA 复制

B. 催化合成冈崎片段

C. 连接双链 DNA 上的单链切口

D. 连接游离的单链 DNA

E. 切除引物，填补缺口

20. 原核生物 DNA 复制时，①DNA 聚合酶Ⅲ、②解旋酶、③DNA 聚合酶Ⅰ、④引物酶、⑤DNA 连接酶、⑥SSB 的作用顺序是（　）P. 212

    A. ②③⑥④①⑤

    B. ②⑥④①③⑤

    C. ④②①⑤⑥③

    D. ④②⑥①③⑤

    E. ④③①②⑤⑥

*21. 催化合成冈崎片段的是（　）P. 213

    A. DNA 聚合酶　　B. RNA 聚合酶

    C. 连接酶　　　　D. 引物酶

    E. 转肽酶

22. 将核苷酸序列信息转化成互补脱氧核苷酸序列信息的过程是（　）P. 214

    A. 翻译　　　　　B. 复制

    C. 复制和转录　　D. 逆转录

    E. 转录

*23. 以 RNA 为模板的是（　）P. 214

    A. DNA 聚合酶

    B. DNA 聚合酶和逆转录酶

    C. RNA 聚合酶

    D. RNA 聚合酶和逆转录酶

    E. 逆转录酶

24. 逆转录酶的底物之一是（　）P. 214

    A. AMP　　　　　B. ATP

    C. dAMP　　　　 D. dATP

    E. GDP

25. 符合逆转录特点的是（　）P. 214

    A. DNA→DNA　　B. DNA→RNA

    C. RNA→DNA　　D. RNA→RNA

E. RNA→蛋白质

26. 关于突变的错误叙述是（　）P. 215

    A. 插入 1 个碱基对会引起移码突变

    B. 重排属于基因组内 DNA 重组

    C. 颠换是点突变的一种形式

    D. 缺失 4 个碱基对会引起移码突变

    E. 转换是重排的一种形式

27. 碱基 A 被 T 替换属于（　）P. 215

    A. 插入　　　　　B. 重排

    C. 颠换　　　　　D. 缺失

    E. 转换

28. 紫外线对 DNA 的损伤主要是引起（　）P. 217

    A. 碱基插入

    B. 碱基缺失

    C. 碱基置换

    D. 磷酸二酯键断开

    E. 嘧啶二聚体形成

29. 只参与 DNA 修复的酶是（　）P. 217

    A. DNA 聚合酶　　B. 光解酶

    C. 解旋酶　　　　D. 拓扑酶

    E. 引物酶

30. 着色性干皮病的分子基础是（　）P. 218

    A. DNA 损伤修复所需的内切酶有缺陷或缺失

    B. 利用维生素 A 的酶被光破坏

    C. 钠泵激活引起细胞脱水

    D. 温度敏感性转移酶类失活

    E. 紫外线照射使 DNA 修复酶变性

31. 合成 RNA 的原料之一是（　）P. 218

    A. AMP　　　　　B. ATP

    C. dAMP　　　　 D. dATP

    E. GDP

*32. 关于 RNA 合成的错误叙述是

（　）P. 218

A. RNA 聚合酶需要引物

B. RNA 链的合成方向是 $5'→3'$

C. 多数情况下一段双链 DNA 中只有一股 DNA 作为指导 RNA 合成的模板

D. 合成的 RNA 为链状

E. 只有在 DNA 存在时，RNA 聚合酶才能催化形成磷酸二酯键

33. RNA 合成方向是（　）P. 218

A. $3'→5'$　　　　B. $5'→3'$

C. C→N　　　　D. N→C

E. 从两侧向中心

34. 转录时模板链信息的阅读方向是（　）P. 218

A. $3'→5'$　　　　B. $5'→3'$

C. C→N　　　　D. N→C

E. 从左到右

*35. 关于转录的正确叙述是（　）P. 218

A. DNA 复制中合成 RNA 引物也是转录反应之一

B. RNA 聚合酶需要引物

C. 编码链与转录生成的 RNA 互补

D. 编码链与转录生成的 RNA 碱基顺序，除了 T 变为 U 外其他都相同

E. 致癌病毒只有逆转录，没有转录

*36. 以 NTP 为底物的是（　）P. 219

A. DNA 聚合酶

B. DNA 聚合酶和逆转录酶

C. RNA 聚合酶

D. RNA 聚合酶和逆转录酶

E. 逆转录酶

37. 原核生物 DNA 指导的 RNA 聚合酶由数个亚基构成，其核心酶的组成是（　）P. 219

A. $\alpha_2\beta\beta'\omega$　　　　B. $\alpha_2\beta\beta'\omega\rho$

C. $\alpha_2\beta\beta'\omega\sigma$　　　　D. $\alpha_2\beta\omega\rho$

E. $\alpha_2\beta\beta'\omega\sigma$

38. 识别启动子的是（　）P. 219

A. ρ 因子　　　　B. σ 因子

C. dnaB 蛋白　　　D. 核心酶

E. 聚合酶 α 亚基

*39. 关于 RNA 聚合酶和 DNA 聚合酶的正确叙述是（　）P. 219

A. DNA 聚合酶能同时在链两端连接核苷酸

B. RNA 聚合酶不需要引物，在新生链的 $5'$ 端连接核苷酸

C. RNA 聚合酶和 DNA 聚合酶只能在 $3'$ 端连接核苷酸

D. RNA 聚合酶只能在 $3'$-OH 端存在时合成引物 RNA

E. 均利用三磷酸核糖核苷合成多聚核糖核苷酸链

40. 原核生物是以 RNA 聚合酶与启动子结合开始转录的。研究发现，多数操纵子有一组 TTGACA 序列，它一般位于启动子的（　）P. 220

A. −10bp 区　　　B. −35bp 区

C. +10bp 区　　　D. +35bp 区

E. 转录起始位点

*41. 大肠杆菌启动子 −10 区的核苷酸序列称为（　）P. 220

A. CCAAT 框　　　B. Pribnow 框

C. TATA 框　　　　D. 衰减子

E. 增强子

*42. 原核生物参与转录起始的酶是（　）P. 220

A. RNA 聚合酶Ⅲ

B. RNA 聚合酶核心酶

C. RNA 聚合酶全酶

D. 解旋酶

E. 引物酶

*43. 不依赖 ρ 因子的转录终止往往是

由转录出的 RNA 产物形成茎环结构来终止转录。在下列 DNA 序列中，其转录产物能形成茎环结构的是（　　）P. 221

    A. ACTGGCTTAGTCAGAG

    B. ACTTGCCCCCTTCACA

    C. CTCGAGCCTACCCCTC

    D. GTGACTGGTTAGTCAG

    E. TTTCGAAGATCAAGCG

44. 关于 RNA 分子"帽子"的正确叙述是（　　）P. 222

    A. 存在于 tRNA 的 3′端

    B. 存在于真核细胞 mRNA 的 5′端

    C. 可促使 tRNA 前体后加工

    D. 是由多聚腺苷酸组成

    E. 用于校对原核细胞 mRNA 翻译中的错误

（二）X 型题

1. 参加半保留复制的酶有（　　）P. 209

    A. DNA 聚合酶　　B. 解旋酶

    C. 连接酶　　　　D. 拓扑酶

    E. 限制酶

2. DNA 复制时消耗（　　）P. 210

    A. dATP　　　　B. dCTP

    C. dGDP　　　　D. dTMP

    E. dTTP

*3. DNA 聚合酶 I 通过（　　）活性进行（　　）P. 210

    A. 3′→5′外切酶

    B. 5′→3′聚合酶

    C. 5′→3′外切酶

    D. 引物合成

    E. 引物切除

*4. 在 DNA 复制过程中，亲代遗传信息必须准确地传到子代，即复制有保真性，下列哪些情况可保证复制的保真性？（　　）P. 211

    A. A 与 T、G 与 C 配对

    B. DNA 聚合酶的校对功能

    C. DNA 聚合酶选择配对碱基

    D. DNA 聚合酶依赖模板

    E. RNA 聚合酶合成 RNA 引物

5. 真核生物 DNA 复制需要（　　）P. 211

    A. DNA 聚合酶 α

    B. DNA 聚合酶 δ

    C. 端粒酶

    D. 逆转录酶

    E. 肽基转移酶

*6. 属于酶和产物关系的是（　　）P. 212

    A. DNA 片段　　　B. NTP

    C. RNA 片段　　　D. 核苷酸酶

    E. 引物酶

*7. 消耗 ATP 的是（　　）P. 212

    A. DNA 聚合酶催化的聚合反应

    B. RNA 引物酶催化的聚合反应

    C. 解旋酶解链

    D. 拓扑酶 I 使 DNA 解旋

    E. 拓扑酶 II 使 DNA 形成负超螺旋

*8. 逆转录病毒在合成其双链 cDNA 之前先发生哪些反应？（　　）P. 214

    A. DNA 的大量复制

    B. RNA 链的水解

    C. 病毒蛋白质的合成

    D. 逆转录

    E. 转录

*9. 逆转录酶除了催化逆转录之外还具有（　　）P. 214

    A. DNA 指导的 DNA 聚合酶活性

    B. DNA 指导的 RNA 聚合酶活性

    C. RNase H 活性

    D. RNA 指导的 DNA 聚合酶活性

    E. RNA 指导的 RNA 聚合酶活性

*10. cDNA 是（　　）P. 214

    A. 以 DNA 为模板合成的双链 DNA

    B. 以 mRNA 为模板合成的单链 DNA

C. 以 mRNA 为模板合成的双链 DNA

D. 与 mRNA 互补的单链 DNA

E. 与 mRNA 互补的双链 DNA

11. 可能造成移码突变的是（　　）P. 216

　　A. 插入　　　　　B. 颠换

　　C. 点突变　　　　D. 缺失

　　E. 转换

12. 能造成 DNA 损伤的化学因素有（　　）P. 217

　　A. 芳香烃类　　　B. 环磷酰胺

　　C. 烷化剂　　　　D. 亚硝酸盐

　　E. 重金属

13. 参加切除修复的酶有（　　）P. 217

　　A. DNA 聚合酶　　B. RNA 聚合酶

　　C. 连接酶　　　　D. 内切酶

　　E. 逆转录酶

*14. 参与重组修复的酶有（　　）P. 217

　　A. DNA 聚合酶　　B. RNA 聚合酶

　　C. 连接酶　　　　D. 内切酶

　　E. 逆转录酶

*15. 关于启动子的正确叙述是（　　）P. 220

　　A. 是 DNA 上结合阻抑蛋白的部位

　　B. 是 mRNA 最先被翻译的序列

　　C. 是编码阻抑蛋白的基因

　　D. 是开始结合 RNA 聚合酶的 DNA 序列

　　E. 位于转录起始位点上游

*16. 转录空泡含有（　　）P. 221

　　A. DNA　　　　　B. RNA

　　C. 核心酶　　　　D. 解旋酶

　　E. 引物

*17. 关于原核生物转录终止，下列哪些是正确的？（　　）P. 221

　　A. 可能有 σ 因子参与

　　B. 模板上有 poly（T）结构因而形成

poly（A）尾

　　C. 有时需要 ρ 因子参与识别终止子

　　D. 终止子有回文序列

　　E. 转录产物 3′端常形成发夹结构

18. mRNA 的转录后加工包括（　　）P. 222

　　A. 3′端加 CCA-OH

　　B. 3′端加多聚腺苷酸尾

　　C. 3′端加多聚胸苷酸尾

　　D. 5′端加帽

　　E. 剪接除去内含子

*19. 以下哪些 RNA 的序列不全来自 DNA？（　　）P. 222

　　A. mRNA　　　　B. rRNA

　　C. snRNA　　　　D. tRNA

　　E. 核酶

二、填空题

1. 一个基因除了含有表达功能产物的（　　）序列之外，还含有表达该序列所需的调控序列等（　　）序列。P. 207

2. 1944 年，（　　）等通过（　　）实验证明：基因的化学本质是核酸。P. 207

3. 半保留复制的设想由 Watson 和 Crick 提出，由（　　）和（　　）于 1958 年通过实验证实。P. 208

*4. DNA 聚合酶的作用是催化 dNTP 按 5′→3′方向合成 DNA，反应只消耗 dNTP，但还有两种成分必不可少：（　　）、（　　）。P. 210

5. DNA 聚合酶的 3′→5′外切酶活性能切除 DNA 的 3′端（　　）的核苷酸，但不会切除（　　）的核苷酸。P. 211

*6. DNA 聚合酶 I 催化的切口平移过程在切口两侧发生两个不同的反应：一个是从 5′端（　　），另一个是从 3′端（　　）。P. 211

7. 原核生物的 DNA 聚合酶（　　）在催

化切口平移过程中切除引物利用的是它的（　）活性。P. 211

8. 解旋酶的作用是从（　）双向解开DNA双链，形成两个（　）。P. 212

9. 解旋酶在（　）的模板上沿（　）方向移动解链。P. 212

10. 在DNA复制过程中，复制叉前方的亲代DNA会打结或缠绕，即形成（　）结构，需要（　）进行松解。P. 212

11. 大肠杆菌拓扑酶有Ⅰ型和Ⅱ型两类：Ⅰ型拓扑酶主要参与（　）合成。Ⅱ型拓扑酶参与（　）合成。P. 212

*12. 单链DNA结合蛋白是同四聚体，功能是稳定解开的单链DNA，阻抑其（　），并抗（　）。P. 212

13. 引物酶与解旋酶构成（　），在模板的一定部位合成RNA引物，合成方向是（　）。P. 212

14. DNA连接酶不能连接（　）DNA，只能连接（　）。P. 212

15. 原核生物DNA有（　）个复制起点，所以是（　）复制子结构。P. 212

16. 真核生物DNA有（　）个复制起点，所以是（　）复制子结构。P. 212

17. 在DNA复制的起始阶段，先由一组蛋白因子与（　）结合，将其局部解链，然后解旋酶与解链区结合，沿DNA链5′→3′方向移动，进一步解链，形成（　）。P. 213

18. 当冈崎片段的合成遇到前方冈崎片段的引物时，（　），通过（　）切除RNA引物，合成DNA填补。P. 213

19. 大肠杆菌DNA复制的终止发生在终止区。终止区包含七个（　）序列，它们可以和（　）蛋白结合，使解旋酶停止解链，复制终止。P. 213

*20. 1970年，Temin和Baltimore分别从逆转录病毒中发现了（　），并因此于1975年获得（　）。P. 214

21. 逆转录酶能以RNA为模板，以5′→3′方向合成其（　），形成（　）。P. 214

22. 逆转录酶能催化复制（　），得到（　），它们统称互补DNA。P. 214

23. 逆转录酶是（　）重要的工具酶，可以用于构建（　）文库。P. 215

24. 镰状细胞病患者血红蛋白（　）基因的编码序列有一个点突变A→T，使原来（　）号谷氨酸密码子GAG变成缬氨酸密码子GTG。P. 215

25. 亚硝酸盐使（　）脱氨基转化成（　），结果A-T对转化成G-C对。P. 215

26. 亚硝酸盐使（　）脱氨基转化成（　），结果G-C对转化成A-T对。P. 215

27. 紫外线可以使DNA链上相邻（　）共价结合形成（　），影响DNA双螺旋结构，使复制和转录不能正常进行。P. 217

28. 参与切除修复的酶主要有特异的（　）、（　）、聚合酶和连接酶。P. 217

*29. 着色性干皮病患者皮肤细胞内特异的内切核酸酶有缺陷，不能（　），因此对（　）DNA损伤不能修复。P. 218

30. 转录是基因表达的第一步，合成的RNA称为（　），经过进一步加工可以得到（　），包括mRNA、rRNA和tRNA等。P. 218

31. 合成mRNA的原料是（　），合成cDNA的原料是（　）。P. 214, 218

32. RNA初级转录产物的碱基序列与（　）链的碱基序列一致，与（　）链的碱基序列互补。P. 219

*33. 通常将（　）链上（　）对应的核苷酸编为+1号，转录进行方向的核苷酸依次编为+2号、+3号……P. 219

34. 大肠杆菌的RNA聚合酶是一个六

聚体 $\alpha_2\beta\beta'\omega\sigma$，（　）的功能是辨认转录模板的启动子，（　）的功能是决定被转录基因的类型和种类。P. 219

35. 真核生物的 RNA 聚合酶有三种，其中 RNA 聚合酶（　）主要存在于细胞核的（　）区，催化合成 28S、5.8S 和 18S rRNA 前体。P. 219

36. 真核生物的 RNA 聚合酶有三种，其中 RNA 聚合酶（　）存在于细胞核的（　）区，催化合成 mRNA 和 snRNA 前体。P. 219

37. 真核生物的 RNA 聚合酶有三种，其中 RNA 聚合酶（　）存在于细胞核的（　）区，催化合成 5S rRNA、tRNA 和 snRNA 前体。P. 219

38. 转录时 RNA 聚合酶沿（　）方向阅读（　）链。P. 219

39. 转录起始就是（　）结合到 DNA 模板上，形成（　），启动 RNA 合成。P. 220

40. 大肠杆菌基因的启动子含有两个保守序列，−10 区有称为（　）的保守序列，是 RNA 聚合酶（　）的位点。P. 220

41. 大肠杆菌基因的启动子含有两个（　）序列，−35 区是 RNA 聚合酶（　）的位点。P. 220

42. 真核生物基因的启动子有（　）类，mRNA 基因的启动子为（　）启动子，含有转录起始位点及 TATA 框、GC 框和 CCAAT 框等保守序列。P. 220

43. 在转录的起始阶段，大肠杆菌 RNA 聚合酶的 σ 因子识别启动子，带动全酶与启动子（　）区结合，形成（　）。P. 220

44. 在转录的起始阶段，RNA 聚合酶全酶催化合成 8～9nt 的 RNA 片段，之后（　）释放，（　）沿着模板链向下游移动，RNA 转录进入延长阶段。P. 220

45. RNA 转录延伸方式与 DNA 复制有以下区别：（　），（　）。P. 221

46. 不依赖 ρ 因子的终止子的转录产物有两个特征：一是存在富含 G−C 的（　），可以形成发夹结构；二是发夹结构之后（　）。P. 221

47. 真核生物 mRNA 基因 3′端的（　）是转录终止的修饰点，转录越过修饰点后，（　），转录终止。P. 221

48. 转录后加工时真核生物的 mRNA 在（　）端接上 $m^7GpppNmp$ 结构，称为（　）结构。P. 56，222

49. 转录后加工时 mRNA 的（　）端要合成 80～250nt 的（　）。P. 222

50. 通过加工切除（　）、连接（　）的过程称为剪接。P. 222

51. 真核生物 rRNA 基因在（　）由 RNA 聚合酶Ⅰ催化转录，获得 45S 的初级转录产物，经过后加工成为（　）。P. 222

52. tRNA 前体分子的 3′端有一段（　），可以由外切核酸酶 D 等切除，直到暴露出（　）为止。P. 223

三、名词解释

1. 基因　P. 207
2. 基因组　P. 207
3. 半保留复制　P. 208
4. 前导链　P. 209
5. 后随链　P. 209
6. 冈崎片段　P. 209
7. 复制子　P. 212
8. 逆转录　P. 214
9. 基因突变　P. 215
10. 点突变　P. 215
11. 转换　P. 215
12. 颠换　P. 215
13. 移码突变　P. 216
14. 重排　P. 216
15. 转录　P. 218

16. 模板链　P.219

17. 编码链　P.219

18. 不对称转录　P.219

19. 选择性转录　P.219

20. 启动子　P.220

21. 转录后加工　P.222

四、问答题

1. 简述 DNA 复制的基本特征。P.208

2. DNA 复制时，为什么只有前导链的合成是连续的？P.209

3. 列表叙述大肠杆菌 DNA 聚合酶的活性与功能。P.209

4. 试述大肠杆菌 DNA 聚合酶 I 的活性与功能。P.209

*5. 试述大肠杆菌 DNA 半保留复制的基本过程。P.212

6. 试述逆转录的基本过程。P.214

7. 简述 DNA 损伤的主要类型。P.215

8. 简述引起 DNA 损伤的主要因素。P.216

9. 简述镰状细胞病和着色性干皮病的分子机制。P.218

10. 试从模板、参与酶、合成方式、合成原料、产物等几方面叙述 DNA 复制与转录的异同点。P.209，218

*11. 比较模板与模板链。P.210，219

12. 原核生物和真核生物的 RNA 聚合酶有何不同？P.219

13. 简述原核生物和真核生物 RNA 聚合酶的共同特点。P.219

14. 试述大肠杆菌基因启动子的特点及作用。P.220

15. 试述原核生物的转录起始过程。P.220

16. 简述真核生物 mRNA 转录后加工的基本过程和意义。P.222

参考答案

一、选择题

（一）A 型题

1. E　2. B　3. A　4. A　5. C　6. D
7. A　8. C　9. D　10. E　11. C　12. B
13. A　14. E　15. B　16. C　17. E　18. D
19. C　20. B　21. A　22. D　23. E　24. D
25. C　26. E　27. C　28. E　29. B　30. A
31. B　32. A　33. B　34. A　35. D　36. C
37. A　38. B　39. C　40. B　41. B　42. C
43. D　44. B

（二）X 型题

1. ABCD　2. ABE　3. CE　4. ABCD
5. ABC　6. CE　7. BCE　8. BD　9. AC
10. BC　11. AD　12. ABCD　13. ACD
14. ACD　15. DE　16. ABC　17. CDE
18. BDE　19. AD

二、填空题

1. 编码；非编码

2. Avery；肺炎球菌转化

3. Meselson；Stahl

4. 模板；引物

5. 未与模板形成正确配对；已经形成正确配对

6. 切除核苷酸；延伸合成 DNA

7. I；5′→3′外切酶

8. 复制起点；复制叉

9. 后随链；5′→3′

10. 正超螺旋；拓扑异构酶

11. RNA 的转录；DNA 的复制

12. 重新形成双链；核酸酶降解

13. 引发体；5′→3′

14. 游离的单链；双链 DNA 上的切口

15. 一；单

16. 多；多

17. 复制起点；复制叉

18. DNA 聚合酶Ⅰ替换 DNA 聚合酶Ⅲ；切口平移

19. Ter；Tus

20. 逆转录酶；诺贝尔生理学或医学奖

21. 单链互补 DNA；RNA – DNA 杂交体

22. sscDNA；dscDNA

23. 重组 DNA 技术；cDNA

24. β 亚基；6

25. 腺嘌呤；次黄嘌呤

26. 胞嘧啶；尿嘧啶

27. 胸腺嘧啶；嘧啶二聚体

28. 内切酶；外切酶

29. 切除嘧啶二聚体；紫外线引起的

30. 初级转录产物；成熟 RNA

31. NTP；dNTP

32. 编码；模板

33. 编码；转录起始位点

34. σ 因子；α 亚基

35. Ⅰ；核仁

36. Ⅱ；核质

37. Ⅲ；核质

38. 3′→5′；模板

39. RNA 聚合酶全酶；转录起始复合物

40. Pribnow 框；牢固结合

41. 保守；识别并初始结合

42. 三；Ⅱ类

43. – 35；闭合复合物

44. σ 因子；核心酶

45. 转录底物为 NTP；转录时模板 DNA 只解开约 17bp

46. 回文序列；有一串连续的 U

47. 加尾信号；mRNA 在该位点被切断

48. 5′；帽子

49. 3′；poly（A）尾

50. 内含子；外显子

51. 核仁内；成熟 rRNA

52. 尾随序列；CCA-OH

三、名词解释

1. 基因：遗传物质的功能单位，主要存在于染色体上，其编码的功能产物为肽链或 RNA。

2. 基因组：一个体细胞所含的一套完整的染色单体称为染色体组，一个染色体组所含的全部 DNA 称为一个基因组。

3. 半保留复制：即当 DNA 进行复制时，亲代 DNA 双链必须解开，两股链分别作为模板，按照碱基互补配对原则指导合成一股新的互补链，最终得到与亲代 DNA 碱基序列完全一样的两个子代 DNA 分子，每个子代 DNA 分子都含有一股亲代 DNA 链和一股新生 DNA 链。半保留复制是 DNA 复制最重要的特征。

4. 前导链：在 DNA 的半保留复制过程中，在一个复制叉上连续合成的一股 DNA 称为前导链，其合成方向与模板的解链方向相同。

5. 后随链：在 DNA 的半保留复制过程中，在一个复制叉上分段合成的一股 DNA 称为后随链，其合成方向与模板的解链方向相反。

6. 冈崎片段：在 DNA 的半保留复制过程中，分段合成的后随链片段称为冈崎片段。

7. 复制子：在 DNA 复制过程中，由一个复制起点控制的复制区域称为复制子。

8. 逆转录：以 RNA 为模板、以 dNTP 为原料、由逆转录酶催化合成 DNA 的过程。

9. 基因突变：指 DNA 的碱基序列发生了可以传递给子代细胞的变化，这种变化通常导致基因产物功能的改变或丧失。

10. 点突变：一个碱基对突变为另一个

碱基对，又称为错配。

11. 转换：点突变的一种，是两种嘌呤或嘧啶之间的互换。

12. 颠换：点突变的一种，是嘌呤与嘧啶之间的互换。

13. 移码突变：因突变而导致突变点以后的遗传密码全部改变，造成蛋白质的氨基酸组成和序列改变。

14. 重排：指基因组 DNA 发生较大片段的交换，但不涉及遗传物质的丢失和获得。

15. 转录：指生物体按碱基互补配对原则把 DNA 碱基序列转化成 RNA 碱基序列、从而将遗传信息传递到 RNA 分子上的过程，是 RNA 合成的主要方式。

16. 模板链：在能转录出 RNA 的 DNA 区段，两股 DNA 链中只有一股被转录，被转录的一股称为模板链。

17. 编码链：在能转录出 RNA 的 DNA 区段，两股 DNA 链中只有一股被转录，不被转录的一股称为编码链。

18. 不对称转录：在能转录出 RNA 的 DNA 区段，两股 DNA 链中只有一股被转录，另一股不转录，转录的这一特征称为不对称转录。

19. 选择性转录：即不同细胞在不同的生长阶段，根据生存条件和代谢需要转录不同的基因，每个基因只是基因组的一部分。

20. 启动子：启动转录的 DNA 序列，由 RNA 聚合酶结合位点、转录起始位点及控制转录起始的其他调控序列组成。

21. 转录后加工：RNA 聚合酶转录合成的 RNA 称为初级转录产物，大多要经过加工才能得到有生物活性的成熟 RNA 分子，该加工过程称为转录后加工。

四、问答题

1. 复制是以亲代 DNA 为模板合成子代 DNA、从而将遗传信息准确地传递到子代 DNA 分子的过程。DNA 复制的基本特征包括半保留复制、从复制起点双向复制和半不连续复制。

2. DNA 新生链的合成方向为 $5' \rightarrow 3'$，而 DNA 的两股链是反向平行的。因此，在同一个复制叉的两股 DNA 模板上，一股模板的解链方向与新生链的合成方向相同，另一股模板的解链方向与新生链的合成方向相反。后一种情况下新生链的合成是如何进行的呢？

研究发现，在一个复制叉上进行的 DNA 合成是半不连续的，其中一股新生链的合成方向与其模板的解链方向相同，所以解链与合成可以同时进行，合成是连续的，这股新生链称为前导链；另一股新生链的合成方向与其模板的解链方向相反，只能先解开一段模板，再合成一段新生链，合成是不连续的，这股新生链称为后随链，分段合成的后随链片段称为冈崎片段。

3. DNA 聚合酶是一种多功能酶，有三种催化活性：$5' \rightarrow 3'$ 聚合酶活性、$3' \rightarrow 5'$ 外切酶活性和 $5' \rightarrow 3'$ 外切酶活性，不过并不是所有的 DNA 聚合酶都有这三种活性。大肠杆菌有三种 DNA 聚合酶即 DNA 聚合酶 I、DNA 聚合酶 II 和 DNA 聚合酶 III 已经得到阐明，其主要性质和功能见下表。

DNA 聚合酶	I	II	III
$5' \rightarrow 3'$ 聚合酶活性	+	+	+
$3' \rightarrow 5'$ 外切酶活性	+	+	+
$5' \rightarrow 3'$ 外切酶活性	+	−	−
$5' \rightarrow 3'$ 聚合速度（nt/秒）	16 ~ 20	40	250 ~ 1 000
功能	切除 DNA 复制引物，DNA 修复	DNA 修复	DNA 复制合成

4. DNA 聚合酶 I 是一种多功能酶，有三种催化活性：①5′→3′聚合酶活性与聚合反应：DNA 聚合酶的作用是催化 dNTP 按 5′→3′方向合成 DNA，反应只消耗 dNTP，但还需要模板和引物。②3′→5′外切酶活性与校对功能：DNA 聚合酶的 3′→5′外切酶活性在 DNA 合成过程中起校对作用，它对于 DNA 作为遗传物质所必需的稳定性和保真性是至关重要的。③5′→3′外切酶活性与切口平移：DNA 聚合酶 I 具有 5′→3′外切酶活性，并且只作用于双链 DNA。因此，通过切口平移，既可以在 DNA 复制过程中切除后随链冈崎片段 5′端的 RNA 引物，并合成 DNA 填补，又可以在 DNA 修复过程中发挥作用。

5. 大肠杆菌 DNA 只有一个复制起点，是单复制子结构，复制过程可以分为起始、延长和终止三个阶段。

（1）复制起始：在 DNA 复制的起始阶段，亲代 DNA 解链、解旋，即先由一组蛋白因子与复制起点结合，将其局部解链，然后解旋酶与解链区结合，沿 DNA 链 5′→3′方向移动，进一步解链，形成复制叉；随着解链的进行，SSB 与单链 DNA 模板结合，Ⅱ型拓扑酶则负责消除解链过程中形成的超螺旋结构。

（2）复制延长：DNA 复制的延长阶段包括前导链和后随链的合成。前导链的合成通常是一个连续延伸过程，即先由引物酶在复制起点处合成一段 RNA 引物，然后 DNA 聚合酶Ⅲ在引物的 3′端合成前导链。后随链的合成是分段进行的，当亲代 DNA 解开一定长度之后，先由引物酶和解旋酶构成的引发体合成 RNA 引物，然后由 DNA 聚合酶Ⅲ在引物上催化合成冈崎片段。当冈崎片段的合成遇到前方冈崎片段的引物时，DNA 聚合酶 I 替换 DNA 聚合酶Ⅲ，通过切口平移切除 RNA 引物，合成 DNA 填补缺口。最

后，由 DNA 连接酶催化封闭 DNA 切口，形成完整的后随链。

（3）复制终止：大肠杆菌 DNA 复制的终止发生在终止区。终止区包含七个 Ter 序列，可以和 Tus 蛋白结合，使解旋酶停止解链，复制终止。DNA 复制完成后，由拓扑酶向子代 DNA 分子引入超螺旋，进行进一步的组装。

6. 逆转录是以 RNA 为模板、以 dNTP 为原料、由逆转录酶催化合成 DNA 的过程。①逆转录：以 RNA 为模板，以 5′→3′方向合成其单链互补 DNA（sscDNA），形成 RNA - DNA 杂交体。②水解：特异地水解 RNA - DNA 杂交体中的 RNA，获得游离的 sscDNA。③复制：以 sscDNA 为模板，复制得到双链互补 DNA（dscDNA）。sscDNA 和 dscDNA 统称互补 DNA（cDNA）。

7. DNA 损伤即 DNA 的碱基序列发生了可以传递给子代细胞的变化，这种变化通常导致基因产物功能的改变或丧失。DNA 损伤包括错配、缺失、插入和重排。①错配：错配又称为点突变，包括转换和颠换。转换是两种嘌呤或嘧啶之间的互换。颠换是嘌呤与嘧啶之间的互换。②缺失和插入：碱基缺失和插入会导致移码突变，即突变点以后的遗传密码全部改变，造成蛋白质的氨基酸组成和序列改变。③重排：重排是指基因组 DNA 发生较大片段的交换，但不涉及遗传物质的丢失和获得。

8. 引起 DNA 损伤的因素包括物理因素、化学因素和生物因素：①物理因素如紫外线可以使 DNA 链上相邻胸腺嘧啶共价结合生成嘧啶二聚体，影响 DNA 双螺旋结构，使复制和转录均受阻碍。②常见的化学因素有亚硝酸盐、烷化剂和芳香烃类等。③生物因素有逆转录病毒及可以整合到染色体 DNA 上的病毒 DNA。

9. 镰状细胞病患者血红蛋白 β 亚基基

因的编码序列有一个点突变 A→T，使原来 6 号谷氨酸密码子 GAG 变成缬氨酸密码子 GTG。着色性干皮病患者对日光尤其是紫外线特别敏感，易患皮肤癌，主要原因就是其皮肤细胞内特异的核酸内切酶有缺陷，不能切除嘧啶二聚体，因此不能修复紫外线造成的 DNA 损伤。

10. ①模板：都以 DNA 链为模板，但复制的模板为解开的两股 DNA 单链，转录的模板是一股 DNA 链的一段，故为不对称转录。②参与酶：参与复制的酶主要有 DNA 聚合酶、拓扑酶、解旋酶、引物酶、连接酶，参与转录的酶主要是 RNA 聚合酶。DNA 聚合酶和 RNA 聚合酶均按 5′→3′方向催化延伸。③连续性：复制是半不连续的，而转录是连续进行的。④后加工：复制产物为两条与亲链相同的子代 DNA 双链，不需要加工修饰。而转录产物为与 DNA 模板链互补的 RNA 分子，还需要经过剪接等加工。⑤原料：复制的原料是四种 dNTP，转录的原料是四种 NTP。

11. ①DNA 聚合酶催化的反应是复制 DNA，即合成单链 DNA 的互补链，所以必须为其提供单链 DNA，这就是模板，亲代 DNA 双链解链之后两股链分别成为子链的模板。②在能转录出 RNA 的 DNA 区段，两股 DNA 链中只有一股被转录，称为模板链，另一股不转录，称为编码链。

12. 大肠杆菌的 RNA 聚合酶是一个由 α、β、β′、ω 和 σ 因子五种亚基构成的六聚体，其中 $\alpha_2\beta\beta'\omega$ 称为核心酶，σ 因子与核心酶松散结合构成全酶。

真核生物的 RNA 聚合酶有三种：RNA 聚合酶Ⅰ、RNA 聚合酶Ⅱ和 RNA 聚合酶Ⅲ，它们分别催化转录不同的基因：①RNA 聚合酶Ⅰ主要存在于核仁区，催化合成 28S、5.8S 和 18S rRNA 前体。②RNA 聚合酶Ⅱ存在于核质区，催化合成 mRNA 和 snRNA 前体。③RNA 聚合酶Ⅲ存在于核质区，催化合成 5S rRNA、tRNA 和 snRNA 前体。

13. ①合成 RNA 不需要引物。②按 5′→3′方向合成 RNA。③能识别转录终止信号。④只转录模板链。⑤转录过程遵循碱基互补配对原则：A－U、T－A、G－C、C－G。⑥催化合成 RNA 的过程是连续的。⑦只有聚合酶活性，没有水解酶活性。⑧与调节转录的多种蛋白因子相互作用，调控基因表达。

14. RNA 聚合酶识别启动子并与之结合是转录起始的关键。原核生物和真核生物基因的启动子均由 RNA 聚合酶结合位点、转录起始位点及控制转录起始的其他调控序列组成，是启动转录的特异序列。

大肠杆菌基因的启动子含有两个保守序列：①－10 区有称为 Pribnow 框的保守序列，是 RNA 聚合酶牢固结合的位点，其共有序列为 TATAAT。②－35 区也有保守序列，是 RNA 聚合酶识别并初始结合的位点，其共有序列为 TTGACA。

15. ①大肠杆菌 RNA 聚合酶的 σ 因子识别启动子，引导全酶与－35 区结合，形成闭合复合物。②RNA 聚合酶向下游移动到－10 区，形成稳定的酶－DNA 复合物。这里 A－T 含量较高，易于解链，RNA 聚合酶在此将 DNA 双链解开约 17bp，形成开放复合物。③RNA 聚合酶根据模板链指令获取第一、二个 NTP，并催化形成 3′,5′-磷酸二酯键，启动合成。其中第一个核苷酸一定是 GTP 或 ATP，尤以 GTP 为常见，GTP 的 5′-三磷酸结构一直保留至转录完成，在后加工时才被切除。④RNA 聚合酶全酶催化合成 8～9nt 的 RNA 片段后，σ 因子释放，核心酶沿着模板链向下游移动，RNA 转录进入延长阶段。

16. RNA 聚合酶转录合成的 RNA 称为

初级转录产物，大多要经过加工才能得到有生物活性的成熟 RNA 分子，该加工过程称为转录后加工。

真核生物蛋白质基因多为断裂基因，其外显子和内含子均被转录，初级转录产物为 mRNA 前体，经过加帽、加尾和剪接等加工之后成为成熟 mRNA。①加帽：真核生物 mRNA 的帽子形成于转录的早期阶段，当时 RNA 仅合成了 20 ~ 30nt。②加尾：加尾信号被转录后，一个多酶体系与加尾信号结合，从其下游 10 ~ 30nt 处切断 RNA，在其 3′端合成 80 ~ 250nt 的 poly(A)尾。③剪接：即通过加工切除内含子，连接外显子。

第十五章　蛋白质的生物合成

![习题]

一、选择题

(一) A 型题

1. 翻译的产物是（　）P. 225
   - A. mRNA
   - B. rRNA
   - C. tRNA
   - D. 蛋白质
   - E. 核糖体

2. 翻译的模板是（　）P. 225
   - A. DNA 编码链
   - B. DNA 模板链
   - C. DNA 双链
   - D. mRNA
   - E. rRNA

*3. 关于 mRNA 模板（　）P. 225
   - A. 除 poly（A）之外，其余 mRNA 序列均可被翻译
   - B. 除帽子、poly（A）之外，其余 mRNA 序列均可被翻译
   - C. 除帽子之外，其余 mRNA 序列均可被翻译
   - D. 大部分 mRNA 序列均可被翻译
   - E. 仅特定序列被翻译

4. 参与蛋白质合成而不参与尿素合成的是（　）P. 225
   - A. ATP
   - B. CTP
   - C. GTP
   - D. TTP
   - E. UTP

5. 编码氨基酸的密码子有（　）P. 226
   - A. 16 个
   - B. 20 个
   - C. 60 个
   - D. 61 个
   - E. 64 个

6. 关于遗传密码的特点（　）P. 226
   - A. AUG 作为起始密码子有时只启动翻译，不编码氨基酸
   - B. 不同生物采用不同的密码子表
   - C. 相邻密码子之间有一个核苷酸间隔
   - D. 一个密码子可以编码多种氨基酸
   - E. 一种氨基酸可以有多个密码子

7. 决定蛋白质合成的起始信号是（　）P. 226
   - A. AGU
   - B. AUG
   - C. GAU
   - D. UAG
   - E. UGA

8. 在蛋白质合成过程中负责终止肽链延长的密码子有（　）P. 226
   - A. 1 个
   - B. 2 个
   - C. 3 个
   - D. 4 个
   - E. 5 个

9. 没有遗传密码的是（　）P. 226
   - A. 半胱氨酸
   - B. 谷氨酰胺
   - C. 甲硫氨酸
   - D. 酪氨酸
   - E. 羟赖氨酸

10. 核苷酸序列中有遗传密码的分子是（　）P. 226
   - A. 5S rRNA
   - B. 18S rRNA
   - C. 28S rRNA
   - D. mRNA
   - E. tRNA

11. 遗传密码的连续性是指（　） P.226

    A. 构成天然蛋白质分子的氨基酸都有密码子

    B. 构成天然蛋白质分子的氨基酸都有一个密码子

    C. 碱基的阅读没有标点符号

    D. 碱基是由 $3'→5'$ 方向连续阅读的

    E. 一个碱基可重复阅读

12. 氨基酸活化需要消耗（　） P.227

    A. ATP   B. CTP

    C. GTP   D. TTP

    E. UTP

*13. 合成蛋白质的氨基酸必须活化，其活化部位是（　） P.227

    A. α-氨基

    B. α-羧基

    C. α-羧基和 α-氨基

    D. α-羧基或 α-氨基

    E. 整个分子

14. 催化 tRNA 携带氨基酸的是（　） P.227

    A. ATP 酶

    B. 氨酰 tRNA 合成酶

    C. 氨酰 tRNA 水解酶

    D. 蛋白质合成酶

    E. 脂酶

15. 识别 ACG 的反密码子为（　） P.227

    A. CGT   B. CGU

    C. GCA   D. TGC

    E. UGC

16. 关于 tRNA（　） P.227

    A. tRNA 与氨基酸的结合不消耗能量

    B. tRNA 与氨基酸的结合不需要催化

    C. 一种 tRNA 能携带几种氨基酸

    D. 一种氨基酸能与几种 tRNA 结合

    E. 一种氨基酸由不同酶催化与不同 tRNA 结合

17. 肽链的合成机器是（　） P.227

    A. DNA   B. mRNA

    C. rRNA   D. tRNA

    E. 核糖体

18. 反密码子 IGC 识别（　） P.228

    A. ACG   B. CCG

    C. GCA   D. GCG

    E. UCG

19. 反密码子中能与密码子第 3 位碱基 A 配对的第 1 位碱基是（　） P.228

    A. A，C   B. C，G

    C. G，I   D. G，U

    E. I，U

20. 哺乳动物核糖体大亚基的沉降系数是（　） P.228

    A. 40S   B. 50S

    C. 60S   D. 70S

    E. 80S

21. 核糖体的生物活性不包括（　） P.228

    A. 具有 P 位点和 A 位点两个 tRNA 结合位点

    B. 水解酶活性

    C. 为蛋白质合成提供能量

    D. 沿 mRNA 模板移动

    E. 与 mRNA 模板结合

22. 核糖体 30S 小亚基的功能是（　） P.228

    A. 具有肽基转移酶活性

    B. 具有脂酶活性

    C. 识别并结合 mRNA 的 SD 序列

    D. 是结合氨酰 tRNA 的部位

    E. 是结合肽酰 tRNA 的部位

23. 原核生物 mRNA 分子内和核糖体 16S rRNA 结合的是（　） P.228

A. 3′端 poly(A)尾

B. 5′端帽子

C. SD 序列

D. 起始密码子

E. 终止密码子

24. 翻译延长阶段的进位消耗 （　）
P. 230

    A. ATP　　　　　　　B. CTP

    C. GTP　　　　　　　D. TTP

    E. UTP

25. 具有肽基转移酶活性的是 （　）
P. 230

    A. 5S rRNA

    B. mRNA

    C. tRNA

    D. 核糖体大亚基

    E. 核糖体小亚基

26. 翻译延长阶段的移位消耗 （　）
P. 231

    A. ATP　　　　　　　B. CTP

    C. GTP　　　　　　　D. TTP

    E. UTP

27. 当蛋白质合成启动之后，每连接一个氨基酸要消耗几个高能磷酸键？ （　）
P. 231

    A. 2　　　　　　　　B. 3

    C. 4　　　　　　　　D. 5

    E. 6

28. 与蛋白质合成无关的是 （　）
P. 231

    A. ρ 因子

    B. GTP

    C. 起始因子

    D. 释放因子

    E. 延长因子

29. 分泌蛋白信号肽的特征是 N 端含有
（　）P. 233

    A. 碱性氨基酸

B. 疏水氨基酸

C. 酸性氨基酸

D. 小分子氨基酸

E. 中性氨基酸

30. 分泌蛋白信号肽的中间部分富含
（　）P. 233

    A. 碱性氨基酸

    B. 疏水氨基酸

    C. 酸性氨基酸

    D. 小分子氨基酸

    E. 中性氨基酸

31. 关于分泌蛋白的信号肽 （　）
P. 233

    A. 具有疏水性

    B. 决定糖基的结合

    C. 控制蛋白质分子的天然构象

    D. 位于肽链的 C 端

    E. 引导新生肽链进入内质网

32. 信号识别颗粒可识别 （　）P. 233

    A. 多聚腺苷酸　　　B. 核糖体

    C. 核小体　　　　　D. 信号肽

    E. 信号肽酶

（二）X 型题

1. 在合成和降解过程中互为底物和产物关系的是 （　）P. 225

    A. NMP　　　　　　B. NTP

    C. 氨基酸　　　　　D. 蛋白质

    E. 核糖核酸

2. 直接参与蛋白质合成的有 （　）
P. 225

    A. DNA　　　　　　B. mRNA

    C. rRNA　　　　　　D. snRNA

    E. tRNA

3. 蛋白质合成需要 （　）P. 225

    A. ATP　　　　　　B. GTP

    C. mRNA　　　　　D. tRNA

    E. 核糖体

＊4. AUG 密码子位于 mRNA 编码区的

（　　）P. 226
    A. 3′端   B. 5′端
    C. 5′端和 3′端   D. 5′端或 3′端
    E. 中间

5. 终止密码子有（　　）P. 226
    A. AGU   B. AUG
    C. UAA   D. UAG
    E. UGA

6. 密码子的特点有（　　）P. 226
    A. 对称性   B. 简并性
    C. 连续性   D. 通用性
    E. 循环性

7. 氨酰 tRNA 合成酶催化氨基酸活化需要（　　）P. 227
    A. ATP   B. Fe^{2+}
    C. GTP   D. Mg^{2+}
    E. 起始因子

8. 在蛋白质合成时进位的第一个氨酰 tRNA 是（　　）P. 227
    A. 丙氨酰 tRNA
    B. 甘氨酰 tRNA
    C. 甲硫氨酰 tRNA
    D. 甲酰甲硫氨酰 tRNA
    E. 缬氨酰 tRNA

9. 可与反密码子第一碱基 I 配对的密码子碱基是（　　）P. 228
    A. A   B. C
    C. G   D. T
    E. U

*10. 30S 起始复合物的形成除需要起始因子参与之外，还需要（　　）P. 229
    A. ATP   B. GTP
    C. 大亚基   D. 释放因子
    E. 小亚基

11. 不消耗 GTP 的是（　　）P. 229
    A. 氨基酸活化   B. 成肽
    C. 翻译起始   D. 进位
    E. 移位

12. 蛋白质合成过程消耗高能磷酸键的步骤有（　　）P. 229
    A. 氨基酸活化   B. 成肽
    C. 进位   D. 起始
    E. 移位

13. 关于蛋白质合成（　　）P. 229
    A. 70S 起始复合物大亚基的 P 位被 fMet-tRNA$_f^{Met}$ 占据
    B. 氨基酸随机地结合到 tRNA 上
    C. 多肽链的合成是从 C 端向 N 端延伸
    D. 合成的多肽链连接在 tRNA 上
    E. 核糖体沿着 mRNA 的 5′→3′移动

*14. 关于翻译（　　）P. 229
    A. mRNA 编码区每三个相邻碱基编码一种氨基酸
    B. 两个或两个以上的密码子可以编码同一种氨基酸
    C. 密码子的第三碱基较前两个具有较小的特异性
    D. 特异的碱基序列决定翻译终止
    E. 一种 tRNA 可以转运两种或两种以上的氨基酸

15. 70S 起始复合物含有（　　）P. 230
    A. fMet-tRNA$_f^{Met}$ B. mRNA
    C. 大亚基   D. 起始因子
    E. 小亚基

*16. 翻译延长阶段需要（　　）P. 230
    A. EF-G   B. EF-Ts
    C. EF-Tu   D. GTP
    E. rRNA

17. 决定氨酰 tRNA 准确进入核糖体 A 位点的是（　　）P. 230
    A. GTP   B. 反密码子
    C. 核糖体   D. 密码子
    E. 延长因子

18. 关于翻译延长（　　）P. 230
    A. 氨酰 tRNA 进入大亚基 P 位

B. 不消耗 ATP

C. 每延长一个氨基酸需要消耗两个 GTP

D. 肽键形成需要肽基转移酶催化

E. 延长因子参与进位、成肽和移位的全过程

*19. 关于翻译延长阶段的移位 （　　）P.231

A. 核糖体沿 mRNA 5′→3′移动一个密码子

B. 需要 ATP 提供能量

C. 需要延长因子 EF-G 参与

D. 需要延长因子 EF-T 参与

E. 移位之后肽酰 tRNA 占据大亚基的 A 位

20. 关于 EF-Tu （　　） P.231

A. 不能循环使用

B. 参与成肽

C. 参与进位

D. 参与移位

E. 需要 GTP

21. 关于翻译终止 （　　） P.231

A. RF1 可识别 UAA、UAG

B. RF2 可识别 UAG、UGA

C. RF3 可识别 UAA、UGA

D. 肽链释放不需要肽基转移酶参与

E. 需要 GTP 提供能量

22. 翻译后高级结构的修饰包括 （　　）P.232

A. N 端修饰　　　B. 氨基酸修饰

C. 辅基的结合　　D. 肽段的切除

E. 亚基的聚合

二、填空题

1. 蛋白质的合成过程除了消耗大量（　　）和高能化合物 ATP、（　　）之外，还需要多种生物分子的参与，包括 mRNA、rRNA、tRNA 和一组蛋白因子。P.225

2. mRNA 的一级结构由 （　　） 区和（　　） 区构成。P.225

3. 开放阅读框是从 （　　） 到 （　　） 的一段序列，是 mRNA 的主要序列。P.225

4. 绝大多数同义密码子的 （　　） 相同，只是 （　　） 不同。P.227

5. 每一种氨基酸都有自己的 （　　），它转运氨基酸并将其连接到肽链 （　　）。P.227

6. 氨酰 tRNA 合成酶既能识别 （　　）又能识别 （　　）。P.227

7. 密码子与反密码子的结合有一定的摆动性，表现在反密码子 （　　） 与密码子（　　） 的结合并不严格遵循碱基互补配对原则。P.227

8. 原核生物 16S rRNA 的 （　　） 端有一段富含嘧啶的序列，可以与 mRNA 的 （　　）互补结合，决定翻译起始。P.227

9. 原核生物 23S rRNA 和真核生物 28S rRNA 都含有 （　　） 活性中心，在蛋白质合成过程中催化 （　　）。P.228

10. 完整的核糖体上有三个位点：A 位点结合氨酰 tRNA，P 位点结合 （　　），E 位点结合 （　　）。P.228

11. 真核生物 （　　） 核糖体主要合成细胞固有蛋白，（　　） 核糖体主要合成一些膜蛋白质和分泌蛋白。P.228

12. 在蛋白质合成过程中，核糖体从 mRNA （　　） 开始读码，沿 5′→3′方向，到 （　　） 结束。P.229

13. 翻译的起始阶段是核糖体在 （　　）的协助下与 mRNA、fMet-tRNA$_f^{Met}$ 结合形成 （　　）的过程。P.229

14. 在翻译起始复合物中，fMet-tRNA$_f^{Met}$的反密码子 （　　） 与 mRNA 的起始密码子 （　　） 正确配对。P.229

15. 原核生物翻译起始的最后一步是 （　　）与 50S 大亚基结合形成 （　　）。P.230

16. 在蛋白质合成起始阶段完成时，70S 核糖体复合物（ ）位点对应 mRNA 的第一个密码子 AUG，结合了 fMet-tR-NA$_f^{Met}$；（ ）位点对应 mRNA 的第二个密码子，是空的。P. 230

17. 翻译延长阶段每次接一个氨基酸，分三步进行，即（ ）进位→肽键形成→（ ）移位。P. 230

18. 进位就是一个氨酰 tRNA 进入 A 位点。何种氨酰 tRNA 进位由（ ）决定，并且需要（ ）的协助。P. 230

19. 成肽反应由（ ）的肽基转移酶活性中心催化，（ ）高能化合物。P. 230

20. 在原核生物翻译延长阶段，移位需要（ ），每次消耗一分子（ ）。P. 231

21. 大肠杆菌有三种释放因子，RF3（ ）终止密码子，具有（ ）活性。P. 231

22. 翻译后修饰包括（ ）修饰和（ ）修饰。P. 232

23. 关于蛋白质的翻译后修饰，一级结构的修饰包括肽链 N 端修饰、（ ）、肽键断开和（ ）。P. 232

24. 关于蛋白质的翻译后修饰，（ ）及（ ）都属于高级结构的修饰。P. 232

25. 在核糖体上合成的蛋白质有三个去向：①（ ）。②进入细胞核、线粒体和溶酶体内，或嵌入膜结构中。③（ ）。P. 232

26. 分泌蛋白信号肽 N 端有 1～2 个（ ）氨基酸，信号肽中间有 10～15 个（ ）氨基酸。P. 233

27. 分泌蛋白信号肽的功能是（ ）。（ ）分泌蛋白不含信号肽。P. 233

28. 分泌蛋白的合成是在（ ）上开始的，后由信号肽引导锚定于（ ）上并继续合成。P. 233

29. 核糖体锚定于内质网膜上的过程还需要两个关键成分：（ ）和（ ）。P. 233

三、名词解释

1. SD 序列 P. 225
2. 密码子 P. 226
3. 起始密码子 P. 226
4. 终止密码子 P. 226
5. 同义密码子 P. 227
6. 氨酰 tRNA 合成酶 P. 227
7. 起始因子 P. 229
8. 延长因子 P. 230
9. 释放因子 P. 231
10. 翻译后修饰 P. 232
11. 靶向转运 P. 232
12. 信号肽 P. 233
13. SRP P. 233
14. SRP 受体 P. 233

四、问答题

1. 试述遗传密码的基本特点。P. 226
2. 简述 SD 序列在翻译起始阶段的作用。P. 225，227
3. 什么是反密码子与密码子配对的摆动性？P. 227
4. 简述原核生物与真核生物蛋白质合成的共同点。P. 229
5. 简述原核生物蛋白质合成中 70S 起始复合物的形成过程。P. 229
6. 简述蛋白质合成过程的进位循环。P. 230
7. 简述在核糖体上合成的蛋白质的三个去向。P. 232
8. 分泌蛋白信号肽的结构特征及功能是什么？P. 233
9. 简述分泌蛋白的靶向转运机制。P. 233

参考答案

一、选择题

（一）A 型题

1. D　2. D　3. E　4. C　5. D　6. E
7. B　8. C　9. E　10. D　11. C　12. A
13. B　14. B　15. B　16. D　17. E　18. C
19. E　20. C　21. C　22. C　23. C　24. C
25. D　26. C　27. C　28. A　29. A　30. B
31. E　32. D

（二）X 型题

1. CD　2. BCE　3. ABCDE　4. BE
5. CDE　6. BCD　7. AD　8. CD　9. ABE
10. BE　11. AB　12. ACDE　13. ADE
14. ABCD　15. ABCE　16. ABCDE　17. BD
18. BCD　19. AC　20. CE　21. AE　22. CE

二、填空题

1. 氨基酸；GTP
2. 编码；非翻译
3. 起始密码子；终止密码子
4. 第一、二碱基；第三碱基
5. tRNA；C 端
6. tRNA；氨基酸
7. 第一碱基；第三碱基
8. 3′；SD 序列
9. 肽基转移酶；肽键形成
10. 肽酰 tRNA；脱酰 tRNA
11. 游离；粗面内质网
12. 编码区 5′端的起始密码子；终止密码子
13. 起始因子；翻译起始复合物
14. CAU；AUG
15. 30S 起始复合物；70S 起始复合物
16. P；A
17. 氨酰 tRNA；核糖体沿着 mRNA
18. A 位点对应的 mRNA 密码子；延长因子 EF-Tu 和 EF-Ts
19. 23S/25S rRNA；不消耗
20. 延长因子 EF-G；GTP
21. 不识别；核糖体依赖性 GTPase
22. 一级结构的；高级结构的
23. 氨基酸修饰；肽段切除
24. 辅基的结合；亚基的聚合
25. 保留在细胞液中；分泌到细胞外
26. 带正电荷的；疏水
27. 引导新生肽链进入内质网；成熟的
28. 游离核糖体；内质网膜
29. 信号识别颗粒；SRP 受体

三、名词解释

1. SD 序列：原核生物 mRNA 的 5′非翻译区的一段序列，是核糖体复合物的形成位点。

2. 密码子：mRNA 编码区由一组三碱基序列构成，每一个三碱基序列构成一个遗传密码，编码一种氨基酸，称为密码子。

3. 起始密码子：即 AUG，编码肽链的第一个氨基酸，在原核生物编码甲酰甲硫氨酸，在真核生物编码甲硫氨酸。

4. 终止密码子：即 UAA、UAG 和 UGA，位于 mRNA 编码区的 3′端，是肽链合成的终止信号。

5. 同义密码子：编码同一种氨基酸的一组密码子。

6. 氨酰 tRNA 合成酶：催化氨基酸与 tRNA 反应生成氨酰 tRNA 的酶。

7. 起始因子：在蛋白质合成过程中参与翻译起始的一组蛋白因子，大肠杆菌有三种起始因子：IF-1、IF-2 和 IF-3。

8. 延长因子：在蛋白质合成过程中参与翻译延长的一组蛋白因子，大肠杆菌有三种延长因子：EF-Tu、EF-Ts 和 EF-G。

9. 释放因子：在蛋白质合成过程中参与翻译终止的一组蛋白因子，大肠杆菌有三种释放因子：RF1、RF2 和 RF3。

10. 翻译后修饰：在核糖体上合成的多肽链还没有生物活性，需要进一步加工修饰才能成为有活性的蛋白质，这一过程称为翻译后修饰。

11. 靶向转运：新合成的蛋白质定向转运到其功能场所的过程。

12. 信号肽：新合成的肽链所含的一段氨基酸序列，多位于 N 端，参与蛋白质的靶向转运。P. 233

13. SRP：即信号识别颗粒，是一种核蛋白，含有称为 7SL RNA 的 scRNA，它可以同时与信号肽、核糖体 60S 大亚基、SRP 受体形成瞬时结合，参与核糖体向内质网膜的移动及在内质网膜上的锚定。

14. SRP 受体：位于内质网膜上的一种蛋白因子，参与核糖体在内质网膜上的锚定。

四、问答题

1. 从 mRNA 编码区 5′端向 3′端按每三个相邻碱基一组为连续分组，每组碱基构成一个遗传密码，遗传密码有如下特点：①通用性：整个生物界从低等生物到高等生物基本上都使用同一套遗传密码，这说明生命有共同的起源。不过，个别遗传密码有变异。②连续性：在 mRNA 的编码区，每个碱基都参与构成一个密码子，即密码子之间没有标点符号；每个碱基只参与构成一个密码子，即密码子之间没有重叠。③简并性：编码同一种氨基酸的不同密码子称为同义密码子。同义密码子具有简并性，即不同密码子可以编码同一种氨基酸。

2. ①原核生物 mRNA 的 5′非翻译区离起始密码子 8～13nt 的部位有一段富含嘌呤的序列，长度为 4～9nt，用发现者 Shine-Dalgarno 的名字命名为 SD 序列，是核糖体复合物的形成位点。②原核生物核糖体小亚基 16S rRNA 的 3′端有一段富含嘧啶的序列，可以与 mRNA 的 SD 序列互补结合，决定翻译起始。

3. tRNA 的反密码子与 mRNA 的密码子是反向结合的，即反密码子的第一、二、三碱基分别与密码子的第三、二、一碱基结合，而且这种结合遵循碱基互补配对原则。不过，反密码子与密码子的结合有一定的摆动性，表现在反密码子第一碱基与密码子第三碱基的结合并不严格遵循碱基互补配对原则，比较典型的是存在 G－U 配对。

4. 原核生物与真核生物的蛋白质合成过程基本一致：①读码从 mRNA 编码区 5′端的起始密码子开始，沿 5′→3′方向，到终止密码子结束。②肽链的合成从 N 端开始，在 C 端延长，整个过程分为起始、延长和终止三个阶段。③合成蛋白质的直接原料是氨酰 tRNA，氨基酸与 tRNA 的结合由氨酰 tRNA 合成酶催化。

5. 原核生物蛋白质合成中 70S 起始复合物的形成过程是翻译起始的核心内容。

（1）核糖体解离：核糖体复合物的形成是从游离的 30S 小亚基开始的。因此，70S 核糖体必须解离。

（2）30S 起始复合物形成：在起始因子 IF-1 和 IF-3 的协助下，30S 小亚基通过 16S rRNA 3′端识别 mRNA 5′非翻译区的 SD 序列，从而与 mRNA 正确结合。与此同时，IF-2 与 GTP 形成的 IF－2·GTP 介导 fMet-tRNA$_f^{Met}$ 与 mRNA 结合，结合后 fMet-tRNA$_f^{Met}$ 的反密码子与 mRNA 的起始密码子 AUG 正确配对。

（3）70S 起始复合物形成：翻译起始的最后一步是 30S 起始复合物与 50S 大亚基结合形成 70S 起始复合物。IF-1 和 IF-3 脱离复合物。IF-2 具有核糖体依赖性 GTPase 活性，被70S起始复合物激活，水解GTP后脱离复合物。

6. 在蛋白质合成的延长阶段，氨酰tRNA在延长因子的协助下通过进位循环进入核糖体A位点：①EF-Tu·GTP复合物与氨酰tRNA形成氨酰tRNA–EF-Tu·GTP三元复合物。②三元复合物进入核糖体A位点，EF-Tu水解所结合的GTP成EF-Tu·GDP，脱离核糖体。③EF-Ts使EF-Tu释放GDP。④EF-Ts使EF-Tu结合GTP，重新形成EF-Tu·GTP复合物，开始下一进位循环。

7. 在核糖体上合成的蛋白质有三个去向：①保留在细胞液中发挥作用，如糖酵解酶类。②进入细胞核、线粒体和溶酶体内，或嵌入膜结构中，如组蛋白等。③分泌到细胞外，然后向该蛋白质发挥作用的靶器官或靶细胞转运，如肽类激素和血浆蛋白等。

8. 绝大多数分泌蛋白都含有信号肽。信号肽长13～36个氨基酸，位于肽链N端，具有以下特征：①信号肽N端有1～2个带正电荷的氨基酸。②信号肽中间有10～15个疏水氨基酸。③信号肽C端为蛋白酶剪切点，含有极性氨基酸，靠近剪切点处为小分子氨基酸，其中以丙氨酸最为常见。

分泌蛋白信号肽的功能是引导新生肽链进入内质网，之后就被切除，所以成熟的分泌蛋白不含信号肽。

9. 分泌蛋白的合成是在游离核糖体上开始的，后由信号肽引导核糖体锚定于内质网膜上并继续合成：①核糖体合成新生肽链信号肽。②信号肽与SRP结合。③SRP与GTP结合并中止新生肽链合成，此时新生肽链长约70个氨基酸；mRNA–核糖体–肽–SRP·GTP向内质网移动，与内质网表面SRP受体结合。④核糖体与贯穿内质网膜的易位子结合，易位子通道开放，信号肽引导新生肽链穿过，同时SRP及其受体水解各自结合的GTP并解离。⑤新生肽链的合成继续进行，并穿过易位子进入内质网腔，内质网腔内的信号肽酶切除信号肽。⑥新生肽链继续合成并进入内质网腔。⑦新生肽链合成完毕，核糖体解离。⑧易位子通道闭合，新生肽链在内质网腔内进一步加工。

新生肽链在内质网腔内进一步加工并形成转运小泡，向高尔基体转运，在高尔基体内被进一步加工、浓缩、分选和包装，然后分泌到细胞外。

第十六章　基因表达调控

🖋 习题

一、选择题

（一）A 型题

1. 基因表达的诱导是指（　　）P. 237
   A. 低等生物可以无限制地利用营养物
   B. 细菌不用乳糖作碳源
   C. 细菌利用葡萄糖作碳源
   D. 由底物引起的酶蛋白合成
   E. 阻抑物的合成

2. 大多数基因表达调控的基本环节是在（　　）P. 238
   A. 翻译后水平
   B. 翻译水平
   C. 复制水平
   D. 转录起始水平
   E. 转录水平

3. 真核生物基因表达最重要的调控环节是（　　）P. 238
   A. DNA 的甲基化与去甲基化
   B. mRNA 的衰减
   C. 翻译速度
   D. 基因重排
   E. 基因转录

4. 原核生物的基因表达单位是（　　）P. 238

   A. 操纵基因　　　　B. 操纵子
   C. 结构基因　　　　D. 启动子
   E. 增强子

5. 含有编码序列的是（　　）P. 238
   A. CAP 位点　　　　B. 操纵基因
   C. 沉默子　　　　　D. 结构基因
   E. 增强子

6. 与原核生物 DNA 结合并阻抑转录的蛋白质称为（　　）P. 239
   A. 反式作用因子
   B. 分解代谢物基因激活蛋白
   C. 诱导物
   D. 正调控蛋白
   E. 阻抑蛋白

7. 阻抑蛋白识别并结合操纵子的（　　）P. 239
   A. CAP 位点　　　　B. 操纵基因
   C. 结构基因　　　　D. 启动子
   E. 前导序列

8. 操纵子的组成不包括（　　）P. 240
   A. Pribnow 框　　　B. 操纵基因
   C. 结构基因　　　　D. 启动子
   E. 调节基因

9. lacZ、lacY、lacA 的编码产物是（　　）P. 240
   A. β-半乳糖苷酶、乳糖渗透酶、硫代半乳糖苷乙酰转移酶
   B. 葡萄糖-6-磷酸酶、变位酶、醛缩酶
   C. 乳糖还原酶、乳糖合成酶、变构

酶

D. 乳糖酶、乳糖磷酸化酶、半乳糖
激酶

E. 脱氢酶、黄素酶、Q

*10. RNA 聚合酶结合于乳糖操纵子的
（　　）P. 240

A. 结构基因　　　B. 启动子

C. 调节基因　　　D. 增强子

E. 转录起始位点

11. lacI 的编码产物是（　　）P. 240

A. β-半乳糖苷酶

B. 激活蛋白

C. 硫代半乳糖苷乙酰转移酶

D. 乳糖渗透酶

E. 阻抑蛋白

12. 阻抑蛋白结合于乳糖操纵子的
（　　）P. 240

A. lacI　　　　　B. lacO

C. lacP　　　　　D. lacY

E. lacZ

13. 关于阻抑蛋白（　　）P. 240

A. 是操纵基因的编码产物

B. 是代谢的终产物

C. 与 RNA 聚合酶结合而阻抑转录

D. 与启动子结合而阻抑转录

E. 阻抑 RNA 聚合酶与启动子结合

14. 诱导乳糖操纵子转录的是（　　）
P. 240

A. AMP　　　　　B. cAMP

C. 半乳糖　　　　D. 别乳糖

E. 乳糖

15. 别乳糖对乳糖操纵子的作用是
（　　）P. 240

A. 变构激活 RNA 聚合酶

B. 使阻抑蛋白变构而不能结合 lacO

C. 阻抑调节基因的转录

D. 作为诱导物结合于阻抑物

E. 作为阻抑物结合于操纵基因

16. 对乳糖操纵子的错误叙述是（　　）
P. 240

A. 是第一个被发现的操纵子

B. 受 cAMP 调控

C. 调控因子有阻抑蛋白等

D. 由结构基因及其上游的操纵基因
和启动子组成

E. 诱导物是乳糖

*17. 关于 cAMP 对乳糖操纵子转录的
调控作用（　　）P. 240

A. cAMP 转化成 CAP

B. cAMP 作为第二信使

C. CAP 转化成 cAMP

D. 当葡萄糖分解活跃时，cAMP 增
加，促进乳糖利用

E. 形成 cAMP – CAP 复合物

*18. 外显子代表（　　）P. 243

A. 一段非编码序列

B. 一段基因序列

C. 一段可转录的 DNA 序列

D. 一段与功能产物序列对应的 DNA
序列

E. 一段转录调控序列

19. 催化合成 mRNA 的是（　　）P. 245

A. RNA 聚合酶 I

B. RNA 聚合酶 II

C. RNA 聚合酶 III

D. RNA 聚合酶 IV

E. RNA 聚合酶 V

20. 顺式作用元件是指（　　）P. 245

A. CCAAT 框

B. TATA 框

C. 非编码序列

D. 真核生物的调控蛋白

E. 真核生物的调控序列

21. 增强子（　　）P. 245

A. 是特异性高的转录调控因子

B. 是位于结构基因 5′ 端的 DNA 序

列

C. 是与原核基因启动子相对应的真核基因调控序列

D. 是增强真核基因启动子转录活性的 DNA 序列

E. 是真核生物染色体 DNA 上组蛋白的结合位点

22. 属于反式作用因子的是（　　）P. 245

A. RNA 聚合酶　　B. 启动子

C. 增强子　　　　D. 终止子

E. 转录因子

（二）X 型题

*1. 基因表达的终产物是（　　）P. 236

A. DNA　　　　B. mRNA

C. rRNA　　　　D. tRNA

E. 蛋白质

2. 基因表达的组织特异性表现为（　　）P. 236

A. 在不同组织不同基因表达不同

B. 在不同组织同一基因表达不同

C. 在不同组织同一基因表达相同

D. 在同一组织不同基因表达不同

E. 在同一组织不同基因表达相同

*3. 基因表达调控可以发生在（　　）P. 238

A. 翻译后水平

B. 翻译水平

C. 复制水平

D. 转录起始水平

E. 转录水平

*4. 关于操纵子（　　）P. 238

A. 操纵子是原核生物基因的转录单位

B. 操纵子是真核生物基因的转录单位

C. 操纵子由结构基因、启动子和操纵基因组成

D. 诱导物与操纵基因结合启动转录

E. 诱导物与启动子结合启动转录

5. 操纵子包含（　　）P. 238

A. 沉默子

B. 反式作用因子

C. 结构基因

D. 启动子

E. 增强子

6. 参与原核生物基因表达调控的因子有（　　）P. 239

A. 激活蛋白

B. 特异转录因子

C. 通用转录因子

D. 转录激活因子

E. 阻抑蛋白

7. 乳糖操纵子含有（　　）P. 240

A. *lacI*

B. *lacO*

C. *lacP*

D. *lacZ*、*lacY*、*lacA*

E. TATA 框

8. 别乳糖对乳糖操纵子的作用是（　　）P. 240

A. 结合操纵子的结构基因

B. 使阻抑蛋白变构而不能结合 *lacO*

C. 作为诱导物

D. 作为阻抑物与操纵基因结合

E. 作为阻抑物与阻抑蛋白结合

9. 关于 cAMP 对原核生物基因转录的调控作用（　　）P. 240

A. cAMP－CAP 复合物结合于启动子上游

B. cAMP 可与 CAP 结合成复合物

C. 葡萄糖充足时，cAMP 水平不高

D. 葡萄糖和乳糖并存时，细菌优先利用葡萄糖

E. 葡萄糖和乳糖并存时，细菌优先利用乳糖

10. 直接参与乳糖操纵子调控的有（ ）P.240

    A. CAP   B. lacI

    C. lacY   D. lacZ

    E. 乳糖

*11. 含有内含子的是（ ）P.243

    A. mRNA   B. RNA 前体

    C. rRNA   D. tRNA

    E. 真核生物结构基因

12. 真核生物基因表达调控特点是（ ）P.243

    A. 伴有染色体结构变化

    B. 负调控占主导

    C. 正调控占主导

    D. 转录与翻译分隔进行

    E. 转录与翻译同步进行

13. 属于顺式作用元件的是（ ）P.245

    A. 沉默子   B. 启动子

    C. 衰减子   D. 增强子

    E. 终止子

14. 关于顺式作用元件（ ）P.245

    A. 操纵基因是原核生物基因的一类正调控顺式作用元件

    B. 启动子的 TATA 框和 GC 框都是顺式作用元件

    C. 顺式作用元件是一类调控基因转录的 DNA 元件

    D. 增强子是一类顺式作用元件

    E. 只对基因转录起增强作用

*15. 关于增强子（ ）P.245

    A. 是特异性高的转录调控因子

    B. 是增强启动子转录活性的 DNA 序列

    C. 是真核生物染色体 DNA 上组蛋白的结合位点

    D. 位于结构基因的 5′端

    E. 在真核生物中普遍存在

16. 属于反式作用因子的是（ ）P.245

    A. RNA 聚合酶

    B. 特异转录因子

    C. 通用转录因子

    D. 增强子

    E. 终止子

17. 关于反式作用因子（ ）P.246

    A. RNA 聚合酶是反式作用因子

    B. 反式作用因子是调控真核生物基因转录的一类蛋白因子

    C. 转录激活因子是反式作用因子

    D. 转录因子是反式作用因子

    E. 转录阻抑因子是负调控反式作用因子

二、填空题

1. 基因表达具有（ ）特异性和（ ）特异性。P.236

2. 基因表达的时间特异性与（ ）一致，所以又称为（ ）。P.236

3. 基因表达的空间特异性是在细胞分化所形成的（ ）中表现的，所以又称为（ ）。P.236

4. 管家基因较少受环境因素影响，在个体的（ ）或（ ）持续表达，变化相对较小。P.237

5. 基因表达调控的方式有组成性表达、（ ）、（ ）和协调表达。P.237

6. 原核生物没有（ ）结构，基因组结构比真核生物（ ）。P.238

*7. 原核生物必须不断地调控各种基因的表达，以适应（ ）的变化，使其（ ）达到最优化。P.238

*8. 一个操纵子只含有一个启动子，启动合成一个 RNA 分子，该 RNA 分子包含操纵子的全部结构基因序列，每个结构基因序列都含有一个独立的（ ），指导合成一

种（　　）。P. 238

9. 原核生物基因转录调控的基本要素是 RNA 聚合酶、（　　）和（　　）。P. 239

*10. 原核生物基因的调控序列既包括启动子和终止子，又包括（　　）和（　　）。P. 239

*11. 原核生物基因的调控蛋白都是（　　），通过与（　　）结合而影响转录。P. 239

12. 原核生物基因的调控蛋白分三类，其中特异因子决定（　　）与（　　）的识别和结合。P. 239

13. 原核生物基因的调控蛋白分三类，其中激活蛋白与 CAP 位点结合，（　　）转录，产生（　　）效应。P. 239

14. 原核生物基因的调控蛋白分三类，其中阻抑蛋白与操纵基因结合，（　　）转录，产生（　　）效应。P. 239

*15. CAP 是乳糖操纵子的激活蛋白，是一个同二聚体，每个亚基都含有（　　）域和（　　）域。P. 240

16. 真核生物基因组 DNA 是（　　）分子，其末端形成（　　）结构。P. 243

17. 真核生物基因组含有大量重复序列，包括（　　）和（　　）。P. 243

*18. （　　）编码序列大多属于（　　）序列，即在整个基因组中只有一个或几个拷贝。P. 243

19. 真核生物基因的转录产物是（　　）顺反子 mRNA，含有（　　）个翻译起始位点。P. 243

*20. 真核生物的基因表达调控既有瞬时调控又有发育调控，瞬时调控又称为（　　），发育调控又称为（　　）。P. 243

*21. 组蛋白与 DNA 的（　　）与（　　）是真核生物基因表达调控的主要环节之一。P. 244

22. 真核生物 DNA 的碱基可以被甲基化，而且甲基化程度与基因表达相关，即甲基化程度低或未甲基化的基因表达效率（　　），甲基化程度高的基因表达效率（　　）。P. 244

*23. 基因重排不仅可以（　　），还可以（　　）。P. 244

24. 真核生物的调控序列又称为顺式作用元件，是指与结构基因串联、对基因的转录启动和转录效率起重要作用的 DNA 序列，包括启动子、（　　）和（　　）。P. 245

*25. 真核生物 RNA 聚合酶Ⅱ识别的启动子通常含有（　　）及 TATA 框、GC 框、（　　）等保守序列。P. 245

*26. 增强子没有（　　）特异性，但有（　　）特异性。P. 245

*27. （　　）和（　　）协调作用可以决定基因表达的时空顺序。P. 245

28. 调控真核生物基因表达的调控蛋白又称为（　　）、（　　）。P. 245

29. 调控真核生物基因表达的共调节因子不（　　）与 DNA 结合，而是通过（　　）改变通用转录因子或转录调节因子的构象，从而调控转录。P. 246

三、名词解释

1. 基因表达　P. 236
2. 管家基因　P. 237
3. 诱导表达　P. 237
4. 阻抑表达　P. 237
5. 协调表达　P. 237
6. 操纵子　P. 238
*7. 多顺反子 mRNA　P. 238
*8. 色氨酸操纵子的衰减子　P. 242
9. 外显子　P. 243
10. 内含子　P. 243
11. 单顺反子 mRNA　P. 243
12. 基因重排　P. 244
*13. 基因扩增　P. 244

14. 调控序列 P.239，245

15. 调控蛋白 P.239，245

16. 增强子 P.245

17. 沉默子 P.245

四、问答题

1. 简述原核生物基因表达调控的特点。P.238

*2. 简述原核生物基因转录调控的基本要素。P.239

*3. 简述原核生物基因转录的调控蛋白。P.239

*4. 简述大肠杆菌乳糖操纵子的调节机制。P.239

*5. 如何理解色氨酸操纵子的衰减调控？P.241

6. 简述真核生物基因组的结构特征。P.243

7. 简述真核生物基因表达调控的特点。P.243

8. 简述真核生物基因转录的调控序列。P.245

9. 简述真核生物基因转录的调控蛋白。P.245

参考答案

一、选择题

（一）A 型题

1. D　2. D　3. E　4. B　5. D　6. E
7. B　8. E　9. A　10. B　11. E　12. B
13. E　14. D　15. B　16. E　17. E　18. D
19. B　20. E　21. D　22. E

（二）X 型题

1. CDE　2. ABD　3. ABDE　4. AC
5. CD　6. AE　7. BCD　8. BC　9. ABCD
10. AB　11. BE　12. ACD　13. ABD
14. BCD　15. BE　16. BC　17. BCDE

二、填空题

1. 时间；空间

2. 分化、发育阶段；阶段特异性

3. 组织器官；细胞特异性或组织特异性

4. 各生长阶段；几乎全部组织中

5. 诱导表达；阻抑表达

6. 细胞核及细胞器；简单

7. 生存环境和营养环境；生长繁殖

8. 开放阅读框；蛋白质

9. 调控序列；调控蛋白

10. 操纵基因；分解代谢物基因激活蛋白结合位点

11. DNA 结合蛋白；调控序列

12. RNA 聚合酶；启动子

13. 促进；正调控

14. 阻抑；负调控

15. DNA 结合；cAMP 结合

16. 线状；端粒

17. 高度重复序列；中等重复序列

18. 蛋白质的；单拷贝

19. 单；一

20. 可逆性调控；不可逆性调控

21. 结合；解离

22. 高；低

23. 形成新的基因；调控基因表达

24. 增强子；沉默子

25. 转录起始位点；CCAAT 框

26. 基因；组织或细胞

27. 沉默子；增强子

28. 转录因子；反式作用因子

29. 直接；蛋白质 - 蛋白质相互作用

三、名词解释

1. 基因表达：指基因经过转录和翻译

等一系列复杂过程，指导合成具有特定生理功能的产物。

2. 管家基因：有些基因在生命活动的全过程中都是必需的，而且在一个生物个体的几乎所有细胞内都持续表达，这类基因通常称为管家基因。

3. 诱导表达：有些基因的表达受环境信号的刺激而开放或增强，基因表达产物水平升高，这一过程称为诱导表达。

4. 阻抑表达：有些基因的表达受环境信号的刺激而关闭或减弱，基因表达产物水平下降，这一过程称为阻抑表达。

5. 协调表达：在一定机制控制下，功能相关的一组基因协调一致，共同表达。

6. 操纵子：原核生物绝大多数基因的转录单位，由启动子、操纵基因和受操纵基因调控的一组结构基因组成。

7. 多顺反子 mRNA：一种 mRNA 分子，含两个以上编码区，每个编码区编码一种肽链，是原核生物操纵子的转录产物。

8. 色氨酸操纵子的衰减子：色氨酸操纵子的前导序列包含四个区段，序列 3 和序列 4 存在互补序列，可以形成发夹结构，该发夹结构之后有一段连续的 U 序列，所以是一个典型的不依赖 ρ 因子的终止子结构，称为衰减子。

9. 外显子：真核生物基因经过转录加工后保留于 RNA 中的序列和相应的 DNA 序列。

10. 内含子：真核生物基因在转录后加工时被切除的 RNA 序列和相应的 DNA 序列。

11. 单顺反子 mRNA：一种 mRNA 分子，只含一个编码区，编码一种肽链，是真核生物基因的转录产物。

12. 基因重排：指基因片段相互换位，组合成新的基因表达单位。

13. 基因扩增：细胞内某一特定基因获得大量单一拷贝的现象，是细胞在短时间内大量表达某一基因产物的一种有效方式，可以满足生长发育的需要。

14. 调控序列：参与调控基因表达的DNA 序列，包括启动子、原核生物的操纵基因、真核生物增强子和沉默子等，其中真核生物的调控序列又称为顺式作用元件。

15. 调控蛋白：通过与调控序列结合等方式调控基因表达的一类蛋白因子，原核生物的调控蛋白都是 DNA 结合蛋白，真核生物的调控蛋白又称为反式作用因子。

16. 增强子：真核生物促进基因转录的调控序列。

17. 沉默子：真核生物抑制基因转录的调控序列。

四、问答题

1. 每个原核细胞都是独立的生命体，其一切代谢活动都是为了使自己适应环境而更好地生存和繁殖，其基因表达调控有以下特点：①原核生物与周围环境关系密切。②原核生物基因以操纵子为单位进行转录。③原核生物基因转录的特异性由 σ 因子决定。④原核生物基因表达存在正调控和负调控。

2. 调控转录就是控制转录速度。原核生物基因的转录是由 RNA 聚合酶、调控序列和调控蛋白决定的。①原核生物基因的调控序列既包括启动子和终止子，又包括操纵基因和分解代谢物基因激活蛋白结合位点。②原核生物基因的调控蛋白都是 DNA 结合蛋白，通过与调控序列结合而影响转录。原核生物基因的调控蛋白包括特异因子、激活蛋白、阻抑蛋白。

3. 原核生物基因的调控蛋白都是 DNA 结合蛋白，通过与调控序列结合而影响转录。原核生物基因的调控蛋白分三类：①特异因子：即 RNA 聚合酶的 σ 因子，决定 RNA 聚合酶与启动子的识别和结合。②激活蛋白：与 CAP 位点结合，促进转录，产生正调控效应。③阻抑蛋白：与操纵基因结合，阻抑转录，产生负调控效应。

4. 大肠杆菌乳糖操纵子编码催化乳糖代谢的酶类，受阻抑蛋白和激活蛋白双重调控。

（1）乳糖操纵子的结构：乳糖操纵子包含三个结构基因 *lacZ*、*lacY* 和 *lacA*，分别编码 β-半乳糖苷酶、乳糖渗透酶和硫代半乳糖苷乙酰转移酶。结构基因 *lacZ* 上游存在操纵基因 *lacO*、启动子 *lacP* 和 CAP 位点。

（2）乳糖操纵子的阻抑调控：乳糖操纵子上游存在调节基因 *lacI*，编码阻抑蛋白 lacI。lacI 是一个同四聚体，在没有乳糖存在时，lacI 与 *lacO* 结合，阻挡 RNA 聚合酶沿 DNA 移动，阻抑转录。当有乳糖存在时，乳糖通过细胞内已有的少量渗透酶的作用进入细胞，再由 β-半乳糖苷酶催化，异构产生别乳糖。别乳糖作为诱导物与 lacI 结合，使 lacI 的构象发生改变，不能与 *lacO* 结合，失去阻抑作用，于是 RNA 聚合酶可以转录结构基因。

（3）乳糖操纵子的激活调控：CAP 是乳糖操纵子的激活蛋白，是一个同二聚体，每个亚基都含有两个结构域：DNA 结合域和 cAMP 结合域。CAP 必须与 cAMP 结合成复合物才能结合到乳糖操纵子的 CAP 位点，促进转录，所以，CAP 的激活效应受 cAMP 浓度控制。

5. 大肠杆菌色氨酸操纵子编码催化合成色氨酸的酶类，受操纵基因和衰减子双重负调控。

衰减调控实质上是通过控制前导肽的翻译来控制转录的进程。色氨酸操纵子的前导序列 *trpL* 位于结构基因 *trpE* 与操纵基因 *trpO* 之间，含有 162nt，包含四个区段，分别用 1、2、3、4 表示：序列 1 编码一个前导肽，前导肽的第十、十一位氨基酸是两个连续的色氨酸；序列 2 和序列 3 存在互补序列，可以形成发夹结构；序列 3 和序列 4 也存在互补序列，可以形成发夹结构，该发夹结构之后有一段连续的 U 序列，所以是一个典型的不依赖 ρ 因子的终止子结构，称为衰减子。

当色氨酸缺乏时，色氨酰 tRNA 供给不足，合成前导肽的核糖体停滞于序列 1 的色氨酸密码子位点，序列 2 与序列 3 形成发夹结构，使序列 3 不能与序列 4 形成衰减子结构，下游的结构基因可以被 RNA 聚合酶有效转录；当色氨酸充足时，色氨酰 tRNA 供给充足，核糖体快速翻译序列 1 合成前导肽，并对序列 2 形成约束，使序列 3 不能与序列 2 形成发夹结构，转而与序列 4 形成转录终止子结构——衰减子，使下游正在转录结构基因的 RNA 聚合酶脱落，终止转录。

6. 真核生物基因组比原核生物基因组大，结构和功能更复杂：①真核生物有完整的细胞核，核 DNA 与组蛋白、非组蛋白、RNA 形成染色体结构。②每一种真核生物的染色体数目都是一定的，除了配子是单倍体之外，体细胞一般是二倍体。③真核生物基因组 DNA 有多个复制起点。④真核生物基因组 DNA 是线状分子，其末端形成端粒结构。⑤真核生物基因组 DNA 中仅有不到 10% 是编码序列。编码序列在基因组 DNA 中的比例是真核生物、原核生物和病毒基因组的重要区别，在一定程度上是生物进化的标尺。⑥真核生物基因组含有大量重复序列，包括高度重复序列和中等重复序列。⑦真核生物基因是断裂基因，其编码序列是不连续的，由外显子和内含子交替构成。⑧真核生物基因的转录产物是单顺反子 mRNA，即只含有一个编码区。

7. 与原核生物相比，真核生物的基因表达调控有以下特点：①基因激活与转录区染色体结构的变化有关。②转录和翻译分隔进行，具有时空差别。③转录后加工更复杂。④既有瞬时调控又有发育调控。⑤转录调控以正调控为主。

8. 真核生物转录水平的调控主要通过RNA聚合酶、调控序列和调控蛋白的共同作用来实现，真核生物的调控序列是指与结构基因串联、对基因的转录启动和转录效率起重要作用的DNA序列，包括启动子、增强子和沉默子：①启动子：真核生物基因的启动子有三类，三种RNA聚合酶各识别一类启动子。RNA聚合酶Ⅱ识别的启动子通常含有转录起始位点及TATA框、GC框、CCAAT框等保守序列。②增强子：促进基因转录的调控序列称为增强子。增强子与启动子可以相邻、重叠或包含。增强子的作用通常与位置、方向、距离无关。增强子没有基因特异性，但有组织或细胞特异性。③沉默子：抑制基因转录的调控序列称为沉默子。沉默子与相应的调控蛋白结合后，对基因转录起阻抑作用，使正调控失去作用。

9. 真核生物转录水平的调控主要通过RNA聚合酶、调控序列和调控蛋白的共同作用来实现，调控真核生物基因表达的调控蛋白包括以下三类：①通用转录因子：是与启动子特异结合并启动转录的调控蛋白，是RNA聚合酶转录各种基因所必需的。②转录调节因子：是通过与增强子或沉默子结合来调控转录的调控蛋白，其中促进转录的称为转录激活因子，阻抑转录的称为转录阻抑因子。③共调节因子：不直接与DNA结合，而是通过蛋白质-蛋白质相互作用改变通用转录因子或转录调节因子的构象，从而调控转录。其中促进转录的称为共激活因子，阻抑转录的称为共阻抑因子。

第十七章　重组 DNA 技术

习题

一、选择题

（一）A 型题

1. 在重组 DNA 技术中，制备 DNA 克隆是指（　）P. 249

    A. 构建重组 DNA

    B. 无性繁殖 DNA

    C. 有性繁殖 DNA

    D. 制备单克隆抗体

    E. 制备多克隆抗体

2. 下列哪种酶需要引物？（　）P. 249

    A. 解旋酶　　　　B. 连接酶

    C. 末端转移酶　　D. 逆转录酶

    E. 限制酶

＊3. 可识别并切割特异 DNA 序列的称为（　）P. 249

    A. DNase

    B. 内切核酸酶

    C. 外切核酸酶

    D. 限制性内切核酸酶

    E. 限制性外切核酸酶

4. 重组 DNA 技术所用的限制酶是（　）P. 250

    A. Ⅰ型限制酶　　B. Ⅱ型限制酶

    C. Ⅲ型限制酶　　D. Ⅳ型限制酶

    E. Ⅴ型限制酶

5. Ⅱ型限制酶（　）P. 250

    A. 限制性识别甲基化的核苷酸序列

    B. 有内切酶和甲基化酶活性且通常识别回文序列

    C. 有内切酶活性

    D. 有外切酶和甲基化酶活性

    E. 有外切酶活性

6. 识别 DNA 回文序列并对其双链进行切割的是（　）P. 250

    A. Taq DNA 聚合酶

    B. 碱性磷酸酶

    C. 连接酶

    D. 逆转录酶

    E. 限制酶

7. 用于重组 DNA 的限制酶识别（　）P. 250

    A. α 螺旋　　　　B. 负超螺旋

    C. 回文序列　　　D. 锌指

    E. 正超螺旋

8. 在下述双链 DNA 序列（仅给出其中一股链序列）中不属于完全回文序列的是（　）P. 250

    A. AGAATTCT　　B. AGATATCT

    C. CGTTAAGC　　D. GGAATTCC

    E. TGAATTCA

9. DNA 克隆依赖载体的（　）P. 250

    A. 卡那霉素抗性

    B. 青霉素抗性

    C. 自我表达能力

    D. 自我复制能力

E. 自我转录能力

10. 不能用作载体的是（　）P. 251

　　A. 逆转录病毒 DNA

　　B. 噬菌体 DNA

　　C. 细菌基因组 DNA

　　D. 腺病毒 DNA

　　E. 质粒 DNA

11. 重组 DNA 技术常用的质粒 DNA 是（　）P. 251

　　A. 病毒基因组 DNA 的一部分

　　B. 细菌染色体 DNA 的一部分

　　C. 细菌染色体外的独立遗传单位

　　D. 真核染色体 DNA 的一部分

　　E. 真核染色体外的独立遗传单位

12. 就分子结构而言，质粒是（　）P. 251

　　A. 环状单链 DNA 分子

　　B. 环状单链 RNA 分子

　　C. 环状双链 DNA 分子

　　D. 线状单链 DNA 分子

　　E. 线状双链 DNA 分子

13. 需要限制酶的是（　）P. 252

　　A. DNA 重组

　　B. 表达目的基因

　　C. 重组 DNA 分子导入宿主细胞

　　D. 筛选并无性繁殖含重组 DNA 分子的宿主细胞

　　E. 外源基因与载体的连接

14. 构建基因组文库时，首先需分离（　）P. 252

　　A. 染色体 DNA　　B. 线粒体 DNA

　　C. 总 mRNA　　　 D. 总 rRNA

　　E. 总 tRNA

　*15. cDNA 文库包括该种生物的（　）P. 252

　　A. 某些蛋白质的结构基因

　　B. 内含子和调控区

　　C. 所有蛋白质的结构基因

　　D. 所有结构基因

　　E. 以上都可以

16. 合成 cDNA 用（　）P. 252

　　A. RNA 聚合酶　　B. 核苷酸酶

　　C. 碱性磷酸酶　　D. 末端转移酶

　　E. 逆转录酶

17. 用于聚合酶链反应的是（　）P. 252

　　A. DNA 连接酶

　　B. Taq DNA 聚合酶

　　C. 碱性磷酸酶

　　D. 逆转录酶

　　E. 限制酶

18. 将目的基因与载体进行连接的是（　）P. 252

　　A. Taq DNA 聚合酶

　　B. 碱性磷酸酶

　　C. 连接酶

　　D. 逆转录酶

　　E. 限制酶

19. 在重组 DNA 技术中，重组 DNA 是指（　）P. 253

　　A. 不同来源 DNA 分子的连接物

　　B. 不同来源 DNA 链的杂交体

　　C. 两个不同的结构基因形成的连接物

　　D. 目的基因与载体的连接物

　　E. 原核 DNA 与真核 DNA 的连接物

20. 给目的基因和载体 DNA 加同聚物尾需用（　）P. 253

　　A. RNA 聚合酶

　　B. 多聚核苷酸激酶

　　C. 末端转移酶

　　D. 逆转录酶

　　E. 引物酶

21. 转化是指（　）P. 253

　　A. 表达目的基因

　　B. 重组 DNA 分子导入宿主细胞

C. 基因载体的选择与构建

D. 筛选并无性繁殖含重组 DNA 分子的宿主细胞

E. 外源基因与载体的拼接

22. 筛选转化细菌最常用的方法是（　）P. 253

A. PCR 筛选

B. 核酸分子杂交筛选

C. 抗药性筛选

D. 免疫化学筛选

E. 营养互补筛选

23. 在重组 DNA 技术中，直接鉴定目的基因的方法是（　）P. 254

A. 氨苄青霉素抗性平板筛选

B. 电泳

C. 分子筛

D. 核酸分子杂交

E. 青霉素抗性插入失活

（二）X 型题

1. 从基因组文库或 cDNA 文库分离、扩增目的基因的过程就是（　）P. 249

A. 重组 DNA 技术

B. 构建 cDNA 文库

C. 构建基因组文库

D. 基因克隆

E. 制备 DNA 克隆

2. 关于限制酶的正确叙述（　）P. 250

A. 是外切酶而不是内切酶

B. 同一种限制酶切割 DNA 形成的末端是相同的

C. 一些限制酶错位切割双链 DNA，产生黏端

D. 一些限制酶在识别位点沿对称轴切割双链 DNA，产生平端

E. 在特异序列对 DNA 进行切割

3. 可用作载体的有（　）P. 251

A. 病毒 DNA

B. 大肠杆菌基因组 DNA

C. 噬菌体 DNA

D. 真核细胞基因组 DNA

E. 质粒 DNA

4. 质粒 DNA（　）P. 251

A. 含有抗性基因

B. 含有目的 DNA

C. 具有编码蛋白质的功能

D. 具有独立复制功能

E. 是染色体 DNA 的组成部分

5. 制备 DNA 克隆的过程包括（　）P. 252

A. DNA 的制备和酶解

B. RNA 的制备

C. 不同来源 DNA 的重组

D. 核酸分子杂交

E. 细菌的生长和繁殖

6. 可用于重组 DNA 技术的目的基因有（　）P. 252

A. cDNA　　　　B. mRNA

C. rRNA　　　　D. tRNA

E. 基因组 DNA

7. 在重组 DNA 技术中，目的基因可以来自（　）P. 252

A. 化学合成 DNA

B. 聚合酶链反应扩增 DNA

C. 原核细胞染色体 DNA

D. 真核细胞 cDNA

E. 真核细胞染色体 DNA

二、填空题

1. 重组 DNA 技术的核心内容之一是 DNA 重组，即将（　）与（　）连接成重组 DNA。P. 249

2. 可以根据活性和特异性等将限制酶分为三类，其中（　）型限制酶的（　）都确定，是重组 DNA 技术中所用的限制酶。P. 250

3. Ⅱ型限制酶的限制位点有两个特点：

一是含有（　　），二是具有（　　）。P. 250

4. 克隆载体含有以下基本元件：复制起点、（　　）、（　　）。P. 250

5. 克隆载体的复制起点能利用（　　）启动复制和扩增，其所携带的（　　）也随之复制和扩增。P. 250

6. 载体的选择标记是一种（　　）功能基因，如抗性基因或营养物代谢基因，便于（　　）。P. 250

*7. 原核细胞的表达载体含有原核生物基因的表达元件，包括启动子、（　　）和（　　），只能被原核细胞的基因表达系统识别。P. 251

8. 真核细胞的表达载体含有真核生物基因的表达元件，包括（　　）、启动子、核糖体结合位点、转录终止信号和（　　），只能被真核细胞的基因表达系统识别。P. 251

9. 常用的载体有以原核细胞为宿主的（　　）载体和（　　）载体及以真核细胞为宿主的病毒载体。P. 251

10. pBR322 是第一种人工构建的载体，含有两个抗性基因：（　　）和（　　）。P. 251

11. 在适宜条件下，互补黏端退火，由（　　）催化，以（　　）连接成重组 DNA，这就是互补黏端连接。P. 253

12. 人工接头是一种化学合成的（　　），含有（　　）。P. 253

13. 在重组 DNA 技术中，获得了（　　）的（　　）称为转化细胞。P. 253

*14. 菌落杂交法分析过程是：首先用硝酸纤维素膜拓印培养菌落，并做相应标记；然后用（　　）处理拓膜菌，使其原位裂解，释放（　　）并固定，再进行杂交分析。P. 254

*15. 利用重组 DNA 技术可以制备（　　）特别是（　　），不仅可以达到一种疫苗预防多种疾病的目的，而且可以将一些病原体的蛋白成分制成高效疫苗。P. 255

16. 转基因动物是将特定的基因导入（　　）后发育而成的动物，除了（　　）之外，其整个基因组与正常动物完全一样。P. 255

17. 动物克隆技术是一种无性繁殖技术，把经过处理的成年动物体细胞和另一动物的（　　）融合，经过短期培养形成（　　），再植入假孕母体内，使其发育成供体动物的克隆。P. 255

三、名词解释

1. 重组 DNA 技术　P. 249
2. DNA 克隆　P. 249
3. 限制酶　P. 249
4. 载体　P. 250
5. 克隆载体　P. 250
6. 克隆位点　P. 250
7. 表达载体　P. 251
8. 质粒　P. 251
9. 目的基因　P. 251
10. 基因组文库　P. 252
11. cDNA 文库　P. 252
12. DNA 重组　P. 253
13. 转化　P. 253
14. 插入失活　P. 253

四、问答题

1. 简述限制酶及其种类。P. 249
2. 简述限制位点的特点及切割方式。P. 250
3. 简述载体及其种类与应用。P. 250
4. 简述克隆载体及其所含基本元件。P. 250
5. 简述 pBR322 载体及其所含基本元件。P. 251
6. 简述 pUC 载体及其所含基本元件。P. 251

7. 简述制备 DNA 克隆的基本过程。P. 252

8. 简述目的基因的获取方法。P. 252

9. 目的基因与载体有哪些连接方法？P. 252

参考答案

一、选择题

（一）A 型题

1. B　2. D　3. D　4. B　5. C　6. E
7. C　8. C　9. D　10. C　11. C　12. C
13. A　14. A　15. A　16. E　17. B　18. C
19. D　20. C　21. B　22. C　23. D

（二）X 型题

1. ADE　2. BCDE　3. ACE　4. ACD
5. ABCDE　6. AE　7. ABCDE

二、填空题

1. 目的基因；载体

2. Ⅱ；限制位点和切割位点

3. 4~8bp；回文序列

4. 克隆位点；选择标记

5. 宿主的酶系统；目的基因

6. 能产生表型的；筛选重组 DNA 克隆

7. 核糖体结合位点；转录终止信号

8. 增强子；加尾信号

9. 质粒；噬菌体

10. 氨苄青霉素抗性基因；四环素抗性基因

11. DNA 连接酶；3′,5′-磷酸二酯键

12. DNA 片段；限制位点

13. 重组 DNA；宿主细胞

14. 碱；DNA

15. 基因工程疫苗；多价疫苗

16. 受精卵；转入的外源基因

17. 去核卵细胞；胚胎细胞

三、名词解释

1. 重组 DNA 技术：制备 DNA 克隆所采用的技术和相关工作的统称，又称为基因工程。

2. DNA 克隆：单一 DNA 片段的拷贝群。

3. 限制酶：即限制性内切核酸酶，由细菌产生，能识别双链 DNA 的特定序列并水解该序列内部或附近的磷酸二酯键，是重组 DNA 技术重要的工具酶。

4. 载体：重组 DNA 技术的载体是一种能在宿主细胞内自我复制的 DNA 分子，它可以与目的基因重组并导入细胞，从而在细胞内扩增、表达目的基因。

5. 克隆载体：用来克隆和扩增目的基因的载体。

6. 克隆位点：重组 DNA 技术载体所具有的目的基因插入位点，为某种限制酶的单一限制位点，或多种限制酶的单一限制位点，后者多集中形成多克隆位点。

7. 表达载体：含有能被宿主基因表达系统识别的表达元件、从而可以在宿主细胞内表达目的基因、合成目的蛋白的载体。

8. 质粒：游离于细菌染色体之外、能自主复制的闭环双链 DNA。

9. 目的基因：指要研究或应用的基因，也是要克隆或表达的基因。

10. 基因组文库：应用重组 DNA 技术构建的一种克隆群，它包含了一种生物基因组的全部 DNA 序列。

11. cDNA 文库：应用重组 DNA 技术构建的一种克隆群，它包含了一种生物的特定细胞在特定生理条件下表达的全部的 cDNA 序列。

12. DNA 重组：在重组 DNA 技术中，由 DNA 连接酶催化、将目的基因与载体连

接的过程称为 DNA 重组。

13. 转化：在重组 DNA 技术中，转化是指目的基因与载体重组后导入宿主细胞的过程。

14. 插入失活：许多载体的选择标记内都有限制位点，插入目的基因会导致该选择标记失活，称为插入失活。

四、问答题

1. 限制酶由细菌产生，能识别双链 DNA 的特定序列，并水解该序列内部或附近的磷酸二酯键。可以根据活性和特异性等将限制酶分为三类：①Ⅰ型限制酶：具有限制和修饰活性，这类酶通常在离限制位点约 1kb 处切割 DNA，切割位点不确定。②Ⅲ型限制酶：与Ⅰ型限制酶一样，具有限制和修饰活性，能在限制位点附近切割 DNA，切割位点也不确定。③Ⅱ型限制酶：这类酶的切割位点位于限制位点内部，即限制位点和切割位点都确定。重组 DNA 技术中所用的就是Ⅱ型限制酶。

2. 限制位点是由限制酶识别的特定 DNA 序列，限制位点有两个特点：一是含有 4～8bp，二是具有回文序列。限制酶切割 DNA 形成两种末端：①切割限制位点的对称轴，产生平端。②在限制位点的两个对称点错位切割 DNA 双链，产生黏端，包括 5′黏端和 3′黏端。

3. 重组 DNA 技术的一个重要内容是把目的基因导入宿主细胞，并使其在宿主细胞内扩增。大多数目的基因很难自己进入宿主细胞，更不能自我复制。因此，必须将目的基因连接到一种特定的、能自我复制的 DNA 分子上，这种 DNA 分子称为载体。

目前用于重组 DNA 技术的载体有克隆载体和表达载体：①克隆载体是用来克隆和扩增目的基因的载体，含有复制起点、克隆位点、选择标记，适用于目的基因的重组、克隆、复制和保存。②表达载体是指含有能被宿主基因表达系统识别的表达元件、从而可以在宿主细胞内表达目的基因、合成目的蛋白的载体。表达载体除了含有克隆载体的基本元件之外，还含有表达元件。

4. 克隆载体是用来克隆和扩增目的基因的载体，含有以下基本元件：①复制起点：能利用宿主的酶系统启动复制和扩增，目的基因也随之复制和扩增。②克隆位点：目的基因的插入位点，为某种限制酶的单一限制位点，或多种限制酶的单一限制位点，后者多集中形成多克隆位点。③选择标记：是一种能产生表型的功能基因，如抗性基因或营养物代谢基因，便于筛选重组 DNA 克隆。此外，克隆载体还具有容量大、容易导入宿主细胞、拷贝数高、容易提取和抗剪切力强等特点，适用于目的基因的重组、克隆、复制和保存。

5. pBR322 是第一种人工构建的载体，含有 4361bp，包含以下元件：①一个复制起点。②两个抗性基因：氨苄青霉素抗性基因和四环素抗性基因。③多种限制酶的单一限制位点。

6. pUC 系列由 pBR322 质粒改造而成，含有 2.7kb，是目前在分子生物学研究中使用比较普遍的一类质粒载体，包含以下元件：①复制起点：来自 pBR322 质粒。②amp^R：来自 pBR322 质粒，但其序列已经过改造，不再含有原来的限制位点。③$lacZ'$：包含大肠杆菌乳糖操纵子的启动子 $lacP$、操纵基因 $lacO$ 和结构基因 $lacZ$ 的 5′端部分序列，编码 β-半乳糖苷酶 N 端的 146 个氨基酸。④多克隆位点：是目的基因的插入位点，位于 $lacZ'$序列内；⑤调节基因 $lacI$：调节 $lacZ'$ 的表达。

7. 重组 DNA 技术制备 DNA 克隆的过程通常包括以下基本操作：①获取——获取目的基因和合适的载体。②切割——用限制酶从特定位点精确切割目的基因和载体，形成合适的末端。③重组——将目的基因和载体连接，制备重组 DNA。④转化——将重组 DNA 导入合适的宿主细胞。⑤筛选——筛选和鉴定含有重组 DNA 的宿主细胞，并进一步克隆。

8. 目的基因是指要研究或应用的基因，也是要克隆或表达的基因。获取目的基因可以根据构建重组 DNA 的目的而采用不同的方法：①制备基因组 DNA。②制备 cDNA。③聚合酶链反应扩增 DNA。④化学合成 DNA。

9. 在重组 DNA 技术中，由 DNA 连接酶催化、将目的基因与载体连接的过程称为 DNA 重组。DNA 重组的产物称为重组 DNA。根据目的基因片段末端结构及连接目的的不同，可以应用以下连接方法：①平端连接。②互补黏端连接。③加同聚物尾连接。④加人工接头连接。

第十八章 基因诊断和基因治疗

习题

一、选择题

（一）A 型题

1. 腺苷脱氨酶缺乏症的基因治疗方案属于（　）P. 261

　　A. 基因干预　　　　B. 基因激活

　　C. 基因修复　　　　D. 基因增补

　　E. 基因置换

2. 临床上第一种应用基因疗法进行治疗的疾病是（　）P. 262

　　A. β 地中海贫血

　　B. 镰状细胞病

　　C. 凝血因子缺陷

　　D. 嘌呤核苷磷酸酶缺乏症

　　E. 腺苷脱氨酶缺乏症

（二）X 型题

1. 基因诊断具有哪些特点？（　）P. 257

　　A. 安全高效　　　　B. 灵敏度高

　　C. 取样方便　　　　D. 特异性强

　　E. 早期诊断

2. 基因诊断的常用技术有哪些？（　）P. 258

　　A. DNA 测序

　　B. DNA 芯片技术

　　C. PCR 技术

　　D. 核酸印迹杂交技术

　　E. 凝胶电泳

3. 基因治疗的策略有哪些？（　）P. 261

　　A. 基因干预　　　　B. 基因激活

　　C. 基因修复　　　　D. 基因增补

　　E. 基因置换

4. 就生命科学本身而言，用于基因治疗的靶细胞可以是（　）P. 262

　　A. 角质细胞　　　　B. 淋巴细胞

　　C. 生殖细胞　　　　D. 造血细胞

　　E. 肿瘤细胞

二、填空题

1. 基因致病主要分为（　）和（　）。P. 257

2. 内源基因变异体现为基因的（　）和（　）。P. 257

3. 基因诊断的探查物包括 DNA 和 mRNA，DNA 用于分析（　），或（　）。P. 257

4. 基因诊断的特点之一是特异性强，不仅可以确诊患者，还可以发现（　）和一些（　）。P. 257

5. 基因诊断的特点之一是可以诊断尚无临床表现者，适于（　）和（　）。P. 257

6. 基因诊断的基本方法主要建立在核酸分子杂交技术、（　）、（　）、DNA 测序技术及几种技术联合应用的基础上。P. 258

7. 核酸分子杂交技术用（　　）的（　　）作为探针。P. 258

8. 目前常用的核酸分子杂交技术多属于固相杂交。固相杂交根据操作方法的不同分为（　　）和（　　）。P. 258

9. 原位杂交不需要（　　），多用于分析（　　）的组织、细胞甚至亚细胞定位。P. 259

10. 1985 年，（　　）建立了聚合酶链反应技术，简称 PCR 技术，该技术是一种（　　）的方法。P. 259

11. PCR 是（　　）的缩写，译为（　　）。P. 259

12. 采用 PCR 技术进行的 DNA 扩增过程类似于体内 DNA 的半保留复制过程，不同之处是使用（　　）取代一般的 DNA 聚合酶，用（　　）取代 RNA 引物。P. 259

13. PCR 包括变性、（　　）和（　　）三个步骤。P. 259

14. 在 PCR 反应体系中添加的引物要（　　）待扩增 DNA 的分子数，所以在退火过程中模板与引物杂交的几率（　　）模板自身复性的几率。P. 259

15. 从分子生物学的角度来看，肿瘤的发生是由于某些因素的作用使（　　）被激活和（　　）被抑制的结果。P. 261

16. 可以采用相应技术对肿瘤进行基因诊断，诊断指标包括肿瘤标记基因或 mR-NA、（　　）基因和（　　）基因。P. 261

17. 基因干预是把特定的反义核酸或者（　　）导入靶细胞，在转录和翻译水平上（　　），达到治疗目的。P. 261

18. 如果把自杀基因导入肿瘤细胞，该基因表达的酶可（　　）转化成（　　），从而将肿瘤细胞杀死。P. 262

19. 基因治疗所用的目的基因可以是与致病性缺陷基因相对应的（　　）或与缺陷基因无关但（　　）。P. 262

20. 在基因治疗中使用的靶细胞理论上既可以是（　　）也可以是（　　）。P. 262

21. 目前无论用哪种方法将治疗基因导入靶细胞，其转化率都不是（　　）%，因此必须（　　）。P. 262

三、名词解释

1. 基因诊断　P. 257
2. 核酸分子杂交技术　P. 258
3. 探针　P. 258
4. DNA 印迹法　P. 258
5. RNA 印迹法　P. 258
6. 原位杂交　P. 259
7. PCR　P. 259
8. 基因治疗　P. 261
9. 基因增补　P. 261
10. "自杀基因"　P. 261
11. 免疫基因治疗　P. 261

四、问答题

1. 简述基因诊断及其特点。P. 257
2. 简述分子杂交及其程序。P. 258
3. 简述 PCR 技术原理。P. 259

参考答案

一、选择题

（一）A 型题

1. D　2. E

（二）X 型题

1. ABCDE　2. ABCDE　3. ABCDE
4. ABCDE

二、填空题

1. 内源基因变异；外源基因入侵

2. 结构改变；表达异常

3. 内源基因结构是否异常；是否存在外源入侵基因

4. 致病基因携带者；易感者

5. 产前诊断；特定人群的大规模筛查

6. PCR 技术；DNA 芯片技术

7. 已知碱基序列；标记核酸片段

8. 印迹杂交；原位杂交

9. 把核酸提取出来；待测核酸

10. Mullis；在体外进行的选择性扩增 DNA

11. polymerase chain reaction；聚合酶链反应

12. 耐热的 Taq DNA 聚合酶；合成的 DNA 引物

13. 退火；延伸

14. 远多于；远大于

15. 原癌基因；抑癌基因

16. 肿瘤相关；肿瘤相关病毒

17. 核酶；阻断某些基因的异常表达

18. 催化无毒性的药物前体；细胞毒性物质

19. 有功能的同源基因；有治疗作用的基因

20. 生殖细胞；体细胞

21. 100；从靶细胞中筛选转化细胞

三、名词解释

1. 基因诊断：利用分子生物学和分子遗传学技术直接检测基因结构和表达是否异常、从而对疾病作出诊断的方法。P.257

2. 核酸分子杂交技术：分子生物学领域最常用的技术之一，它是依据核酸的变性、复性和杂交特性，用已知碱基序列的标记核酸片段作为探针，检测待测核酸样品中是否存在其同源序列。

3. 探针：已知碱基序列并且可以与目的基因杂交的标记核酸片段。

4. DNA 印迹法：一种核酸分子杂交技术，即将 DNA 样品用限制酶切割，通过琼脂糖凝胶电泳将其按照分子量大小分开，再进行变性处理，并将单链 DNA 从凝胶中转移到固相膜上，固定后与探针进行杂交，最后对杂交信号进行分析。

5. RNA 印迹法：一种核酸分子杂交技术，即将 RNA 样品先进行变性处理，通过琼脂糖凝胶电泳将其按照分子量大小分开，然后转移到固相膜上，固定后与探针进行杂交，最后对杂交信号进行分析。

6. 原位杂交：将组织或细胞切片经过适当处理增加细胞的通透性，然后用探针处理，使探针进入细胞内，与 DNA 或 RNA 杂交。

7. PCR：即聚合酶链反应，应用聚合酶链反应技术可以在体外大量扩增目的 DNA。

8. 基因治疗：把目的基因导入人体细胞，使其发挥生物效应，从而达到治疗疾病的目的。

9. 基因增补：把正常基因导入靶细胞，使其非定点整合于靶细胞基因组内并进行表达，以补偿缺陷基因的功能，或使原有基因的功能得到增强，但致病基因本身并未被除去。

10. "自杀基因"：某些病毒或细菌的基因编码一种酶，它可以把无细胞毒性或低毒性药物前体转化成细胞毒性物质，将细胞本身杀死，编码这种酶的基因称为"自杀基因"。

11. 免疫基因治疗：把产生抗病毒或抗肿瘤免疫应答的基因（包括细胞因子基因和抗原决定簇基因）导入体内，改变机体的免疫状态，从而达到预防和治疗疾病的目的。

四、问答题

1.①基因诊断是指利用分子生物学和分

子遗传学技术直接检测基因结构和表达是否异常、从而对疾病作出诊断的方法。②基因诊断以已知基因作为检测对象，具有以下特点：特异性强、灵敏度高、早期诊断、取样方便、安全高效、应用广泛。

2. 核酸分子杂交技术是分子生物学领域最常用的技术之一，它是依据核酸的变性、复性和杂交特性，用已知碱基序列的标记核酸片段作为探针，检测待测核酸样品中是否存在其同源序列。

各种核酸分子杂交技术的操作程序基本一致，可以归纳为：①待测核酸样品的获取。②特异性探针的制备与标记。③待测核酸样品的电泳、变性、印迹和固定：把待测核酸样品通过琼脂糖凝胶电泳进行分离，再变性解链，然后用毛细管虹吸转移法、电转移法或真空转移法印迹到固相膜（如硝酸纤维素膜）上，烘干固定。④预杂交：用非特异性 DNA 分子将固相膜上非特异 DNA 结合位点封闭，以减少杂交时固相膜对核酸探针的非特异性吸附。⑤杂交：加入标记探针使其与待测核酸样品杂交。⑥漂洗：除去未杂交的游离探针。⑦检测与分析：放射性同位素标记的探针杂交信号一般用放射自显影法进行检测，非放射性标记的探针杂交信号则用酶促反应显色法或发光法进行检测。

3. PCR 技术是一种在体外进行的选择性扩增 DNA 的方法。采用 PCR 技术进行的 DNA 扩增过程类似于体内 DNA 的半保留复制过程，不同之处是使用耐热的 Taq DNA 聚合酶取代一般的 DNA 聚合酶，用合成的 DNA 引物取代 RNA 引物。

PCR 包括变性、退火和延伸三个步骤。①变性：将待扩增的 DNA 加热（90℃ ~ 95℃）一定时间，使其变性解链。②退火：将反应体系降温到 45℃ ~ 60℃，预先加入的两种引物将分别同待扩增 DNA 两股链的 3′端退火杂交。③延伸：将反应体系加热到所选用的 Taq DNA 聚合酶的最适温度（70℃ ~ 75℃），在有四种 dNTP 底物存在的条件下，聚合酶按照碱基互补配对原则从引物的 3′端合成新的 DNA 链，引物链也被整合到扩增产物中。

PCR 就是上述三个步骤组成的循环过程，每一次循环所合成的 DNA 均成为下一次循环的模板，所以 PCR 产物呈指数扩增，经过 30 次循环后 DNA 理论上可以扩增 2^{30} 倍，约为 10^9 倍，实际上可以扩增 10^6 ~ 10^7 倍。

第十九章 肝胆生化

一、选择题

（一）A 型题

1. 有"物质代谢中枢"之称的器官是
（ ）P. 265
    A. 肝脏   B. 脑
    C. 脾脏   D. 肾脏
    E. 心脏

2. 肝脏化学组成的特点是（ ）P. 265
    A. 氨基酸含量高
    B. 蛋白质含量高
    C. 糖原含量高
    D. 维生素含量高
    E. 脂肪含量高

3. 存在于肝细胞线粒体内的是（ ）
P. 265
    A. 磷酸戊糖途径酶系
    B. 糖酵解酶系
    C. 糖原分解酶系
    D. 酮体合成酶系
    E. 脂肪酸合成酶系

4. 肝细胞内的蛋白质不包括（ ）
P. 265
    A. 激素   B. 抗体
    C. 酶   D. 膜结构成分
    E. 凝血因子

5. 肝脏在糖代谢中最重要的作用是
（ ）P. 265
    A. 使血糖来源减少
    B. 使血糖来源增多
    C. 使血糖浓度降低
    D. 使血糖浓度升高
    E. 使血糖浓度维持相对稳定

6. 肝内胆固醇的主要去路是（ ）
P. 266
    A. 转化成 7-脱氢胆固醇
    B. 转化成胆固醇酯
    C. 转化成胆汁酸
    D. 转化成肾上腺皮质激素
    E. 转化成性激素

7. 胆固醇的代谢产物是（ ）P. 266
    A. VLDL   B. 胆汁酸
    C. 凝血酶原   D. 清蛋白
    E. 纤维蛋白原

8. 在肝内形成时需要磷脂的是（ ）
P. 266
    A. VLDL   B. 胆汁酸
    C. 凝血酶原   D. 清蛋白
    E. 纤维蛋白原

9. 以下叙述正确的是（ ）P. 266
    A. 胆固醇只在肝内合成
    B. 胆固醇酯是在肝内生成的
    C. 胆汁酸是在胆囊中生成的
    D. 肝脏是脂肪酸合成和分解的主要
        场所
    E. 酮体在肝内分解

10. 只在肝内合成的是 （　　） P. 266

　　A. 胆固醇　　　　　B. 磷脂

　　C. 清蛋白　　　　　D. 糖原

　　E. 脂肪酸

*11. 肝功能不良对哪种蛋白质合成的影响较小？（　　） P. 266

　　A. 免疫球蛋白

　　B. 凝血酶原

　　C. 凝血因子Ⅶ、Ⅸ、Ⅹ

　　D. 清蛋白

　　E. 纤维蛋白原

12. 肝脏合成最多的是 （　　） P. 267

　　A. α球蛋白　　　　B. β球蛋白

　　C. 凝血酶原　　　　D. 清蛋白

　　E. 纤维蛋白原

13. 正常人血浆中的 A/G 比值是 （　　） P. 267

　　A. ＜1　　　　　　B. 0.5～1.5

　　C. 1.5～2.5　　　　D. 2.5～3.5

　　E. 3.5～4.5

14. 只在肝内合成、合成减少时全身会出现水肿的是 （　　） P. 267

　　A. VLDL　　　　　B. 胆汁酸

　　C. 凝血酶原　　　　D. 清蛋白

　　E. 纤维蛋白原

15. 只在肝内合成的是 （　　） P. 267

　　A. 胆固醇　　　　　B. 激素

　　C. 尿素　　　　　　D. 血浆蛋白

　　E. 脂肪酸

16. 糖异生、酮体合成和尿素合成都发生于 （　　） P. 267

　　A. 肝脏　　　　　　B. 肌肉

　　C. 脑　　　　　　　D. 肾脏

　　E. 心脏

17. 血氨升高的主要原因是 （　　） P. 267

　　A. 便秘使肠道吸收氨过多

　　B. 肝功能障碍

　　C. 急性、慢性肾功能衰竭

　　D. 体内合成非必需氨基酸过多

　　E. 组织蛋白质分解过多

18. 主要在肝内储存的是 （　　） P. 267

　　A. 吡哆醇　　　　　B. 泛酸

　　C. 核黄素　　　　　D. 硫胺素

　　E. 视黄醇

19. 一般在肝内不能储存的是 （　　） P. 267

　　A. 硫胺素　　　　　B. 生育酚

　　C. 视黄醇　　　　　D. 维生素 D

　　E. 维生素 K

20. 正常成人每天分泌胆汁 （　　） P. 267

　　A. ＜300ml　　　　B. 300～700ml

　　C. 700～1000ml　　D. 1000～1400ml

　　E. 1400～1800ml

21. 与胆囊胆汁相比，肝胆汁 （　　） P. 267

　　A. 比重大

　　B. 含水量较高

　　C. 含有较多的胆红素

　　D. 含有较多的黏蛋白

　　E. 颜色深

22. 在结合胆汁酸中，含甘氨酸者与含牛磺酸者之比约为 （　　） P. 268

　　A. 1：3　　　　　　B. 1：2

　　C. 1：1　　　　　　D. 2：1

　　E. 3：1

23. 初级胆汁酸是 （　　） P. 268

　　A. 甘氨脱氧胆酸

　　B. 牛磺鹅脱氧胆酸

　　C. 牛磺石胆酸

　　D. 牛磺脱氧胆酸

　　E. 脱氧胆酸

24. 次级胆汁酸 （　　） P. 268

　　A. 在肠内由初级胆汁酸生成

　　B. 在肠内由胆固醇生成

C. 在肝内由初级结合胆汁酸生成

D. 在肝内由初级游离胆汁酸生成

E. 在肝内由胆固醇生成

25. 属于次级游离胆汁酸的是（　　）
P. 268

A. 鹅脱氧胆酸

B. 甘氨胆酸

C. 牛磺石胆酸

D. 牛磺脱氧胆酸

E. 脱氧胆酸

26. 属于初级结合胆汁酸的是（　　）
P. 268

A. 鹅脱氧胆酸

B. 甘氨胆酸

C. 牛磺石胆酸

D. 牛磺脱氧胆酸

E. 脱氧胆酸

*27. 以下哪种胆汁酸在胆汁中最多？
（　　）P. 268

A. 胆酸　　　　　B. 鹅脱氧胆酸

C. 甘氨胆酸　　　D. 石胆酸

E. 脱氧胆酸

28. 关于胆汁酸的错误叙述是（　　）
P. 268

A. 不足时可导致生物体缺乏脂溶性
维生素

B. 能激活胰脂肪酶

C. 能进入肠肝循环

D. 是脂肪的乳化剂

E. 由胆汁酸与钙离子结合而成

29. 胆汁中出现沉淀往往是由于（　　）
P. 268

A. 次级胆汁酸过多

B. 胆固醇过多

C. 胆红素较少

D. 胆汁酸过多

E. 磷脂酰胆碱过多

*30. 单核吞噬细胞系统生成（　　）

P. 270

A. 胆红素 - 清蛋白

B. 胆碱

C. 胆绿素

D. 胆素

E. 胆素原

31. 胆红素在血浆中的运输形式是
（　　）P. 270

A. 胆红素 - Y 蛋白

B. 胆红素 - 清蛋白

C. 胆红素二葡糖醛酸酯

D. 胆素

E. 胆素原

32. 关于胆红素（　　）P. 270

A. 单核吞噬细胞系统生成的胆红素
不能自由透过细胞膜进入血液

B. 甘氨酸和脂肪酸可竞争性地与清
蛋白结合置换出胆红素

C. 清蛋白结合胆红素的潜力不大

D. 清蛋白与胆红素结合有利于胆红
素进入肝细胞内

E. 与清蛋白结合的胆红素称为游离
胆红素

33. 胆红素在肝细胞内的运输形式是
（　　）P. 271

A. 胆红素 - Y 蛋白

B. 胆红素 - 清蛋白

C. 胆红素二葡糖醛酸酯

D. 胆素

E. 胆素原

34. 脂溶性的胆红素在肝内转化成水溶
性的形式，主要是通过（　　）P. 271

A. 与甘氨酸结合

B. 与甲基结合

C. 与硫酸结合

D. 与葡糖醛酸结合

E. 与乙酰基结合

35. 在肝内形成的是（　　）P. 271

A. 胆素原　　　　B. 粪胆素

C. 结合胆红素　　D. 尿胆素

E. 游离胆红素

36. 从肝脏排到肠道的是（　　）P. 271

    A. 胆红素 – Y 蛋白

    B. 胆红素 – Z 蛋白

    C. 胆红素 – 清蛋白

    D. 胆红素二葡糖醛酸酯

    E. 胆素原

37. 在肠道末端遇空气转化成胆素的是（　　）P. 271

    A. 胆红素 – Y 蛋白

    B. 胆红素 – Z 蛋白

    C. 胆红素 – 清蛋白

    D. 胆红素二葡糖醛酸酯

    E. 胆素原

38. 正常条件下，能随尿液排出的是（　　）P. 271

    A. 胆红素 – Y 蛋白

    B. 胆红素 – Z 蛋白

    C. 胆红素 – 清蛋白

    D. 胆红素二葡糖醛酸酯

    E. 胆素原

39. 正常人血浆中没有（　　）P. 271

    A. 胆红素 – 清蛋白

    B. 胆素

    C. 胆素原

    D. 间接胆红素

    E. 游离胆红素

40. 可进入肠肝循环的是（　　）P. 271

    A. 胆红素 – 清蛋白

    B. 胆碱

    C. 胆绿素

    D. 胆素

    E. 胆素原

41. 关于结合胆红素的错误叙述是（　　）P. 272

    A. 水溶性大

B. 随尿液排出

C. 与重氮试剂直接反应

D. 在肝脏生成

E. 主要是胆红素二葡糖醛酸酯

42. 人血浆胆红素的正常范围是（　　）P. 273

    A. 0.1 ~ 1.0mg/dl

    B. 1 ~ 2mg/dl

    C. 2 ~ 3mg/dl

    D. 5 ~ 6mg/dl

    E. 7 ~ 8mg/dl

43. 隐性黄疸的血浆胆红素范围是（　　）P. 273

    A. 0.1 ~ 1.0mg/dl

    B. 1 ~ 2mg/dl

    C. 2 ~ 3mg/dl

    D. 5 ~ 6mg/dl

    E. 7 ~ 8mg/dl

*44. 溶血性黄疸不会出现（　　）P. 273

    A. 粪便颜色加深

    B. 粪便中胆素原增加

    C. 尿液中出现胆红素

    D. 尿液中胆素原增加

    E. 血浆中游离胆红素增加

*45. 肝细胞性黄疸不会出现（　　）P. 273

    A. 粪便颜色变浅

    B. 尿液中出现胆红素

    C. 尿液中胆素原增加

    D. 血浆中结合胆红素增加

    E. 血浆中游离胆红素减少

*46. 阻塞性黄疸不会出现（　　）P. 273

    A. 粪便颜色变浅

    B. 尿液中出现胆红素

    C. 尿液中胆素原减少

    D. 血浆中结合胆红素增加

E. 血浆中游离胆红素增加

47. 生物转化最主要的作用是（　）P. 274

　　A. 改变非营养性物质极性，利于排泄

　　B. 使毒物降低毒性

　　C. 使某些药物药效更强或使某些毒物毒性增加

　　D. 使生物活性物质灭活

　　E. 使药物失效

48. 生物转化最活跃的器官是（　）P. 274

　　A. 肺　　　　　　B. 肝脏

　　C. 皮肤　　　　　D. 肾脏

　　E. 胃肠道

49. 不属于生物转化反应的是（　）P. 274

　　A. 还原　　　　　B. 结合

　　C. 磷酸化　　　　D. 水解

　　E. 氧化

50. 属于生物转化第一相反应的是（　）P. 274

　　A. 与甲基结合

　　B. 与硫酸结合

　　C. 与葡糖醛酸结合

　　D. 与氧结合

　　E. 与乙酰基结合

51. 不属于生物转化第一相反应的是（　）P. 274

　　A. 还原　　　　　B. 结合

　　C. 硫解　　　　　D. 水解

　　E. 氧化

52. 羟化酶的存在部位是（　）P. 274

　　A. 微粒体　　　　B. 细胞核

　　C. 细胞膜　　　　D. 细胞液

　　E. 线粒体

53. 生物转化时氧化反应发生在（　）P. 274

　　A. 微粒体　　　　B. 细胞核

　　C. 细胞膜　　　　D. 细胞液

　　E. 线粒体

54. 肝内进行生物转化时活性葡糖醛酸的供体是（　）P. 275

　　A. ADP-葡糖醛酸

　　B. CDP-葡糖醛酸

　　C. GDP-葡糖醛酸

　　D. TDP-葡糖醛酸

　　E. UDP-葡糖醛酸

（二）X 型题

1. 肝脏的形态结构特点是（　）P. 265

　　A. 存在双重供血

　　B. 含丰富的肝血窦

　　C. 含丰富的内质网和核糖体

　　D. 含丰富的线粒体

　　E. 有两条输出道路

2. 肝脏维持血糖水平的机制与下列哪些代谢途径有关？（　）P. 265

　　A. 糖的有氧氧化途径

　　B. 糖酵解途径

　　C. 糖异生途径

　　D. 糖原分解途径

　　E. 糖原合成途径

3. 只在肝内进行的代谢有（　）P. 265

　　A. 胆固醇酯化

　　B. 肝糖原的合成和分解

　　C. 激素灭活

　　D. 尿素合成

　　E. 酮体合成

4. 关于肝脏在脂类代谢中的作用（　）P. 266

　　A. 胆固醇酯都是在肝内合成的

　　B. 肝内生成胆汁酸

　　C. 肝脏是酮体氧化的场所

　　D. 肝脏是脂肪酸分解的主要场所

　　E. 肝脏是脂肪酸合成的主要场所

5. 只在肝内合成的是（　）P. 266

A. β 球蛋白　　　　B. γ 球蛋白

C. 凝血酶原　　　　D. 清蛋白

E. 纤维蛋白原

6. 仅由肝脏合成的是（　）P. 267

A. 氨基酸　　　　B. 尿素

C. 清蛋白　　　　D. 酮体

E. 脂肪酸

7. 肝脏对雌激素的灭活作用减弱时会出现的临床表现是（　）P. 267

A. 肝掌　　　　　B. 黄疸

C. 水肿　　　　　D. 脂肪肝

E. 蜘蛛痣

8. 属于次级结合胆汁酸的是（　）P. 268

A. 鹅脱氧胆酸

B. 甘氨胆酸

C. 甘氨鹅脱氧胆酸

D. 甘氨石胆酸

E. 甘氨脱氧胆酸

9. 属于胆色素的是（　）P. 270

A. 胆胺　　　　　B. 胆碱

C. 胆素　　　　　D. 胆素原

E. 胆酸

10. 游离胆红素又称（　）P. 270

A. 肝胆红素

B. 间接胆红素

C. 未结合胆红素

D. 血胆红素

E. 直接胆红素

11. 哪些物质有肠肝循环？（　）P. 271

A. S-腺苷甲硫氨酸

B. 胆素原

C. 胆汁酸

D. 鸟氨酸

E. 柠檬酸

12. 溶血性黄疸时（　）P. 273

A. 尿胆素原减少

B. 尿液中不会出现胆红素

C. 尿液中出现胆红素

D. 血浆中结合胆红素增多

E. 血浆中游离胆红素增多

13. 肝细胞性黄疸时，血浆中明显增多的是（　）P. 273

A. 胆绿素　　　　B. 胆素

C. 胆素原　　　　D. 结合胆红素

E. 游离胆红素

14. 阻塞性黄疸时（　）P. 273

A. 尿胆素原增加

B. 尿液中不会出现胆红素

C. 尿液中会出现胆红素

D. 血浆中结合胆红素增多

E. 血浆中游离胆红素增多

15. 影响生物转化的因素有（　）P. 277

A. 肝功能　　　　B. 年龄

C. 肾功能　　　　D. 性别

E. 诱导性药物

二、填空题

1. 从食物消化吸收的几乎所有单糖和氨基酸及大部分脂类都先从（　）进入肝脏，进行必要的加工后再（　）。P. 265

2. 肝脏在糖代谢中最重要的作用是通过（　）及（　）维持血糖浓度的相对稳定。P. 265

3. 肝糖原储量有限，所以当大量葡萄糖被肝细胞摄取之后，过多的葡萄糖可以（　），并（　）向肝外输出。P. 266

4. 如果肝胆疾患导致胆汁酸合成分泌减少，或胆道阻塞导致胆汁排泄困难，会引起脂类的消化吸收障碍，出现（　）和（　）等临床症状。P. 266

5. 肝脏内脂肪酸的分解代谢和合成代谢十分活跃，这是因为肝细胞内有丰富的（　）和（　）。P. 266

6. 肝脏向血液释放磷脂酰胆碱胆固醇

酰基转移酶，与（　）共同清除血浆（　）。P. 266

7. 肝脏的蛋白质代谢和氨基酸代谢非常活跃，特别是在合成蛋白质、分解（　）和合成（　）等方面。P. 266

8. 肝脏在蛋白质合成中的三个特点是（　）、更新快、（　）。P. 266

9. （　）是血浆中含量最多的蛋白质，是维持（　）渗透压的主要因素。P. 267

10. 肝脏疾患时对激素的灭活作用减弱，造成雌激素过多，可以刺激局部小动脉扩张，出现（　）或（　）。P. 267

11. 肝脏疾患时对激素的灭活作用减弱，造成醛固酮和抗利尿激素积累，可以引起（　）而出现（　）等。P. 267

12. 肝胆汁汇入胆囊后，胆囊壁一方面（　），另一方面（　），使其成为暗褐色黏稠不透明的胆囊胆汁。P. 267

13. 胆汁酸是胆汁的主要成分，根据结构分为（　）和（　）。P. 268

14. 胆汁酸可以根据其来源分为（　）和（　）。P. 268

15. 作为胆固醇的转化产物，胆汁酸具有较高的亲水性，既直接参与（　），又是胆固醇的（　），并促进胆固醇的直接排泄。P. 268

16. 胆汁中的（　）和（　）可以与胆固醇形成微团，防止其析出。P. 268

17. 胆汁中的胆固醇浓度过高、肝脏的胆汁酸生成能力下降、胆汁酸的肠肝循环（　）等都会造成胆汁中胆汁酸和磷脂酰胆碱与胆固醇的比值（　），导致胆固醇析出，形成结石。P. 268

18. 胆固醇首先由（　）内的胆固醇7α-羟化酶催化生成7α-羟胆固醇，再经过一系列酶促反应生成（　）胆汁酸。P. 269

19. 在（　）内，游离胆汁酸与（　）或牛磺酸缩合，生成结合胆汁酸。P. 269

20. 结合胆汁酸随胆汁排入肠道，一部分（　），其中的一部分胆酸和鹅脱氧胆酸C-7位发生（　），生成次级游离胆汁酸。P. 269

21. 血红素是血红蛋白、（　）、过氧化物酶、过氧化氢酶和（　）等的辅基，其主要分解产物是胆色素。P. 269

22. 胆色素是血红素的代谢产物，包括（　）、（　）、胆素原和胆素等。P. 270

23. 衰老红细胞被（　）破坏，释放出血红蛋白，血红蛋白分解成（　）和血红素。P. 270

24. 血红素在 O_2 和 NADPH 的参与下，由微粒体内的血红素加氧酶催化裂解成（　），并释放出 CO 和（　）。P. 270

25. 游离胆红素具有细胞毒性，胆红素–清蛋白复合物的形成既促进其（　），又限制其（　），还阻止其透过肾小球滤过膜。P. 270

26. 一旦血浆清蛋白含量下降、清蛋白（　）下降或外源物质（　），会导致游离胆红素从血浆向组织转移，对组织细胞造成损害。P. 270

27. 胆红素–清蛋白复合物随血液转运到肝脏后，胆红素与清蛋白分离，胆红素通过（　）进入肝细胞，并与细胞液中的载体蛋白结合，向（　）转运。P. 271

28. 在滑面内质网，胆红素与（　）缩合，生成（　），称为结合胆红素或肝胆红素。P. 271

29. 排入肠道的结合胆红素在肠道菌的作用下脱去（　），再还原成无色的（　）。P. 271

30. 从胆红素的代谢过程可见，胆红素有（　）和（　）两种形式。P. 271

31. 从胆红素的代谢过程可见，结合胆红素不存在（　），可以直接与（　）反应，生成紫红色偶氮化合物，因此又称为直

接胆红素。P.271

32. 游离胆红素又称为未结合胆红素、（　）和（　）等。P.272

33. 结合胆红素又称为（　）和（　）等。P.272

34. 黄疸多出现在含有较多（　）的巩膜、（　）和黏膜等表浅部位。P.272

35. 当血浆胆红素浓度超过 2.0mg/dl（33.4μmol/L）时，肉眼即可看出（　）黄染，称为（　）。P.273

36. 溶血性黄疸是由于各种原因造成（　），产生胆红素过多，超过肝脏转化能力，导致（　）升高。P.273

37. 肝细胞性黄疸是由于（　），对胆红素的摄取、转化和排泄发生障碍，致使（　）升高。P.273

38. 阻塞性黄疸是由于各种原因造成（　），胆小管和毛细胆管压力升高甚至破裂，使（　），造成血浆结合胆红素的浓度升高。P.273

39. 尿三胆包括（　）、（　）和尿胆素。P.273

40. 溶血性黄疸时，血清胆红素的主要改变是（　），尿三胆试验的改变是（　）。P.273

41. 肝细胞性黄疸时，血清胆红素的主要改变是（　），尿三胆试验的改变是（　）。P.273

42. 阻塞性黄疸时，血清胆红素的主要改变是（　），尿三胆试验的改变是（　）。P.273

43. 体内需要进行生物转化的非营养物质根据其来源可以分为（　）和（　）两类。P.274

44. 肝脏是进行生物转化的主要场所，这是因为在肝细胞的细胞液、（　）及（　）内存在着大量的生物转化酶类。P.274

45. 生物转化过程包括许多化学反应，可以归纳为（　）和（　）。P.274

46. 经过第一相反应后，非营养物质的某些（　）转化成（　）或分解，易于排出体外。P.274

47. 有些物质通过第一相反应转化之后还必须与一些极性更强的基团结合，结合之后一方面可以（　），使其易于随尿液或胆汁排出体外；另一方面也会（　）。P.275

48. 生物转化的特点可以概括为转化反应的（　）及（　）。P.276

49. 肝脏的生物转化作用受年龄、性别、疾病、（　）和（　）等因素的影响。P.277

三、名词解释

1. 激素的灭活作用　P.267
2. 初级胆汁酸　P.268
3. 次级胆汁酸　P.268
4. 胆汁酸的肠肝循环　P.269
5. 游离胆红素　P.270
6. 结合胆红素　P.271
7. 胆素原的肠肝循环　P.271
8. 黄疸　P.272
9. 隐性黄疸　P.273
10. 生物转化　P.274

四、问答题

1. 简述肝脏的形态结构特点。P.265
2. 简述肝脏的化学组成特点。P.265
3. 简述肝脏在糖代谢中的作用。P.265
4. 简述肝脏在脂类代谢中的作用。P.266
5. 简述肝脏在胆固醇代谢中的作用。P.266
6. 简述肝脏在蛋白质代谢中的作用。P.266

7. 简述肝脏蛋白质合成的特点。P. 266

8. 简述肝脏在维生素代谢中的作用。P. 267

9. 简述胆汁酸代谢。P. 268

10. 简述胆汁酸的种类及其形成场所。P. 268

11. 简述胆色素代谢。P. 270

12. 何谓胆素原的肠肝循环？P. 271

13. 比较未结合胆红素和结合胆红素。P. 272

14. 溶血性黄疸患者尿液中能否检出胆红素？为什么？P. 273

15. 肝细胞性黄疸患者尿液中能否检出胆红素？为什么？P. 273

16. 解释阻塞性黄疸患者大便颜色变浅甚至呈陶土色的原因。P. 271，273

17. 比较生物转化与生物氧化。P. 96，273

18. 哪些物质需要进行生物转化？P. 274

19. 简述生物转化的特点。P. 276

参考答案

一、选择题

（一）A 型题

1. A　2. B　3. D　4. B　5. E　6. C
7. B　8. A　9. D　10. C　11. A　12. D
13. C　14. D　15. C　16. A　17. B　18. E
19. A　20. B　21. B　22. E　23. B　24. A
25. E　26. B　27. C　28. E　29. B　30. C
31. B　32. E　33. A　34. D　35. C　36. D
37. E　38. E　39. B　40. E　41. B　42. A
43. B　44. C　45. E　46. E　47. A　48. B
49. C　50. D　51. B　52. A　53. A　54. E

（二）X 型题

1. ABCDE　2. CDE　3. BCDE　4. BDE
5. CDE　6. BCD　7. AE　8. DE　9. CD
10. BCD　11. BC　12. BE　13. DE　14. CD
15. ABDE

二、填空题

1. 门静脉；向其他组织分配

2. 肝糖原的合成与分解；糖异生

3. 转化成脂肪；以 VLDL 的形式

4. 厌油；脂肪泻

5. 脂肪酸分解酶系；脂肪酸合成酶系

6. HDL；游离胆固醇

7. 氨基酸；尿素

8. 合成量多；合成种类多

9. 清蛋白；血浆胶体

10. "蜘蛛痣"；"肝掌"

11. 水钠潴留；水肿或腹水

12. 从胆汁中吸收水和其他一些成分；分泌黏蛋白掺入胆汁中

13. 游离胆汁酸；结合胆汁酸

14. 初级胆汁酸；次级胆汁酸

15. 食物脂类的消化吸收；主要排泄形式

16. 胆汁酸；磷脂酰胆碱

17. 减少；下降

18. 微粒体；初级游离

19. 肝细胞；甘氨酸

20. 水解脱去甘氨酸或牛磺酸；还原脱氧

21. 肌红蛋白；细胞色素

22. 胆红素；胆绿素

23. 单核吞噬细胞系统；珠蛋白

24. 胆绿素；Fe^{2+}

25. 在血浆中的运输；透出血管进入细胞造成损害

26. 与胆红素的亲和力；竞争性地与清蛋白结合

27. 特异性细胞膜受体；滑面内质网

28. 两分子 UDP-葡糖醛酸；胆红素二葡糖醛酸酯

29. 葡糖醛酸；胆素原

30. 游离胆红素；结合胆红素

31. 分子内氢键；重氮试剂

32. 血胆红素；间接胆红素

33. 肝胆红素；直接胆红素

34. 弹性蛋白；皮肤

35. 巩膜和皮肤；显性黄疸。P. 273

36. 红细胞大量破坏；血浆游离胆红素浓度

37. 肝脏病变导致肝功能减退；血浆游离胆红素浓度

38. 胆汁排泄通道阻塞；已经生成的结合胆红素返流入血

39. 尿胆红素；尿胆素原

40. 游离胆红素浓度升高；尿胆素原和尿胆素浓度升高

41. 游离胆红素和结合胆红素浓度都升高；尿胆红素阳性，但尿胆素原和尿胆素的变化不确定

42. 结合胆红素的浓度升高；尿胆红素阳性且尿胆素原和尿胆素减少

43. 内源性物质；外源性物质

44. 微粒体；线粒体

45. 第一相反应；第二相反应

46. 非极性基团；极性基团

47. 提高其溶解度；使其生物活性发生明显变化

48. 连续性和多样性；解毒致毒两重性

49. 诱导物；阻抑物

三、名词解释

1. 激素的灭活作用：激素发挥其调节作用之后便被分解和转化，从而降低或失去活性，该过程称为激素的灭活作用。

2. 初级胆汁酸：由胆固醇转化生成的胆酸、鹅脱氧胆酸及相应的结合胆汁酸。

3. 次级胆汁酸：由初级胆汁酸转化生成的脱氧胆酸、石胆酸及相应的结合胆汁酸。

4. 胆汁酸的肠肝循环：在进食脂类物质后，胆囊收缩，胆汁酸随胆汁排入十二指肠，参与脂类消化吸收，并且多数胆汁酸被重吸收，其中的游离胆汁酸重新转化成结合胆汁酸并汇入胆汁，随胆汁入肠，上述过程形成胆汁酸的肠肝循环。

5. 游离胆红素：由血红素氧化成胆绿素后还原生成的胆红素。

6. 结合胆红素：胆红素在肝细胞滑面内质网与两分子 UDP-葡糖醛酸缩合，生成胆红素二葡糖醛酸酯，称为结合胆红素。

7. 胆素原的肠肝循环：在胆色素代谢中，肠道中未排出的胆素原由肠道重吸收，通过门静脉回到肝脏。重吸收的胆素原大部分仍以原形排至肠道，形成胆素原的肠肝循环。

8. 黄疸：某些因素导致胆红素代谢紊乱，血浆胆红素浓度升高，出现高胆红素血症，大量胆红素扩散进入组织，将组织黄染，临床上称这一体征为黄疸。

9. 隐性黄疸：黄疸程度取决于血浆胆红素的浓度，有时血浆胆红素浓度虽然高出正常范围，但未超过 2.0mg/dl，肉眼看不出黄染，称为隐性黄疸。

10. 生物转化：肝脏可以将非营养物质进行转化，最终增加其水溶性（或极性），使其易于随胆汁和尿液排出体外，这一过程称为生物转化。

四、问答题

1.①有两条入肝的血管（肝动脉和门静脉）：肝脏既能从肝动脉获得由肺运来的 O_2，又能从门静脉获得由消化道运来的营养物质，为肝脏进行物质代谢创造良好条

件。②有两条输出的通道（肝静脉与胆道系统）：肝静脉与体循环相连，将肝脏的代谢产物运输到其他组织，或排出体外；胆道系统与肠道相连，将肝脏的代谢产物、有毒物质和解毒产物排入肠道。③有丰富的肝血窦：血液在此流速缓慢，有利于肝细胞与血液之间进行物质交换。④有丰富的细胞器：丰富的线粒体是糖类、脂类和蛋白质等物质氧化供能的场所；大量的内质网是脂类和蛋白质合成的场所；富含生物转化酶类的微粒体是生物转化的主要场所。

2. 肝脏的化学组成特点是蛋白质含量多，约占其干重的50%，其中有一部分是膜蛋白质，其余主要是酶，有些酶是肝细胞所特有的，如鸟氨酸氨甲酰基转移酶。丰富的酶类和完备的酶体系使肝脏在物质代谢中起重要作用。

3. 肝脏在糖代谢中最重要的作用是通过肝糖原的合成与分解及糖异生维持血糖浓度的相对稳定。①饱食状态下血糖浓度升高，大量的葡萄糖被肝细胞摄取并合成肝糖原储存起来。②空腹状态下血糖浓度降低，肝脏将肝糖原分解成葡萄糖，释放入血，补充血糖，并供肝外组织利用。③饥饿十几小时之后肝糖原消耗殆尽，肝脏通过糖异生合成葡萄糖，补充血糖，维持血糖浓度。④肝脏严重受损时肝糖原代谢及糖异生能力减弱，难以维持正常血糖浓度，因而进食后会出现一过性高血糖，饥饿时则出现低血糖。⑤由于肝糖原储量有限，所以当大量葡萄糖被肝细胞摄取之后，过多的葡萄糖可以转化成脂肪，并以 VLDL 的形式向肝外输出。

4. 肝脏在脂类的消化、吸收、分解、合成和运输等方面均起重要作用。①肝脏参与脂类的消化吸收。②肝脏是脂肪酸分解、合成和转化的主要场所。③肝脏是酮体合成的惟一场所。④肝脏是胆固醇代谢的主要场所。⑤肝脏是磷脂合成的场所。⑥肝脏合成

的清蛋白是脂肪动员释放的游离脂肪酸的运输工具。

5. 肝脏是胆固醇代谢的主要场所：①肝脏合成的胆固醇占全身合成胆固醇总量的80%，是血浆胆固醇的主要来源。②肝脏进一步将胆固醇转化成胆固醇酯。③肝脏向其他组织提供胆固醇和胆固醇酯。④肝脏将胆固醇转化成胆汁酸汇入胆汁。⑤肝脏向血液释放磷脂酰胆碱胆固醇酰基转移酶，与 HDL 共同清除血浆游离胆固醇。

6. 肝脏的蛋白质代谢和氨基酸代谢非常活跃，特别是在合成蛋白质、分解氨基酸和合成尿素等方面。①肝脏是合成蛋白质的重要场所。②肝脏是分解氨基酸的主要场所。③肝脏是清除血氨、合成尿素的主要场所。

7. 肝脏是合成蛋白质的重要场所：肝脏合成蛋白质有三个特点：①合成量多：在人体各组织器官中，肝脏的蛋白质合成量最多，占全身蛋白质合成量的40%以上。②更新快：肝脏蛋白质的半衰期为10天，而肌肉蛋白质的半衰期为180天。③种类多：在血浆中，除了γ球蛋白之外，其他血浆蛋白大多在肝脏内合成，如清蛋白和纤维蛋白原。

8. 肝脏参与维生素的吸收、储存和转化。①肝脏分泌的胆汁促进脂溶性维生素的吸收。②肝脏能储存维生素，维生素 A、D、E、K 和 B_{12} 主要在肝脏内储存。③肝脏能转化维生素，如将胡萝卜素转化成维生素 A，将维生素 D_3 转化成 $25\text{-OH-}D_3$。

9. 胆汁酸是胆固醇的代谢产物，胆汁酸代谢包括胆汁酸的生成、转化、排泄和重吸收等，形成胆汁酸的肠肝循环。①在肝细胞内，胆固醇转化生成初级游离胆汁酸。②在肝细胞内，初级游离胆汁酸与甘氨酸或牛磺酸缩合，生成初级结合胆汁酸，随胆汁通过胆管汇入胆囊储存。③随胆汁排入肠道的

结合胆汁酸受肠道菌作用部分水解重新生成游离胆汁酸，其中的一部分初级游离胆汁酸还原生成次级游离胆汁酸。④次级游离胆汁酸重吸收入肝脏，与甘氨酸或牛磺酸缩合，生成次级结合胆汁酸，随胆汁通过胆管汇入胆囊储存。

10. 胆汁酸是胆汁的主要成分。

按来源分类	按结构分类	
	游离胆汁酸	结合胆汁酸
初级胆汁酸	胆酸、鹅脱氧胆酸；形成于肝脏	甘氨胆酸、牛磺胆酸、甘氨鹅脱氧胆酸、牛磺鹅脱氧胆酸；形成于肝脏
次级胆汁酸	脱氧胆酸、石胆酸；形成于肠道	甘氨脱氧胆酸、牛磺脱氧胆酸、甘氨石胆酸、牛磺石胆酸；形成于肝脏

11. 胆色素是血红素的主要分解产物，包括胆红素、胆绿素、胆素原和胆素等，其中胆红素呈橙黄色，是胆色素的主要成分。

胆红素主要是衰老红细胞血红蛋白血红素的降解产物：①衰老红细胞被单核吞噬细胞系统破坏，释放出血红蛋白，进一步分解成珠蛋白和血红素。血红素裂解成胆绿素，胆绿素还原成游离胆红素。②游离胆红素释放入血，与血浆清蛋白形成胆红素－清蛋白复合物，随血液转运到肝脏。③胆红素通过特异性细胞膜受体进入肝细胞，并与细胞液中的载体蛋白结合，转运到滑面内质网，与UDP-葡糖醛酸缩合生成结合胆红素，从肝细胞分泌、汇入胆汁并排入肠道。④结合胆红素在肠道菌作用下脱去葡糖醛酸，再还原成无色的胆素原，多数在肠道下段被空气氧化成粪胆素，随粪便排出体外。⑤未排出的胆素原由肠道重吸收，通过门静脉回到肝脏。⑥重吸收的胆素原大部分仍以原形排至肠道，形成胆素原的肠肝循环；其余进入体循环，随尿液排出体外。

12. 游离胆红素在肝细胞滑面内质网与UDP-葡糖醛酸缩合生成结合胆红素从肝细

胞分泌、汇入胆汁并排入肠道后，在肠道菌的作用下脱去葡糖醛酸，再还原成无色的胆素原。大部分胆素原在肠道下段被空气氧化成粪胆素，随粪便排出体外，未排出的胆素原由肠道重吸收，通过门静脉回到肝脏。重吸收的胆素原大部分仍以原形排至肠道，形成胆素原的肠肝循环；其余进入体循环，随尿液排出体外。

13. ①来源不同：未结合胆红素是由衰老红细胞在单核吞噬细胞系统中通过酶的作用产生的；结合胆红素是未结合胆红素在肝脏中与葡糖醛酸结合后产生的。②结构不同：未结合胆红素由于其分子内部形成氢键，不能与重氮试剂直接起反应；结合胆红素由于与葡糖醛酸结合后不存在分子内氢键，可以与重氮试剂直接迅速地反应形成紫红色偶氮化合物。③性质不同：见下表。

胆红素	未结合	结合
与葡糖醛酸	－	＋
在水中的溶解度	小	大
与重氮试剂反应	慢，间接	快，直接
透过细胞膜的能力	大	小
通过肾脏随尿液排出	－	＋

14. 不能。溶血性黄疸是由于各种原因（如过敏和输血不当）造成红细胞大量破坏，产生胆红素过多，超过肝脏转化能力，导致血浆游离胆红素浓度升高。由于是游离胆红素增加，肝脏对胆红素的转化作用增强，肠道重吸收胆素原的量也增加，所以可以使尿胆素原的浓度升高。不过，血浆结合胆红素的浓度变化不大，所以尿胆红素呈阴性。

15. 可以。肝细胞性黄疸是由于肝脏病变（如肝炎和肝癌）导致肝功能减退，对胆红素的摄取、转化和排泄发生障碍，致使血浆游离胆红素浓度升高。与此同时，病变导致肝细胞肿胀，压迫肝脏内毛细胆管或造成毛细胆管阻塞，使已经生成的结合胆红素部分返流入血，造成血浆结合胆红素的浓度也升高。因此，与重氮试剂呈间接反应和直接反应双阳性，尿胆红素也呈阳性。

16. 排入肠道的结合胆红素在肠道菌的作用下脱去葡糖醛酸，再还原成无色的胆素原，包括尿胆素原和粪胆素原。大部分胆素原在肠道下段被空气氧化成黄褐色的粪胆素，随粪便排出体外，是粪便的主要色素。阻塞性黄疸是由于各种原因（如胆结石和肿瘤）造成胆汁排泄通道阻塞，结合胆红素不能排入肠道，没有粪胆素生成，粪便颜色变浅甚至呈陶土色。

17. 在生命活动过程中，体内产生和从体外摄取的某些物质既不能构建组织，又不能氧化供能，常被归为非营养物质。肝脏可以将这些非营养物质进行转化，最终增加其水溶性（或极性），使其易于随胆汁和尿液排出体外，这一过程称为生物转化。

生命活动需要能量供应，所需的能量来自生物氧化。生物氧化是指糖类、脂类和蛋白质等营养物质氧化分解、最终生成 CO_2 和 H_2O 并释放能量满足生命活动需要的过程。

18. 体内需要进行生物转化的非营养物质根据其来源可以分为内源性物质和外源性物质两类：内源性物质既包括激素和神经递质等活性物质，也包括 NH_3 和胆红素等毒性物质。外源性物质既包括食物添加剂、药物和毒性物质，也包括蛋白质的腐败产物。

19. ①连续性和多样性：一种物质的生物转化过程往往较为复杂，需要连续反应，产生多种产物，并且大多数先进行第一相反应，再进行第二相反应。②解毒致毒两重性：一种物质经过生物转化作用后，其毒性可能减弱（解毒），也可能增强（致毒）。

第二十章 水盐代谢和酸碱平衡

P.280

习题

一、选择题

（一）A型题

1. 不属于水的生理功能的是 （ ）
P.280
    A. 参与化学反应
    B. 调节体温
    C. 维持渗透压
    D. 维持组织正常兴奋性
    E. 运输物质

2. 细胞内液的主要阴离子是 （ ）
P.281
    A. Cl^- B. HCO_3^-
    C. HPO_4^{2-} D. PO_4^{3-}
    E. 蛋白质

3. 能抑制神经肌肉兴奋性的是 （ ）
P.281
    A. Ca^{2+} B. Cl^-
    C. K^+ D. Na^+
    E. OH^-

4. 能增强心肌兴奋性的是 （ ）P.281
    A. Ca^{2+} B. Cl^-
    C. $H_2PO_4^-$ D. K^+
    E. Mg^{2+}

5. 能抑制心肌兴奋性的是 （ ）P.281
    A. Ca^{2+} B. Cl^-
    C. K^+ D. $H_2PO_4^-$
    E. Na^+

6. 不属于无机盐生理功能的是 （ ）
P.281
    A. 参与构成有特殊功能的化合物
    B. 维持胶体渗透压
    C. 维持酶活性
    D. 维持神经肌肉应激性
    E. 维持酸碱平衡

7. 细胞间液与血浆的主要差别是 （ ）
P.282
    A. HCO_3^- 含量   B. K^+ 含量
    C. Na^+ 含量   D. 蛋白质含量
    E. 有机酸含量

8. 健康成人每天需水 （ ） P.283
    A. 500ml   B. 1000ml
    C. 1500ml   D. 2000ml
    E. 2500ml

9. 临床上成人每天标准补水量是 （ ）
P.284
    A. 500ml   B. 1000ml
    C. 1500ml   D. 2000ml
    E. 2500ml

10. 成人每天最低需水量是 （ ）
P.284
    A. 500ml   B. 1000ml
    C. 1500ml   D. 2000ml
    E. 2500ml

11. 血浆非蛋白氮主要是 （ ）P.284
    A. 氨基酸   B. 胆红素

C. 肌酐　　　　　D. 尿素

E. 尿酸

12. 关于血浆非蛋白氮的不正确叙述是
（　）P.284

　　A. 非蛋白氮的成分均是体内含氮物
　　　　质的代谢废物

　　B. 非蛋白氮以尿素最多

　　C. 非蛋白氮中的尿酸是嘌呤代谢的
　　　　终产物

　　D. 肝功能不良时，血浆非蛋白氮中
　　　　危害最大的是氨

　　E. 尿液是非蛋白氮的主要排泄途径

13. 有效胶体渗透压是指（　）P.284

　　A. 细胞间液胶体渗透压

　　B. 细胞间液小分子渗透压

　　C. 血浆胶体渗透压

　　D. 血浆胶体渗透压与细胞间液胶体
　　　　渗透压之差

　　E. 血浆小分子渗透压

14. 不属于有效胶体渗透压降低引起的
是（　）P.284

　　A. 肝性水肿

　　B. 肾性水肿

　　C. 心性水肿

　　D. 营养不良性水肿

　　E. 以上都不是

15. 与 K^+ 分布无关的是（　）P.286

　　A. 蛋白质合成

　　B. 抗利尿激素分泌

　　C. 酸碱平衡

　　D. 糖原合成

　　E. 严重创伤

16. 正常血钠浓度是（　）P.286

　　A. 2.5mmol/L　　　B. 5mmol/L

　　C. 27mmol/L　　　D. 103mmol/L

　　E. 142mmol/L

17. 哪个部位钙磷最多？（　）P.286

　　A. 肝脏　　　　　B. 骨骼

C. 脾脏　　　　　D. 肾脏

E. 小肠

18. 关于钙生理功能的错误叙述是
（　）P.286

　　A. 钙参与血液凝固

　　B. 钙可降低毛细血管通透性

　　C. 钙可降低心肌兴奋性

　　D. 钙是代谢调节的第二信使

　　E. 血钙能降低神经肌肉兴奋性

19. 可抑制钙吸收的是（　）P.287

　　A. ATP　　　　　B. 草酸

　　C. 钙结合蛋白　　D. 碱性磷酸酶

　　E. 维生素 D

20. 排出磷的主要器官是（　）P.287

　　A. 肝脏　　　　　B. 骨骼

　　C. 脾脏　　　　　D. 肾脏

　　E. 小肠

21. 正常血钙浓度是（　）P.287

　　A. 2.5mmol/L　　　B. 5mmol/L

　　C. 27mmol/L　　　D. 103mmol/L

　　E. 142mmol/L

22. 影响神经肌肉兴奋性的是（　）
P.288

　　A. 蛋白质结合钙

　　B. 非扩散钙

　　C. 柠檬酸钙

　　D. 碳酸钙

　　E. 游离钙

23. 有利于成骨作用的钙磷溶度积是
（　）P.288

　　A. >2.5　　　　　B. >3.5

　　C. >4　　　　　　D. >35

　　E. >40

24. 调节钙磷代谢的是（　）P.288

　　A. 1,24-$(OH)_2$-D_3

　　B. 1,25-$(OH)_2$-D_3

　　C. 1-OH-D_3

　　D. 24-OH-D_3

E. 25-OH-D$_3$

25. 1, 25-(OH)$_2$-D$_3$ 的生理功能（　　）
P. 288

A. 对血钙、血磷浓度无明显影响

B. 使血钙、血磷降低

C. 使血钙、血磷升高

D. 使血钙降低，血磷升高

E. 使血钙升高，血磷降低

26. 具有升血钙、降血磷作用的激素是
（　　）P. 288

A. 1, 25-(OH)$_2$-D$_3$

B. 甲状旁腺素

C. 甲状腺激素

D. 降钙素

E. 醛固酮

27. 降钙素的生理功能是（　　）P. 289

A. 促进成骨

B. 促进尿钙减少

C. 促进尿磷减少

D. 促进破骨

E. 促进血磷升高

28. 大量出汗造成血液渗透压升高，会
引起（　　）P. 289

A. ADH 分泌增加

B. 甲状腺激素分泌增加

C. 醛固酮分泌增加

D. 肾上腺素分泌增加

E. 胰高血糖素分泌增加

29. 关于 ADH 的正确叙述是（　　）
P. 289

A. 促进肾小管对 K$^+$ 的重吸收

B. 促进肾小管对 Na$^+$ 的重吸收

C. 促进肾小管对水的重吸收

D. 是类固醇激素的一种

E. 抑制肾小管对 Na$^+$ 和水的重吸收

30. 抑制 ADH 分泌的是（　　）P. 289

A. 大量饮水　　　B. 脱水

C. 血容量减少　　D. 血压下降

E. 血液渗透压升高

*31. 促进肾上腺皮质分泌醛固酮的是
（　　）P. 290

A. 肾素

B. 血管紧张素 I

C. 血管紧张素 II

D. 血管紧张素原

E. 血容量

32. 关于醛固酮（　　）P. 290

A. 促进肾小管 K$^+$ – Na$^+$ 交换和 H$^+$
– Na$^+$ 交换

B. 是一种糖蛋白

C. 提高肾小管对 K$^+$ 的重吸收能力

D. 由肾上腺髓质分泌

E. 主要促进糖异生

33. 具有泌氢排钾作用的是（　　）
P. 290

A. 抗利尿激素　　B. 醛固酮

C. 肾素　　　　　D. 心钠素

E. 血管紧张素

34. 心钠素的主要作用是（　　）P. 290

A. 保钠排钾

B. 促进抗利尿激素的分泌

C. 促进肾素的分泌

D. 降低肾小球滤过率

E. 抑制远曲小管和集合管对钠的重
吸收

35. 正常血钾浓度是（　　）P. 285，292

A. 2.5mmol/L　　　B. 5mmol/L

C. 27mmol/L　　　D. 103mmol/L

E. 142mmol/L

36. 关于静滴补钾的错误叙述是（　　）
P. 292

A. 补液浓度应为 0.3%

B. 见尿才能补钾

C. 每日总量不超过 4g

D. 缺钾时，应立即静滴补钾

E. 一天总量须在 6 ~ 8 小时补完

37. 下列叙述错误的是（ ）P.293
    A. 成碱性食物主要使体内 $NaHCO_3$ 和 $KHCO_3$ 增多
    B. 成酸性食物主要产生挥发性酸
    C. 蔬菜和瓜果是成碱性食物
    D. 糖类、脂类、蛋白质代谢主要产生碱性物质
    E. 正常饮食条件下，体内主要产生酸性物质

38. 核苷酸分解产生的固定酸是（ ）P.293
    A. β-羟丁酸   B. 磷酸
    C. 硫酸   D. 乳酸
    E. 乙酰乙酸

39. 血浆内存在的主要缓冲对是（ ）P.294
    A. KHb/HHb
    B. $KHbO_2/HHbO_2$
    C. $KHCO_3/H_2CO_3$
    D. Na_2HPO_4/NaH_2PO_4
    E. $NaHCO_3/H_2CO_3$

40. 红细胞内存在的主要缓冲对是（ ）P.294
    A. $KHbO_2/HHbO_2$
    B. $KHCO_3/H_2CO_3$
    C. Na_2HPO_4/NaH_2PO_4
    D. $NaHb/HHb$
    E. $NaHCO_3/H_2CO_3$

41. 关于肾小管分泌 H^+ 的错误叙述是（ ）P.296
    A. 高血钾可促进肾小管泌氢
    B. 醛固酮可促进泌氢排钾
    C. 肾小管细胞分泌 K^+ 作用增强，则分泌 H^+ 作用减弱
    D. 肾小管细胞内碳酸酐酶活性增强，则排 H^+ 增多
    E. 血浆 Pco_2 高可促进肾小管细胞内合成碳酸和分泌 H^+

（二）X 型题

1. 水的生理功能有（ ）P.280
    A. 参与化学反应
    B. 促进酶的催化作用
    C. 构成细胞成分
    D. 调节体温
    E. 运输营养物质和代谢废物

2. 可增强神经肌肉兴奋性的是（ ）P.281
    A. 血浆 $[Ca^{2+}]$ 降低
    B. 血浆 $[Ca^{2+}]$ 升高
    C. 血浆 $[H^+]$ 升高
    D. 血浆 $[K^+]$ 降低
    E. 血浆 $[K^+]$ 升高

3. 与神经肌肉兴奋性有关的是（ ）P.281
    A. Cl^- B. K^+
    C. Mg^{2+} D. Na^+
    E. OH^-

4. 体液电解质的含量和分布特点是（ ）P.282
    A. 按 mEq/L 计，细胞内外的阴离子和阳离子基本相等
    B. 不同组织体液渗透压不相等
    C. 体液呈电中性
    D. 细胞间液与血浆比较蛋白质含量相差较大
    E. 细胞外液的电解质分布除蛋白质之外基本相同

5. 血管内外交换水的主要动力是（ ）P.284
    A. 胶体渗透压
    B. 晶体渗透压
    C. 血管内外晶体渗透压之差
    D. 血压
    E. 有效胶体渗透压

6. 清蛋白的功能有（ ）P.143，267，284

A. 维持胶体渗透压

B. 维持体液平衡

C. 维持血浆的正常 pH 值

D. 营养作用

E. 运输某些物质，尤其是脂溶性物质

7. 钙的生理功能包括（　　）P. 286

　　A. 参与血液凝固

　　B. 供给能量

　　C. 提高神经肌肉兴奋性

　　D. 与钙调蛋白结合成复合物

　　E. 作为第二信使调节代谢

8. 哪些酸能促进钙的吸收？（　　）P. 287

　　A. 草酸　　　　　B. 磷酸

　　C. 乳酸　　　　　D. 胃酸

　　E. 植酸

9. 哪些是 1,25-(OH)$_2$-D$_3$ 的作用？（　　）P. 288

　　A. 使尿磷浓度升高

　　B. 使血钙浓度降低

　　C. 使血钙浓度升高

　　D. 使血磷浓度降低

　　E. 使血磷浓度升高

10. 1,25-(OH)$_2$-D$_3$ 作用于（　　）P. 288

　　A. 骨骼　　　　　B. 肌肉

　　C. 肾小管　　　　D. 小肠

　　E. 胸腺

11. 哪些是甲状旁腺素的作用？（　　）P. 288

　　A. 使尿磷浓度降低

　　B. 使血钙浓度降低

　　C. 使血钙浓度升高

　　D. 使血磷浓度降低

　　E. 使血磷浓度升高

12. 参与水调节的有（　　）P. 290

　　A. 垂体前叶素　　B. 加压素

　　C. 醛固酮　　　　D. 肾上腺素

　　E. 下丘脑激素

13. 醛固酮分泌减少会导致（　　）P. 290

　　A. 血钾降低

　　B. 血浆 pH 降低

　　C. 血浆二氧化碳结合力增高

　　D. 血钠增高

　　E. 血浆〔HCO$_3$$^-$〕降低

14. 哪些情况会引起低血钾？（　　）P. 292

　　A. 长期偏食植物性食物

　　B. 轻度呕吐腹泻

　　C. 糖原大量合成

　　D. 胃肠引流

　　E. 因输血红细胞破坏过多

15. 低血钾常出现（　　）P. 292

　　A. 全身软弱无力，反射减弱

　　B. 神经肌肉应激性提高

　　C. 心率加快

　　D. 心率减慢

　　E. 异位搏动

16. 最易引起高血钾的是（　　）P. 292

　　A. 蛋白质及糖原合成代谢增强

　　B. 静滴钾盐过多

　　C. 肾上腺皮质功能亢进

　　D. 食入较多的钾盐

　　E. 输血引起红细胞溶血

17. 体内产生的固定酸有（　　）P. 293

　　A. 磷酸　　　　　B. 硫酸

　　C. 乳酸　　　　　D. 碳酸

　　E. 乙酰乙酸

18. 可构成缓冲对的是（　　）P. 294

　　A. KH$_2$PO$_4$　　　　B. KHbO$_2$

　　C. KHCO$_3$　　　　D. HHbO$_2$

　　E. NaHCO$_3$

19. 在血液酸碱平衡的调节过程中起主要作用的缓冲对是（　　）P. 294

　　A. KHb/HHb

　　B. KHCO$_3$/H$_2$CO$_3$

C. Na_2HPO_4/NaH_2PO_4

D. $NaHCO_3/H_2CO_3$

E. $NaPr/HPr$

20. 碳酸氢盐缓冲对是缓冲固定酸最重要的缓冲对，其主要原因是（　）P.294

A. 肺和肾脏都能补充 HCO_3^-

B. 广泛存在于细胞内外

C. 缓冲对比例波动范围大

D. 缓冲容量大

E. 浓度高

21. 代谢性酸中毒时，尿液中浓度升高的离子有（　）P.297

A. Cl^-　　　　　B. H^+

C. K^+　　　　　D. Na^+

E. NH_4^+

22. 关于肾小管上皮细胞泌氨作用的正确叙述是（　）P.297

A. pH 增高时谷氨酰胺酶活性增强

B. 碱中毒时尿液中 NH_4^+ 减少

C. 肾小管上皮细胞 H^+ 与 NH_4^+ 的交换是泌氨方式之一

D. 肾远曲小管的泌氨来自谷氨酰胺

E. 酸中毒时尿液中铵盐减少

23. 肾脏在调节酸碱平衡时，具有竞争作用的是（　）P.297

A. $H^+ - Na^+$ 交换

B. $K^+ - Na^+$ 交换

C. $NH_4^+ - Na^+$ 交换

D. 谷氨酰胺水解

E. 尿液酸化

24. 肾脏在酸碱平衡中的作用是（　）P.297

A. 肾小管对 Cl^- 重吸收

B. 肾小管分泌 K^+ 和 Na^+

C. 肾小管泌 H^+ 并重吸收 Na^+

D. 肾远曲小管和集合管泌 NH_4^+

E. 使尿液酸化及 Na_2HPO_4 含量增多

25. 对酸碱平衡起调节作用的有（　）

P.298

A. 肺　　　　　B. 皮肤

C. 肾脏　　　　D. 胃

E. 小肠

26. 代偿性代谢性酸中毒时（　）P.298

A. 血浆 H_2CO_3 继发性降低

B. 血浆 $NaHCO_3$ 原发性降低

C. 血浆 $NaHCO_3$ 原发性升高

D. 血浆 pH 降低

E. 血浆 pH 正常

27. 失代偿性呼吸性酸中毒时（　）P.298

A. 血浆 P_{CO_2} 继发性升高

B. 血浆 P_{CO_2} 原发性升高

C. 血浆 pH 降低

D. 血浆 pH 升高

E. 血浆二氧化碳结合力原发性升高

二、填空题

1. 体内的水除了一部分以自由状态存在之外，大部分以（　）形式存在，即与蛋白质、（　）等结合。P.280

2. 水是良好的溶剂，水还直接参与（　）反应和（　）反应。P.280

3. 无机盐在维持体液渗透压和保持细胞内外液的容量方面起着重要作用，其中（　）是维持细胞外液晶体渗透压的主要离子，（　）是维持细胞内液晶体渗透压的主要离子。P.281

4. 当血钙浓度降低或血钾浓度升高及碱中毒时，神经、肌肉的应激性（　），会引起（　）。P.281

5. 当血钾浓度（　）时，心肌兴奋性受抑制，导致心动过缓、传导阻滞和收缩力减弱，严重时心跳会停止于（　）。P.281

6. 当血钾浓度（　）时，心脏自动节律性增高，易出现期前收缩等心律失常的症

状，严重时心跳会停止于（　　）。P.281

7. 健康成人体液以（　　）为界分为细胞内液和细胞外液，细胞外液再以（　　）为界分为血浆和细胞间液。P.281

8. 关于体液电解质的含量与分布的特点：细胞内液阳离子以（　　）为主，细胞外液阴离子以（　　）为主。P.282

9. 在临床上，（　　）%葡萄糖和（　　）%NaCl溶液的毫渗量浓度与血浆接近，故称为等渗溶液。P.282

10. 血浆蛋白质含量（　　）于细胞间液蛋白质含量，这种差异使血浆具有较（　　）的胶体渗透压。P.282

11. 健康成人每日摄入的水量和排出的水量基本相等，约为（　　）ml，称为（　　）。P.283

12. 出汗不但丢失水，同时也（　　）。因此，大量出汗时，在补充水的同时还应当注意（　　）。P.283

13. 人体每天随尿液排出的代谢废物约有（　　）g，其中（　　）占50%以上。P.284

14. 成人每日至少需要排尿500ml，临床上将每日尿量少于500ml称为（　　），少于100ml称为（　　）。P.284

15. 水在血浆与细胞间液之间的交换是由（　　）与（　　）之差决定的。P.284

16. 当心力衰竭而致毛细血管静脉端内压增高时，会使（　　）回流发生障碍而出现水肿，称为（　　）。P.284

17. 慢性肾炎患者随尿液丢失大量清蛋白，会使（　　）下降，导致细胞间液回流减少而出现水肿，即为（　　）。P.284

18. 由 Na^+、K^+ 等无机离子产生的晶体渗透压决定着（　　）和（　　）之间水的流动方向。P.285

19. 正常成人体内钾的含量为2g/kg体重，其中（　　）%存在于细胞内液，（　　）%存在于细胞外液。P.285

20. 在糖原合成和蛋白质合成时 K^+（　　），引起血钾浓度（　　）。P.286

21. 排钠常伴有排氯，故人体钠过多时尿液中排氯量增多，临床上常通过检查尿液中（　　）含量的变化来帮助判断病人是否有（　　）以及提示缺盐程度。P.286

22. 钙和磷是骨骼和牙齿的重要组成成分。骨骼中的无机盐称为骨盐，骨盐成分的84%是（　　），其中约有60%是结晶的（　　）。P.286

23. Ca^{2+} 可以降低神经、骨骼肌的兴奋性，并参与肌肉收缩，当血钙浓度低于1.75mmol/L时，神经、肌肉的应激性就会（　　），引起肌肉自发性（　　）。P.286

24. 钙主要通过（　　）吸收，在小肠黏膜细胞膜上存在着与 Ca^{2+} 亲和力较强的（　　）负责转运钙，促进钙的吸收。P.287

25. 影响钙吸收的因素有（　　）、（　　）、食物成分、血液钙磷浓度。P.287

26. 血钙以离子钙和结合钙两种形式存在，其中90%的结合钙与（　　）结合，其余的结合钙与（　　）等结合。P.287

27. 血浆蛋白质结合钙不能透过毛细血管壁，称为（　　）。柠檬酸钙和离子钙可以透过毛细血管壁，称为（　　）。P.287

28. 血钙中只有（　　）才有直接的生理效应，（　　）没有直接的生理效应。P.287

29. 如果血钙和血磷浓度积（　　），钙磷将以骨盐的形式沉积于骨组织中；如果血钙和血磷浓度积（　　），骨组织的钙化及成骨作用会受到影响，甚至促使骨盐溶解。P.288

30. 钙磷代谢受 1,25-$(OH)_2$-D_3、（　　）和（　　）调节。P.288

31. 抗利尿激素的主要生理功能是增强肾（　　）对水的重吸收，降低排尿量，维持（　　）的相对稳定。P.289

32. 醛固酮的主要生理功能是促进肾远曲小管（　）交换和（　）交换，同时也促进水和氯的重吸收。P. 290

33. 心钠素的主要生理功能是（　）肾远曲小管和集合管对水、钠的重吸收，（　）肾素、醛固酮和抗利尿激素的分泌。P. 290

34. 高渗性脱水的特征是（　），导致细胞外液呈（　）。P. 290

35. 低渗性脱水的特征是（　），导致细胞外液呈（　）。P. 291

36. 红细胞内的缓冲系统以（　）和（　）缓冲系统最重要。P. 294

37. 血浆中的缓冲系统以（　）缓冲系统最重要，正常人血浆 pH 主要靠（　）缓冲系统的调节。P. 294

38. 习惯上将（　）称为碱储或碱储备。碱储量用（　）来表示。P. 294

39. 血红蛋白不仅与（　）有关，而且还缓冲 CO_2 从组织进入血液时和从肺中呼出时（　）的变化。P. 294

40. 原尿中的 K^+ 在（　）几乎完全被吸收，而终尿中的 K^+ 是在（　）主动分泌出来的。P. 297

41. 细胞外液 K^+ 浓度升高会（　）肾小管细胞的 $H^+ - Na^+$ 交换，发生高钾性（　）。P. 297

42. 酸碱平衡失调根据起因不同可以分为（　）与（　）两大类。P. 298

43. 酸碱平衡失调根据失调的轻重程度可以分为（　）与（　）两类。P. 298

三、名词解释

四、问答题

参考答案

一、选择题

(一) A 型题

1. D 2. C 3. A 4. A 5. C 6. B
7. D 8. E 9. D 10. C 11. D 12. A
13. D 14. C 15. B 16. E 17. B 18. C
19. B 20. D 21. A 22. E 23. B 24. B
25. C 26. B 27. A 28. A 29. C 30. A
31. C 32. A 33. B 34. E 35. B 36. D
37. D 38. B 39. E 40. A 41. A

(二) X 型题

1. ACDE 2. AE 3. BCDE 4. ACDE
5. DE 6. ABE 7. ADE 8. CD 9. CE
10. ACD 11. CD 12. BC 13. BE 14. CD
15. ACE 16. BE 17. ABCE 18. BD
19. AD 20. DE 21. BE 22. BD 23. AB
24. CD 25. AC 26. ABE 27. BC

二、填空题

1. 结合水；黏多糖
2. 水解；水化
3. Na^+ 和 Cl^-；K^+ 和 HPO_4^{2-}
4. 增强；搐搦
5. 过高；舒张状态
6. 过低；收缩状态
7. 细胞膜；毛细血管壁
8. K^+；Cl^-
9. 5；0.9
10. 远高；高
11. 2 500；水平衡
12. 丢失电解质；补充电解质
13. 35；尿素
14. 少尿；无尿
15. 毛细血管的血压；血浆有效胶体渗透压
16. 细胞间液；心性水肿
17. 血浆胶体渗透压；肾性水肿
18. 细胞内液；细胞外液
19. 98；2
20. 进入细胞内；降低
21. 氯化物；低渗性脱水
22. 磷酸钙盐；羟磷灰石
23. 增强；收缩
24. 主动转运；钙结合蛋白
25. 1, 25-$(OH)_2$-D_3；肠道 pH 值
26. 清蛋白；柠檬酸
27. 非扩散钙；可扩散钙
28. 离子钙；结合钙
29. >3.5；<2.5
30. 甲状旁腺素；降钙素
31. 远曲小管和集合管；体液渗透压
32. H^+-Na^+；K^+-Na^+
33. 抑制；抑制
34. 失水多于失钠；高渗状态
35. 失钠多于失水；低渗状态
36. KHb/HHb；$KHbO_2/HHbO_2$
37. $NaHCO_3/H_2CO_3$；HCO_3^-/H_2CO_3
38. 血浆 $NaHCO_3$；血浆二氧化碳结合力
39. O_2/CO_2 的运输；pH 值
40. 近曲小管；远曲小管
41. 抑制；酸中毒
42. 代谢性；呼吸性
43. 代偿性；失代偿性

三、名词解释

1. **体液**：分布于细胞内外、溶解有各种无机盐和有机物的水溶液。
2. **代谢水**：体内营养物质通过生物氧化等代谢每天生成的约 300ml 水。
3. **非蛋白氮**：是体液中所含的各种非

蛋白质含氮物质的统称，包括血浆非蛋白氮和尿液非蛋白氮。

4. 钙结合蛋白：存在于肠黏膜细胞膜上的一种载体蛋白，与 Ca^{2+} 亲和力较强，负责转运钙，促进钙的吸收。

5. 血钙：通常指血浆钙，其正常浓度为 2.25 ~ 2.75mmol/L。

6. 血磷：主要是指血浆中的无机磷酸盐，成人正常浓度为 0.97 ~ 1.61mmol/L，儿童正常浓度为 1.29 ~ 1.94mmol/L。

7. 甲状旁腺素：由甲状旁腺主细胞合成分泌的一种八十四肽，具有升高血钙、降低血磷的作用，是维持血钙正常水平的重要调节因素。

8. 降钙素：甲状腺滤泡旁细胞分泌的一种三十二肽，主要生理功能是降低血钙和血磷。

9. 抗利尿激素：下丘脑视上核神经细胞分泌的一种九肽，主要生理功能是增强肾远曲小管和集合管对水的重吸收，降低排尿量，维持体液渗透压的相对稳定。

10. 醛固酮：肾上腺皮质球状带分泌的一种类固醇激素，其主要生理功能是促进肾远曲小管排钾泌氢、保钠保水。

11. 心钠素：由心房肌细胞合成和分泌的一种肽类激素，主要生理功能是抑制肾远曲小管和集合管对水、钠的重吸收，提高肾小球滤过率，抑制肾素、醛固酮和抗利尿激素的分泌，因而具有很强的利尿、利钠效应。

12. 脱水：指机体内水、钠缺失，引起细胞外液严重减少。

13. 血钾：指血浆钾，其正常浓度为 3.5 ~ 5.5mmol/L。

14. 低血钾：指血钾浓度低于 3.5mmol/L。

15. 高血钾：指血钾浓度高于 5.5mmol/L。

16. 酸碱平衡：机体通过血液缓冲系统、肺和肾脏来调节体内酸性物质和碱性物质的含量和比例，维持血浆 pH = 7.35 ~ 7.45，该过程称为酸碱平衡。

17. 固定酸：机体代谢产生的 H_3PO_4、乳酸、尿酸和酮体等都不具有挥发性，故称为固定酸，也称为非挥发性酸。

四、问答题

1. 水有独特的理化性质，因而在人体代谢及其他生命活动中起着极为重要的作用：①是组织和体液的成分；②调节和维持体温；③参与代谢和运输；④是良好的润滑剂。

2. 无机盐在人体内含量不多，但种类很多，且功能各异：①是组织和体液的成分；②维持体液酸碱平衡和渗透压平衡；③维持神经、肌肉的应激性；④影响酶活性；⑤参与构成有特殊功能的化合物。

3. 体液电解质的含量与分布的特点：①阴阳离子总量相等，体液呈电中性；②细胞内外液电解质的分布差异很大；③细胞内外液的渗透压相等；④血浆和细胞间液的蛋白质含量差异较大，其他电解质基本相同。

4. 人体内的水主要来自饮水、食物水和代谢水，其中每日饮水量约 1 200ml，从食物中摄入约 1 000ml，体内营养物质通过生物氧化等代谢生成约 300ml。

人体内水的排出途径包括肺呼出、皮肤蒸发、消化道排泄和肾脏排泄，其中每日由肺呼出 350 ~ 400ml，通过皮肤蒸发不显汗散失约 500ml，由消化道排泄约 150ml，肾脏排泄约 1 500ml。

5. 水在血浆与细胞间液之间的交换主要在毛细血管部位进行，交换是由毛细血管的血压与血浆有效胶体渗透压之差决定的，毛细血管的血压可以将水由血浆压向细胞间液，而血浆有效胶体渗透压可以将水由细胞间液吸入血浆。在毛细血管动脉端，血压比血浆有效胶体渗透压高，水从血浆流向细胞间液；在毛细血管静脉端，血浆有效胶体渗透压比血压高，水从细胞间液流向血浆。

6. 细胞间液与细胞内液以细胞膜相隔。细胞膜是一种功能复杂的半透膜，对物质的透过具有严格的选择性。细胞膜上的钠泵影响着细胞内外 Na^+ 和 K^+ 的分布。由 Na^+、K^+ 等产生的晶体渗透压决定着细胞内液和细胞外液之间水的流动方向，水总是由渗透压低的一侧流向渗透压高的一侧，起到调节体液渗透压平衡的作用。

7. 物质代谢常常需要有钾参与：①在糖原合成和蛋白质合成时 K^+ 进入细胞内，引起血钾浓度降低；在糖原分解和蛋白质分解时 K^+ 被排到细胞外，引起血钾浓度升高。②在组织生长旺盛和创伤愈合期或静脉输注胰岛素和葡萄糖时，由于蛋白质或糖原合成加强，K^+ 将进入细胞内，会造成血钾浓度降低，应当注意适当补钾。③严重创伤（如烧伤或大手术后）、组织大量破坏、感染或缺氧时，体内蛋白质分解代谢增强，细胞内的 K^+ 释放到细胞外，会使血钾浓度明显升高，在肾脏功能衰竭时尤为明显。④酸中毒时，细胞外液 H^+ 浓度升高，部分 H^+ 进入细胞与细胞内的 K^+ 进行交换，使细胞外液 K^+ 浓度升高；同时，肾小管上皮细胞分泌 H^+ 的作用增强而分泌 K^+ 的作用减弱，使尿液中排出的 K^+ 减少，所以酸中毒会引起高血钾。反之，碱中毒会引起低血钾。

8. ① Ca^{2+} 可以降低神经、骨骼肌的兴奋性。② Ca^{2+} 可以增强心肌的收缩。③ Ca^{2+} 可以降低毛细血管壁和细胞膜的通透性。④ Ca^{2+} 作为凝血因子Ⅳ参与血液凝固。⑤ Ca^{2+} 参与腺体分泌，调节多种激素和神经递质的释放。⑥ Ca^{2+} 是许多酶的激活剂或抑制剂。⑦ Ca^{2+} 作为第二信使参与信号转导。⑧ Ca^{2+} 与钙调蛋白结合成复合物，参与信号转导。

9. ①磷是许多物质的组成成分，如核酸。②通过高能磷酸化合物的合成和利用参与体内能量的获得、利用及储存，如 ATP 和磷酸肌酸。③通过磷酸化和去磷酸化参与酶的化学修饰调节。④磷酸盐构成缓冲对，维持体液酸碱平衡。

10. 血钾浓度低于 3.5mmol/L 称为低血钾。导致低血钾的主要原因：①摄入不足：见于摄食障碍（如胃肠道梗阻、昏迷和术后禁食患者等）而有尿者，由于钾的摄入量不足，而肾脏仍然不断排钾，导致体内缺钾。临床上凡禁食超过 3 天即应当考虑补钾。②丢失过多：常见于严重呕吐、腹泻和胃肠引流等，大量的 K^+ 随消化液丢失。另外，肾小管 K^+-Na^+ 交换增强会导致肾脏排钾增多。③分布异常：虽然钾未丢失，但分布出现异常，例如合成糖原时，K^+ 随葡萄糖和磷酸盐进入细胞内，使血钾浓度降低，尤其在使用胰岛素时容易发生低血钾。④碱中毒：当细胞外液 pH 升高时，K^+ 会进入细胞内，导致血钾浓度降低。

11. 血钾浓度高于 5.5mmol/L 称为高血钾。导致高血钾的主要原因：①摄入过多：静脉输钾过多、过快或输入大量陈旧血液，导致血钾浓度升高。②排泄障碍：肾脏排钾能力下降，如肾脏功能不全或肾上腺皮质功能减退使醛固酮分泌下降，均导致保钠排钾能力下降。③分布异常：细胞内的 K^+ 移向细胞外，使血钾浓度升高，如大面积烧伤或肌肉组织损伤使组织蛋白大量分解，或者溶血，K^+ 进入细胞外液。④酸中毒：一方面 H^+ 进入细胞，使 K^+ 移出细胞；另一方面肾小管泌 H^+ 增加，K^+-Na^+ 交换减弱，排钾减少，造成血钾浓度升高。

12. 体内酸性物质和碱性物质大多是物质分解代谢的产物，部分来自食物、饮料和药物等。在一般膳食情况下，正常人体内代谢产生的酸性物质于碱性物质。

酸性物质的产生：①糖、脂肪、氨基酸分解产生的 CO_2 水合成为碳酸（挥发性酸）；②糖、脂肪、氨基酸分解的中间产物如丙酮酸、乳酸、酮体、酮酸、磷酸等（固定酸）；③食物和药物中的少量酸性物质。

碱性物质产生于食物或药物中的成碱物质及少量碱性物质如蔬菜、水果中的有机酸盐，Na^+ 或 K^+ 与 HCO_3^- 生成碱性的 $NaHCO_3$、$KHCO_3$。

13. 肾脏的主要作用是排出固定酸，维持血液中的碱储量，从而调节血浆 pH 值。

在正常膳食条件下，肾脏排出的固定酸比碱多，肾脏有很强的排酸和排碱能力，可以维持血浆正常 pH 值。肾脏主要是通过远曲小管上皮细胞的 H^+-Na^+ 交换、$NH_4^+-Na^+$ 交换、K^+-Na^+ 交换进行排钾泌氢和保钠，维持血浆碳酸氢盐浓度。

14. 远曲小管分泌的 K^+ 可以与原尿中的 Na^+ 交换。H^+-Na^+ 交换也在远曲小管进行，与 K^+-Na^+ 交换相互拮抗。细胞外液 K^+ 浓度升高会抑制肾小管细胞的 H^+-Na^+ 交换，发生高钾性酸中毒；相反，细胞外液 K^+ 浓度降低会促进肾小管细胞的 H^+-Na^+ 交换，发生低钾性碱中毒。